KB154939

2판

패션과 영상문화

2판

패션과 영상문화

김영선
한수연

교문사

2판 머리말

패션은 문화라는 방향성을 띄는 환경 속에서 커뮤니케이션이라는 상호작용에 의해 형성되어 사회의 흐름을 조영하며 다양한 메시지를 끊임없이 만들어 내고 있습니다. 그리고 비약적으로 발전하는 디지털 기술은 영상 이미지를 손쉽게 창작할 수 있도록 이끌고, 자신과 연관시켜 새로운 자신만의 문화를 만들어내도록 중요한 역할을 하고 있습니다. 이처럼 오늘날의 패션은 비언어적인 메시지를 전달하는 커뮤니케이션의 하나로서, 문화적이고 개인적인 메시지를 담습니다.

사람들은 커뮤니케이션 속에서 사진, 영화, 음악, 스포츠 등 대중문화 속에 등장하는 패션아이콘의 영향을 받아 만들어진 이미지를 무의식적으로 학습하고 반복하며 연출하게 됩니다. 20세기 이래 패션은 지속적인 유행의 변화를 이끌어가며 대중사회에 영향을 미쳐왔으며, 오늘날 다양하고 상이한 현대인들의 기호와 욕구를 표현하는 상징적인 매개물이 되고 있습니다. 따라서 사람들의 시야나 매체에 등장하는 수많은 패션 이미지들이 어떤 의미와 함께 누구를 위한 상징적 메시지를 담고 있는지 인식하는 것은, 소통을 중요시하는 현대인들에게 중요한 일이 되었습니다.

이 책에 담긴 내용들은 눈앞에 펼쳐지는 수많은 이미지를 문화 속의 다양한 분야로 분류하여 설명한 것으로서, 패션과 영상문화를 쉽게 이해하고 현대 사회에 현명하게 소통할 수 있도록 구성하였습니다.

1, 2장은 커뮤니케이션으로서의 패션에 관한 개념을 이해하고 패션 이미지메이킹에 기초가 되는 패션아이콘과 이미지메이킹의 개념과 유형에 대해 설명하였습니다. 3, 4, 5장은 패션사진에 대해 서술하면서, 패션사진에 객체로 등장하는 패션모델의 몸과, 패션사진의 광고적인 성격, 그리고 패션사진을 중심으로 등장한 20세기 이후 패션아이콘을 실례를 들어 살펴보았습니다. 6, 7, 8장은 영

화에 관련된 부분으로서, 영화의상의 개념과 기능, 패션 프로모션과의 관련성, 그리고 영화에 관련된 여러 패션아이콘들에 대해 설명하였습니다. 9, 10장은 팝뮤직에 관련된 부분으로, 팝뮤직의 발전과 패션과의 관련성, 그리고 뮤직 장르별로 관련된 여러 패션아이콘에 대해 다루었고, 11장은 스포츠와 관련하여 스포츠 의상, 패션산업과의 관련성, 관련 패션아이콘의 예를 들었습니다. 12, 13장은 특히 최근의 뉴미디어 시대의 특성과 영상매체의 변화를 중심으로 부각되고 있는 현상과 패션디자인, 패션아이콘들을 살펴본 것으로 대중영상문화에 나타난 패션을 다각적으로 살펴볼 수 있도록 구성하였습니다.

빠르게 변화하는 패션문화의 흐름을 조금이라도 더 리얼하게 묘사하기 위해 이 개정판이 출판되기까지 부족한 부분들을 채워주시고 많은 도움을 주신 교문사 관계자분들과 편집부에 감사드립니다. 앞으로도 새로운 트렌드를 보완 수정하여 더 나은 교재가 될 수 있도록 노력하겠습니다.

2017년 8월

저자 일동

머리말

사람들은 겉모습을 통해서 상대방을 파악하고, 스스로 자신의 개성을 겉으로 드러내어 메시지를 전달합니다. 때론 꾸미지 않은 자연적인 모습으로 자신을 나타낼 때도 있지만 의도적으로 인위적인 의미를 파생시키기도 합니다.

패션은 문화라는 다듬어지고 방향성을 띄는 환경 속에서 커뮤니케이션이라는 상호작용에 의해 형성되어 사회의 흐름을 조영하며 인위적인 메시지를 끊임없이 만들어내고 있습니다. 그리고 비약적으로 발전하는 디지털 기술은 화면의 이미지를 손쉽게 자아와 연관시켜 새로운 자신과 문화를 만들어내도록 이끄는 중요한 역할을 하고 있습니다.

이처럼 오늘날의 패션은 비언어적인 메시지를 전달하는 커뮤니케이션의 하나로서, 문화적이고 개인적인 메시지를 담습니다. 사람들은 커뮤니케이션 속에서 사진, 영화, 음악, 스포츠 등 대중문화 속에 등장하는 패션아이콘의 영향을 받아 만들어진 이미지를 무의식적으로 학습하고 반복하며 연출하게 됩니다. 20세기 이래 패션은 지속적인 유행의 변화를 이끌어가며 대중사회에 영향을 미쳐왔으며, 오늘날 다양하고 상이한 현대인들의 기호와 욕구를 표현하는 상징적인 매개물이 되고 있습니다. 따라서 사람들의 시야나 매체에 등장하는 수많은 패션이미지들이 어떤 의미와 함께 누구를 위한 상징적 메시지를 담고 있는지 인식하는 것은, 소통을 중요시하는 현대인들에게 중요한 일이 되었습니다.

이 책에 담긴 내용들은 눈앞에 펼쳐지는 수많은 이미지를 문화 속의 다양한 분야로 분류하여 설명한 것으로서, 이를 통해 패션과 영상문화를 쉽게 이해하고 현대사회에 현명하게 소통할 수 있도록 구성하였습니다.

1장과 2장에서는 커뮤니케이션으로서의 패션에 관한 개념을 이해하고 패션 이미지메이킹에 기초가 되는 패션아이콘과 이미지메이킹의 개념과 유형에 대해 설명하였습니다. 3장과 4장, 5장은 패션사진에 대해 서술하면서, 패션사진에 객체로 등장하는 패션모델의 몸과, 패션사진의 광고적인 성격, 그리고 패션사진을 중심으로 등장한 20세기 이후 패션아이콘을 실례를 들어 살펴보았습니다. 6장과 7장, 8장은 영화에 관련된 부분으로서 영화의상의 개념과 기능, 패션 프로모션과의 관련성, 그리고 영화에 관련된 여러 패션아이콘들에 대해 설명하였습니다. 9장과 10장은 팝뮤직에 관련된 부분으로, 팝뮤직의 발전과 패션과의 관련성, 그리고 뮤직 장르별로 관련된 여러 패션아이콘에 대해 다루었고, 11장은 스포츠와 관련하여 스포츠의상, 패션산업과의 관련성, 관련 패션아이콘의 예를 들었습니다. 12장과 13장은 최근의 뉴미디어 시대의 특성과 영상매체의 변화를 중심으로 부각되고 있는 현상과 패션디자인, 패션아이콘들을 살펴본 것으로 대중영상문화에 나타난 패션을 다각적으로 살펴볼 수 있도록 구성하였습니다.

이 책이 출판되기까지 부족한 부분을 채워 주시고 많은 도움을 주신 교문사 관계자분들과 편집팀에 감사드립니다. 앞으로도 지속적으로 보완·수정하여 더 나은 교재가 될 수 있도록 끊임없는 노력을 다하겠습니다.

2015년 2월

저자 일동

차례

1 패션의 이해

패션의 개념

패션잡지의 화보로부터 TV나 신문의 다음 시즌 패션트렌드 보도, 연예인들의 옷 입는 법, 온라인 쇼핑몰의 패션아이템에 이르기까지, 패션은 우리 생활과 문화의 일부분으로서 중요한 부분을 차지한다. 의복 아이템이나 화장품, 헤어스타일, 액세서리뿐 아니라 가구, 전자제품, 공예, 건축, 인테리어 디자인 그리고 음악, 예술, 정치에 이르기까지 많은 부분에서 유행하는 취향이 존재하고, 그 변화를 감지하게 된다.

그럼에도 불구하고 패션을 한낱 사소한 것으로 받아들이는 편견과 오해가 계속되어 왔다. 패션이 여성에만 국한된 분야라고 치부하거나 피상적이고 허영에 찬 소비행위로 폄하하는 사고방식이 그것이다. 이제 패션은 남녀 모두의 관심사이며, 나이와 상관없이 모든 계층 사람들의 일상에 자리하는 문화적 현상이다. 이에 최근 패션을 진지한 연구의 대상으로 삼는 인문학적 성찰적 연구 또한 심화되고 있다.

패션fashion은 널리 퍼져 있는 의복스타일이나 에티켓, 절차 또는 관습을 뜻하며, 당대 모드의 스타일에 대해 공유되고 내면화된 감각을 의미한다. 바람직한 모드나 외양, 행동에 대한 합의 및 교감과 계속적인 변화에 따른 재정의가 동시에 일어나고 있는 문화적 실천이다.[1)]

1
도쿄(東京) 하라주쿠(原宿) 거리의 젊은 여성들.

패션은 급속하고 계속적인 변화를 특징으로 한다. 복식사학자 레이버Laver에 의하면 패션은 14세기 중반 서구에서 남성복 웃옷의 길이가 갑자기 짧아지고 길어지면서 시작되었다고 한다.[2)] 이후 여성복과 남성복 및 헤어에서 그 변화가 빨라지기 시작하였고 유럽 각국마다 약간의 차이를 보이면서 실루엣과 디테일, 컬러, 질감과 문양의 변화를 가져왔다. 신문, 잡지와 에티켓북의 삽화, 일러스트레이션, 패션인형fashion doll*은 새로운 패션을 전달하는 도구로 사용되었고, 산업혁명 이후 산업자본주의의 확산과 기계 생산의 보편화로 소수 상류계층의 전유물이었던 의복패션의 변화는 일반 대중에게까지 영향을 끼치게 되었다.

게오르크 지멜Georg Simmel, 1858~1918에 의하면 패션은 사회적 유동성이 가속화된 시대인 현대에 시민계층이 주도권을 잡으면서 보편적인 현상이 되었다고 한다. 부단한 변화를 좇는 불안정한 계층과 개인들은 패션에서 문화적인 중요한 의미를 찾는다는 것이다.[3] 의복을 비롯한 패션은 소비 형태의 하나로서 정체성을 형성하는 데 중요한 역할을 하며,[4] 자신과 타인들을 향하는 태도에 지대한 영향력을 행사한다.

20세기 들어 사진과 영화, TV, 인터넷의 사진과 동영상은 대중매체로서 패션의 변화를 소비자에게 인식시키고 정보를 제공하며 흥미를 유발하여 다시 패션업계의 대응을 촉진하는 매체가 되고 있다. 패션 또한 근대 서구문명의 가장 중요한 현상 중 하나[5]로서 인간 활동의 수많은 영역을 지배해 오고 있다.

---

* 19세기에 패션트렌드를 전하기 위해 만들어진 인형. 1860년에서 1890년경 프랑스 기업들이 만들어 시장에 확산되었으며 속옷부터 겉옷에 이르기까지 최신 유행을 반영하였고, 부유층 어린이들이 갖고 노는 장난감으로도 사용되었다.

패션의 전파

1 | 패션의 하향전파

패션의 전파는 하나의 스타일이 제조업자에 의해 만들어져 소개된 후 다수의 사람에게 채택되는 과정이다. 이 과정을 설명하기 위해 여러 학자에 의해 패션전파이론fashion diffusion theory이 연구되어 왔다. 이 이론은 누가 먼저 패션을 수용하고 동조하며 어떤 과정을 거쳐 확산되는가를 설명한다.

독일의 사회학자 지멜Simmel은 베블런Veblen의 과시적 소비conspicuous consumption이론*에 근거를 두고 하향전파이론trickle-down theory을 구체화하였다. 하향전파이론은 패션이 사회경제적 상류층에서 하류층으로 이동·확산된다는 이론으로, 상류계층의 부와 권력을 과시하기 위하여 시작된 스타일이 상류계층과 동조하고자 하는 욕구에 따라 하류계층이 모방하면서 낮은 계층으로 패션이 전파된다는 것이다.

지멜은 인간의 동조성과 개성이라는 이중적 특성이 패션에서는 차별differentiation과 모방imitation으로 나타난다고 보았다. 상류계층이 선택한 새로운 스타일은 낮은 계층과의 차별화를 시도하여 선택되는 것이며, 이보다 낮은 계층이 이를 모방하여 상류층과 동일시하려 하게 되면 상류계층은 이를 버리고 새로운 스타일을 추구하는 행동으로 이어지면서 패션이 변화한다는 것이다. 이는 피라미드 계층구조를 가진 사회에서 패션의 변화를 이해하는 데 설득력 있는 이론이다.[6]

---

* 미국의 사회학자 손스타인 베블렌이 《유한계급론》(1899)에서 근대자본주의 미국 상류계층의 낭비적 소비 형태를 비판하고자 사용한 용어이다. 이 이론은 부와 사회적 지위를 자랑하기 위하여 고가품을 소비하고 이에 우월감을 갖는 태도를 말한다.

2
디자이너 아제딘 알라이아(Azzedine Alaia)의 드레스. 패션은 소비 형태의 하나로서 정체성 형성에 중요한 역할을 한다.

2 | 20세기 이후의 패션전파

20세기 이후 대중들은 왕실이나 귀족이 아닌 스타나 셀레브리티를 패션리더로서 모방의 대상으로 삼았다. 이에 상류로부터 하류로 확산되던 패션의 전파가 아닌 중류층에서의 횡적 모방 현상이 나타나게 된다. 1963년 킹Charles W. King은 수평전파이론trickle-across theory를 발표하여, 사람들이 자신이 소속된 생활계층 내에서 동조의 대상을 찾으므로 자신과 비슷한 계층 집단 안에서 패션이 수평적으로 이동, 확산된다고 하였다. 패션리더는 같은 집단 중 혁신적이고 영향력이 큰 사람이며 추종자들과 동일 사회계층에 존재하는 인물들이다.

20세기 후반기 들어 다양해진 비주류 패션이 주류 패션에 영향을 끼치게 되면서 그린버그와 글린Greenberg & Prudence Glynn이 1966년 상향전파이론trickle-up theory를 발표하였다. 이는 새로운 패션이 다양한 하위문화집단, 즉 하류계층이나 연령이 낮은 층, 여성, 흑인, 10대, 노동계층과 같은 하위문화집단의 패션이 상류계층으로 전파·확산되는 것을 말한다. 1960년대 미니스커트나 히피스타일의 유행은 그 예라고 할 수 있다.

사회학자 블루머Blummer가 1969년 발표한 집합선택이론collective selection theory은 정보의 보편화 시대에서 패션의 전파가 일정 시기, 일정 지역, 다수의 사람으로부터 집합적으로 선택된다는 이론이다. 새로운 스타일은 대중에게 승인받으려고 경쟁하며, 그중 대중의 집단적 취향collective taste을 가장 가깝게 나타내는 스타일이 우세해지고 유행한다는 것이다. 이는 1980년대 이후 다양한 스타일이 공존하는 현상을 설명해 주는 이론으로서, 고도 산업사회의 도래로 패션 주기가 점차 짧아지고 있음을 말해 준다.[7)]

최근에는 새로운 것과 순환되는 패션 사이의 시간적 거리가 점점 줄어들며 과거의 패션이 가기도 전에 새로운 패션이 등장하면서, 새로운 것의 대체replacement가 아닌 축적과 보충supplement의 논리로 작동하며 패션은 다양한 스타일의 공존으로 나타나고 있다.[8)]

패션 커뮤니케이션

패션은 메시지를 전달하는 커뮤니케이션 활동이다. 인간 행동에 관한 연구에서 데즈먼드 모리스Desmond Morris가 "모든 옷은 그 옷을 착용한 사람에 대한 이야기를 한다."고 주장하였듯이[9] 패션은 비의도적으로 전달되고 수용되며, 개인들은 패션이라는 커뮤니케이션 수단을 통해 정체성을 구성한다. 사람은 의복을 착용하는 것뿐만 아니라 피부에 상처를 내고 구멍을 뚫고 몸에 치장하는 보석, 매니큐어, 가발과 헤어스타일 등으로 자신을 표현한다. 이런 방법들을 통해 사회적 지위, 성적 차이, 집단에 대한 충성, 멋 등의 속성을 나타낸다.

한 집단이 그 정체성을 확립하고 의사소통하는 방법의 일부라는 관점에서 패션은 하나의 문화적 현상이며, 집단의 가치와 정체성이 다른 집단이나 그 집단의 구성원 모두에게 의사전달의 수단이 된다는 점에서 커뮤니케이션 활동이라고 할 수 있다.

고프먼Goffman은 일상생활 속에서 우리가 어떤 상황에 적합한 역할을 수행하면서 자기가 원하는 자기 이미지self-image를 타인에게 보여 주기 위해 의도적으로 인상을 관리하려는 속성을 가지고 있다고 주장하였다. 그는 자기 제시 과정에 초점을 맞추고 이를 연극에 비유하여 설명하였다.[10] 개개인은 마치 무대 위에서 연기하는 배우와 같으며, 사람들은 다양한 관객 앞에서 다른 모습의 탈을 쓰고 무대에 선 듯이 연기하며 이에 대한 관객의 반응을 통해 자기 이미지를 형성시켜 나간다는 것이다.

고프먼은 또한 의복, 화장품, 장식품 등이 사회적 상황에서 정체성을 나타내고 개인의 전면personal front을 관리하기 위해 사용되는 도구, 즉 정체성 도구상자identity kit라고 명명하였다. 문화에 의해 제공되는 의복 아이템, 화장, 머리 손질과 신체장식 등을 개

3
메이크업 브러시. 고프먼은 의복과 화장품, 액세서리 등이 개인의 전면을 관리하기 위한 '정체성 도구상자'의 역할을 한다고 했다.

인이 조화롭게 배열하거나 새로운 것을 창조함으로써 자신의 전면을 재구성한다는 것이다. 사람들은 특정 상황에서 역할을 수행하기 전에 자기 역할에 대한 생각을 미리 하고 그 상황 속에서 제시하고자 하는 정체성을 다른 사람들에게 표현하기 위해 외모 관리에 대한 계획을 세우게 된다. 즉 자기 목표나 자기 이미지, 상호작용을 할 타인과 그들의 반응 및 그 상황을 마음속에서 먼저 고려한 후 외모 관리가 이루어지는 것이다.

신체를 돌보고 가꾸어야 하는 대상으로써 관리하고 신체의 조형성을 추구하는 것은, 인간이 자신의 몸에 중요성을 부여하고 당대 사회가 지향하는 신체로의 변화를 시도하여 개인의 지위 향상을 추구한다는 의미를 함축한다.[11] 현대 신체 담론에서는 노동의 도구로부터 해방된 자유로운 신체, 나아가 보살핌을 받을 수 있는 신체로서 휴식과 아름다움을 주어야 하는 배려의 대상으로 전환하고 있다.

식이요법과 규칙적인 운동을 통해 사람들은 '보기 좋은 몸매'를 가꾸려는 의식에 사로잡혀 있다. 크고 건장한, 활동을 위한 신체보다는 여리고 가냘픈, 휴식을 위한 신체가 아름다움의 기호로 상징화되고 있으며, 신체를 이용하여 생산 활동을 원활히 수행하기 위한 건강이 아니라, 몸을 최적의 상태로 만들어 쾌적하고 편안하게 느낄 수 있게 하기 위해 건강을 추구한다. 즉 후기자본주의 시대에서 신체 관리는 근대적 의미에서의 안정되고 유기적인 몸을 유지하기 위한 합리적인 조정 행위라기보다는 오히려 불안정하고 유동적인 몸의 자생성을 극대화하기 위한 욕망의 표현 행위이며, 이러한 변화의 주된 원인은 대중들이 자기 신체를 하나의 소비대상으로 간주하기 때문이다.

소비문화는 지금까지 진행되어 온 자기 보존적 신체 개념에 제동을 걸어 개인으로 하여금 신체의 쇠락과 부패를 막기 위한 도구적 전략을 채택하게 하였고, 이를 통해 신체는 쾌락이며 자기표현의 매개체라는 생각을 갖도록 유도하였다.[12] 현대의 신체 조형적 측면은 분명 타율적 규율에 얽매이지 않고 개인의 취향에 따라 다양하게 차별화되고 있다. 중세의 신분제도나 근대 초기의 훈육제도 등이 신체를 사회 목표에 따라 분류하고 표준화하는 데 의미를 두었다면, 오늘날의 신체미는 개인의 차별화된 개성을 강조하며 사회적 목표로부터 이탈하여 개인의 존재를 부각시키고자 한다.

또한 자신의 신분 유지나 교양 습득을 위한 수단으로 신체를 인지하기보다는 '신체 자체를 위한 신체미 추구'라는 목적을 지니는데, 이는 신체를 정신으로부터 분리해 미적 추구의 대상으로 삼는 새로운 나르시시즘narcissism적 욕망과 관련된다. 현대사회에서의 지나친 신체 관리 욕망은 이러한 나르시시즘의 정신현상학적 특성으로 설명할 수 있다.

특히 여성의 신체는 남성의 신체와 달리 지속적인 통제를 받아 왔다. 코르셋이나 허리받이 등의 조형기구를 통해 허리를 조이고 가슴과 엉덩이를 나오게 하는 방식은 여성의 공적 사회활동을 저해하려는 가부장적 전통에서 기인한 것이다. 이러한 양상은 현대에 들어와 새로운 방식으로 변화되어 여성들에게 더욱 심한 신체 통제를 강요하고 있다. 근대에는 중세의 종교적 정신주의, 절대적 이성에 인간의 신체가 무조건

4
메이크업은 개인의 이미지를 가꾸고 관리하는 수단이 된다.

복종하는 신체관에서 벗어나 신체 자체의 생동적인 측면이 활성화되었다. 특히 성 담론의 활성화는 외부 통제로부터의 신체 해방이 아닌 오히려 지배권력 유지의 하나의 방식으로 신체를 특화시켰다. 신체의 해방을 주장하는 성 담론은 새로운 권력 장치를 통한 '감시와 처벌'[13]이라는 근대의 새로운 권력 메커니즘의 그늘에 가려진 채 신체의 통제와 관리를 위한 위장책으로 이용되었다.

개인의 신체에 대한 통제와 의식은 신체에 대한 권력의 투자로서만 이루어질 수 있는 시대가 되었다. 체조와 운동, 근육 강화, 노출, 아름다운 신체의 과시 등은 권력이 어린이와 군인의 신체, 건강한 개인의 신체 등 모든 신체에 대해 집요하고 정교한 작업을 행사하게 된 결과이다.

이와 같이 현대사회에서는 메이크업, 성형수술, 다이어트, 의복 선택 등이 개인의 이미지를 가꾸고 관리하는 수단이 되고 있다. 성형수술은 사회가 요구하는 이상적인 신체로의 완전한 변형을 약속한다. 사람들은 아름다움과 젊음을 성취하기 위해 외과적인 방법을 통해서 몸을 변형시킨다. 보여지는 상품으로서 아름다움을 통해 생계를 유지하는 모델, 연예인이나 경제적으로 여유가 있는 부자뿐만 아니라 지극히 평범한 여성들도 수술 후 자신의 새로워진 몸에서 행복을 느끼고자 기꺼이 성형수술을 시도한다. 다이어트는 음식을 적절히 섭취하고 배제하는 행위로서, 애초의 의료행위나 정신적 수양의 목적에서 벗어나 아름다움의 욕망을 실현하는 것이다.

이와 같이 개인은 스스로를 개발하여 남들에게 보여 주고자 한다. 이미지 관리는 자신에게 가장 잘 어울리는 외모와 자기지위 또는 상황에 맞는 몸가짐, 매너, 말솜씨로 조화를 이루는 것이다. 메이크업, 패션 등 일회적 효과가 있는 방식에서부터 다이어트, 성형수술 등 영구적인 방식에 이르기까지 다양한 수단을 선택하여 시도되고 있다.

패션의 언어

특정 학교의 교복을 입은 사람은 아마도 그 학교 학생일 것이다. 이와 같이 각종 유니폼이나 특정 종교의 상징이 표현된 의복이나 액세서리, 피어싱, 타투 등의 패션아이템은 이를 착용한 사람이 어떤 사람이라는 것을 알려 준다는 점에서 언어로서의 기능을 하며 관찰자와 커뮤니케이션된다. 상대 팀의 스포츠 유니폼이나 가톨릭 사제복, 펑크의 헤어스타일은 착용자의 개인적 정체성을 축구팀이나 종교적, 하위문화적 소속감

5
교복을 입은 뉴질랜드 캔터베리의 크라이스트 칼리지(Christ's College) 학생들(2006).

으로 대변하게 된다.

과거의 의복 코드는 상대적으로 안정적이어서, 특정인의 사회적 정체성이 의복을 통해 분명하게 전달될 수 있었다. 그러나 이러한 의복의 안정성은 근대 사회가 도래하면서 사라지게 되었고 의복을 통해 그 정체성을 지시하는 분명한 표시도 점차 쇠퇴하였다.[14)]

오늘날의 의복은 디자이너가 의도하는 의미, 착용자가 의도하는 의미, 외부의 관찰자가 이해하는 의미, 의복 그 자체의 의미 중 어느 것을 뜻한다고 정의하기 어렵다. 우선, 디자이너가 의도하는 의미는 착용자나 관찰자들이 해석하는 것에 따라 다르게 나타나거나 변화할 수 있다. 착용자가 부여하는 의미 또한 문화적 다양성에 따라 함축하는 의미가 달라질 수 있으며 관찰자에게 설득력을 갖지 못할 수 있다. 외부 관찰자는 또한 맥락에 따라 각기 다른 의미로 이해할 수 있다. 의복 자체의 의미는 시간과 장소에 따라 의복의 의미가 변화하는 현상을 설명할 수 없다.[15)]

물론 특정 집단을 이해할 수 있는 어떤 코드가 존재하고 분명한 방식으로 해석되는 경우도 있지만, 모든 의복이 그런 방식으로 의미를 소통할 수 있는 것은 아니다. 의복은 의미론적으로 코드화될 수 있는데, 이때 코드는 확고부동한 규준에 기반을 둔 것이 아니며 '열린 텍스트'로 기능한다. 위계사회에서의 의복은 상대적으로 안정적이고 고정된 의미를 지닌 '닫힌 텍스트'인 반면 포스트모던사회에서는 의복이 지속적으로 새로운 의미를 획득하게 된다는 것이다.[16)]

패션과 문화

패션은 대인지각의 단서이자 인상 관리의 수단으로서 자기 이미지 형성을 위한 선택과 구매를 유도한다. 그러나 패션은 일개 착용자의 인상 형성에만 관련되는 것이 아니라, 집단의 문화적인 커뮤니케이션 활동에도 관련된다. 한 집단이 정체성을 확립하고 의사소통하는 방법의 일부이며, 다른 집단 또는 그 집단의 구성원에게 의사전달의 수단이 된다. 즉 패션은 의미와 가치가 생산·교환되는 비언어적 의사소통으로서 커뮤니케이션의 수단이다.

특히 20세기에 들어서는, 대중매체를 통해 대중들의 문화적 접촉이 가능해진 새로운 대중문화 형태가 등장하였는데, 대중문화 중에서도 패션은 문화적 범주의 구별에서 중요하고 상징적인 매개물로서 커뮤니케이션되며, 이러한 현상은 영상매체를 통해 급속도로 이루어지고 있다.

문화적 범주cultural category란 우리가 단순하고 자발적인 수준에서 상대방의 화장이나 머리 길이, 의복 형태 등 문화적으로 규정된 외모의 차이를 기초로 사람들을 분류하고 세분화하는 것이다. 패션에 의해 표현되는 문화적 범주의 유형에는 성, 신체적 매력, 연령, 사회계층, 민족성 등이 있는데, 이러한 문화적 범주에 부여된 외모에 대한 규정은 기본적인 이분법적 범주에 기초하는 전통사회에서 범주 간의 구별이 뚜렷하였다. 그러나 20세기에 들어서는 복식에 의한 문화적 범주의 구분이 모호하게 되면서 이를 바탕으로 인지되는 개인의 정체성 또한 모호하게 되는 현상이 나타나고 있다.

1 | 성과 신체적 매력

성의 의미는 남녀 간의 생물학적 차이에 의한 것sex과 사회적으로 만들어지고 문화적으로 정의되는 남녀 간의 사회적 의미의 차이에 의한 것gender으로 나누어진다.

성 역할은 특정 성별의 개인이 주어진 상황에서 이행해야 하는 사회적 또는 문화적으로 한정된 일련의 기대를 의미하는 말로, 이러한 기대는 고정적인 것이 아니라 시기와 문화에 따라 다르며 사회에서 명백히 표명될 수도 있고 모호하게 암시될 수도 있다.

19세기에는 성에 따른 약호가 공적 영역에 속하는 남성과 사적 영역에 속하는 여성으로 양분되었다. 성에 따른 약호와 이데올로기를 반영한 패션아이템으로는 남성복에서의 비즈니스 슈트와 여성복에서의 코르셋을 들 수 있다. 비즈니스 슈트는 중산층 남성을 대표하는 것으로, 검은색을 주요 색상으로 이용하는 단순한 형태였다. 코르셋은 자기 자제와 높은 도덕성을 의미하고 가정 내에서 여성의 도덕적 책임과 관련

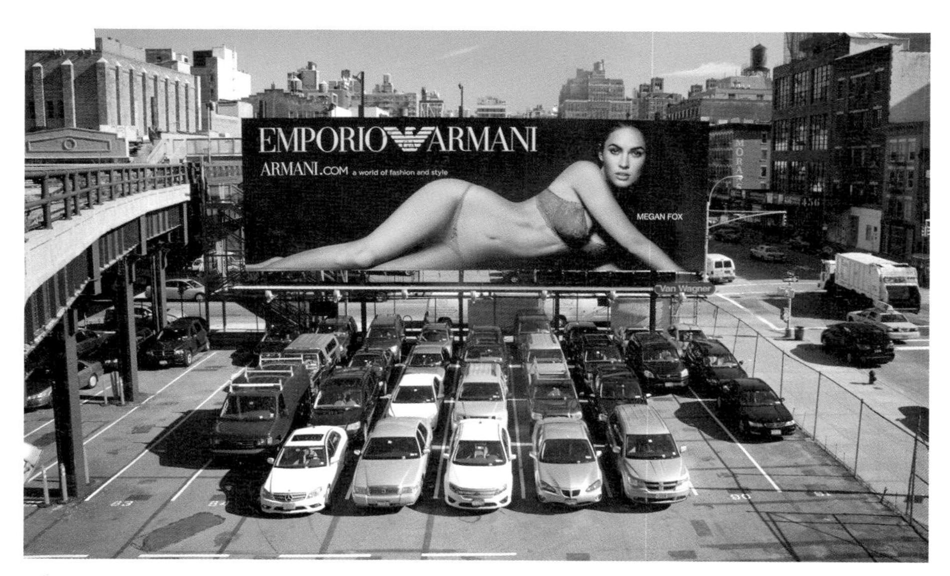

6
여성적인 성과 신체적 매력을 드러내고 있는 여배우 메건 폭스(2010). 패션 커뮤니케이션에서 성과 신체적 매력은 착용자의 문화적 범주를 드러내는 대표적인 유형이 된다.

되어 여성이 미를 가꾸는 역할에만 한정되도록 하였다. 남성은 성차를 강조함으로써 여성들을 공적 영역에서 제외시켰고 패션이나 외모에 관심을 두지 않는 것을 남자다운 것으로 인식하였다.

20세기 이후 시대적 이상미의 변화, 페티시즘fetishism과 동성연애 등 향락 추구 수단의 증가, 사회주의, 무정부주의 등의 현상과 여성해방운동, 남성 역할의 변화, 여성의 사회적·직업적 역할의 증가, 하위문화의 등장, 스포츠 보급의 보편화 등의 영향으로 양성화androgyny 현상이 두드러지고 있다.

한편 신체적 매력은 항상 일관되거나 분명하게 개념화되지 않는 범주로, 주로 성과 관련되어 나타난다. 현대사회에서 남녀 간의 신체적 매력의 정도는 대중매체에서

예시 1 등골브레이커' 와 '캐몽'

'부모의 등골이 휘다 못해 부러질 정도로 경제적 부담을 안긴다.'는 뜻으로 화제가 된 이른바 등골브레이커는 아웃도어 브랜드 노스페이스Northface의 제품이다. 2000년대 중후반 이후 국내 중·고등학생들에게 교복 위에 입는 겨울철 방한 점퍼로 선풍적 인기를 끌면서 엄청난 판매고를 올렸다. 수십만 원에서 100만 원이 넘는 금액대에 따라 이른바 '노스페이스 계급'이라는 품계를 받을 정도이며, 물질만능주의의 소산이라는 언론의 주목을 받았다.

2013년 겨울 새로운 등골 브레이커로 등장한 '캐몽'은 패딩점퍼 브랜드 캐나다 구스Canada Goose와 몽클레어Moncler의 준말로, 100만 원 이상을 호가하는 프리미엄 패딩을 의미한다. 200~300만 원대 고급 방한 점퍼로, 학생들뿐 아니라 일반인에게도 알려진 물품이다.

이외에도 50~70만 원대의 MCM 백팩, 30~50만 원대의 닥터드레 헤드폰, 20만 원대 한정판 운동화 등 가격이 부담스러우나 구매를 졸라대는 아이들 때문에 화제가 되는 아이템들을 등골브레이커로 통칭할 수 있다. 이러한 물품들은 모두 눈에 잘 띄는 외투 및 액세서리로서, 교복을 입는 학생들에게는 자신을 드러낼 수 있는 물품이며, 비싸기 때문에 주변에서 알아봐 주고 그래서 더욱 멋있어 보인다는 것이다. 청소년들의 명품소비행동에 대한 허정경2013의 연구에 따르면, 소득이 높거나 생활수준이 높을수록 과시소비성향이 높고, 또래의 영향을 많이 받는 청소년 소비자들의 수입명품 선호도가 높다고 한다.

나타나는 문화적 규범에 의해 영향을 받는다. 또한 신체적 매력은 어느 한 요소보다는 전체적인 방식으로 평가되며, 다른 문화적 범주와는 달리 의복, 화장, 성형수술, 다이어트, 운동 등을 통해 후천적으로 성취될 수 있는 특성을 갖고 있다.

2 | 연령

19세기 서구에서는 연령에 따른 패션 약호가 확실하여 젊은 여성과 30세 이상 기혼 여성의 패션스타일에 현격한 차이가 나타났다. 나이 든 여성은 머리카락을 캡 속에 넣어 올렸고, 칙칙한 색상의 옷을 착용하여 성적 매력을 은폐하고 사회적 즐거움과

7
아웃도어 브랜드 노스페이스의 패션상품(2011).

1980년대 중후반에는 게스 청바지, 1990년대 초 소니 워크맨, 1990년대 중후반 이스트팩 배낭 등 중·고등학교 학생들 간에 고가 아이템들이 유행해 왔다. 또래끼리의 동조성이 특히 큰 연령대의 학생들은 '친구들이 다 쓴다, 나만 안 쓰면 왕따'라는 식의 명분으로 부모에게 구매를 강요하여 억지로 사 주게 만드는 경우가 있다는 것이다. 모방심리와 욕구가 충족되지 않을 때 10대들이 절도나 폭력에 빠지는 경우도 있을 수 있다. 또래들과의 어울림에 문제가 있을까 봐 자발적으로 사 주는 부모마저 있을 정도이다.

청소년 사이에서 고가의 물품을 착용하면 화제에 오르고 주변에서 비교적 인정받지 않을까 하는 심리, 그리고 최고의 소비를 하고자 하는 인식에서, 소비를 통해 정체성을 드러내려는 구별짓기 욕망과, 부모 세대를 포함한 사회 일반의 명품선호의식이 맞물려 일어나는 현상인 듯하다. 우리 현 사회에는 등골브레이커나 캐몽과 같은 명품소비를 통해 정체성을 확인하고 이것이 사회적 지위를 결정하여 사람들로부터 존중받을 수 있다는 논리가 통용되는 것일까?[21]

영향에서 제외되었다.

20세기 들어 화장품 산업, 패션 산업의 발전과 함께 건강 향상, 성형수술, 화장품의 보급은 연령에 의한 구분을 모호하게 만들었다. 그러나 이러한 변화에도 불구하고 여성들은 아직 연령과 가치 사이의 관계가 반비례하는 특성을 보여 주고 있다. 에마누엘 레비Emanuel Levy의 연구에 의하면 1932년에서 1984년까지 할리우드에서 여성 스타들이 4년 이상 연속적인 인기를 누리는 데 외모와 젊음이 중요한 역할을 하였다고 한다. 여성 스타들의 평균 연령은 27세인데 비해 남성은 36세였으며, 남성들 중 많은 스타들이 40세 이후 스타덤에 올랐고, 4년 이상 인기를 누린 스타들은 수적인 면에서 남성이 훨씬 많아 젊음을 강조하는 여성 스타의 배우 수명은 짧은 것으로 조사되었다.[18)]

나이 든 여성 스타 중에는 생물학적 나이에 상관없이 지속적인 운동과 외모 가꾸기 등을 통해 보다 젊은 외모와 몸매를 유지하는 경향이 나타나기도 하였는데, 할리우드 영화배우 데미 무어Demi Moore, 메릴 스트리프Meryl Streep, 제인 폰더Jane Fonda 등은 연령을 초월한 건강미와 아름다움을 갖춘 매력적인 여성으로 널리 알려져 있다.

연령대에 따른 다양한 미적 추구는 미시족, 실버 세대 등 연령에 따른 새로운 그룹을 형성시켰으며 이들은 지속적으로 변화를 추구하는 패션 의식에 긍정하고 유행 변화를 수용하는 소비 세력으로서 미래 패션산업의 주 고객층으로 성장하고 있다. 뿐만 아니라 최근의 키덜트kidult 현상은 생물학적인 나이와 관계없이 성인도 어린이의 취향을 지속적으로 추구하는 경향의 단면이라 할 것이다.

3 | 사회계층

사회계층은 똑같거나 비슷한 정도의 희소가치를 지닌 사람들의 집단 또는 유사한 사회적 평가를 받는 사람들의 범주를 가리키며,[19)] 여기에는 불평등한 위계적 관계가 형성된다. 사회계층을 분류하는 패션의 지위 차별화 기능은 지멜Simmel의 유행하향전파이론Trickle-down Theory, 베블런Veblen의 과시적 소비Conspicuous Consumption 등의 이론에 의해 강조되었다.

사회학자 피에르 부르디외Pierre Bourdieu는 세련된 것과 저속한 것을 구별할 줄 아는 취향taste이 현대사회에서 지배사회계층의 문화적 자본 중 많은 부분을 차지한다고 주장하였다.[20] 대중문화가 탄생하기 이전에는 사람들의 여가 활동도 신분과 계층에 따라 그 양식과 내용이 고정되었는데, 귀족들이 향유하였던 문화는 상류문화 또는 엘리트문화로서의 고급문화였다. 이러한 고급문화는 그 사회의 공식문화, 대표문화로서 작용하였다. 그러나 산업화 이래로 중산층이 형성되고 대중문화가 등장하였으며, 20세기 중반 이후로는 노동계층 젊은이들로 이루어진 하위문화의 등장과 이들의 영향력으로 인해 패션이 개인적인 스타일로 전개되고 있다.

따라서 사회적 지위에 대한 패션의 구분은 과시적 소비, 과시적 빈곤의 형태로 인해 점차 그 기능을 상실하고 있다. 과시적 소비는 신흥 부자들이 지위 상승의 가시적 표현수단으로 패션을 채택하는 것으로, 값비싼 장신구나 복식을 착용하거나 디자이너 라벨을 중요시하는 경우이다. 지위 간의 구별이 모호해지는 현대사회에서도 패션을 통해 지위를 추구하고자 하는 이러한 극단적인 현상은 지속되고 있다26~27쪽 참조.

한편 과시적 빈곤은 지위상징에 있어서 화려한 장신구를 통한 부의 표현보다는 정숙과 억제가 우월한 지위상징으로 보이는 경우이다. 샤넬의 리틀 블랙 드레스little black dress는 그 대표적인 예로서 스스로를 단순하게 치장함으로써 사회적 우월성을 넌지시 드러낸 것이다. 이는 한 걸음 더 나아가 의도적으로 불완전한 차림, 즉 재킷 소매의 단추를 끼지 않거나 비스듬하게 타이를 매고, 전체적 외관과 대조되는 파격적인 색을 사용하거나 일부러 찢어진 의상을 착용하고 값비싼 모피를 깎아서 착용하는 등의 양상으로 나타나고 있다.

4 | 민족성

민족성은 피부색, 눈동자의 색상, 머릿결, 얼굴형 등과 같은 신체적 속성을 기초로 한 가시적인 문화적 범주로서 사회적 구성과 관련된 문화 개념이다. 민족성에 대한 단서로는 장식과 의복 스타일이 있는데, 과거에는 민족성에 따른 사회적 계층화와 착용하는 복식유형의 차이가 뚜렷하였으나 현대에 들어 그 차이는 감소 추세에 있다.

오늘날은 대중매체와 통신의 발달로 패션이라는 기표가 문화와 문화 사이를 자유로이 오가며 영향을 미치고 있기 때문에, 문화접변과 동화현상이 나타나고 있다. 또한 20세기 후반 이후 현대문명이 야기한 생태학적 위기는 지구촌이라는 공동체 의식을 형성하게 하였고 포스트모더니즘의 절충주의적 사유는 타민족성에 대한 경계 대신 상호 요소의 흡수, 병렬이라는 전략을 선택하였다. 특히 인터넷을 통한 정보 교환의 속도 변화는 이러한 기존의 민족성에 따른 구분을 더욱 모호하게 하고 있다.

8
일본 교토 아오리 축제의 전통복식. 민속복식은 착용자의 문화적 범주를 가시적으로 나타내는 한 예이다.

예시 | **상류층 여성 패션아이콘**

의복과 디자이너, 헤어스타일, 메이크업과 제스처에 따라 상류층 취향의 이미지를 투사하고 대중들에게 패션아이콘으로서 활동한 예는 여러 곳에서 찾을 수 있다. 대표적인 예로 20세기 초반 에드워드 윈저 공과 결혼한 월리스 심프슨, 20세기 후반 케네디 대통령의 부인 재키 케네디 오나시스와 영국 찰스 황태자비였던 다이애나, 21세기 들어 영국 윌리엄 황세손과 결혼한 캐서린 황세손빈을 들 수 있다. 이들 개개인의 스타일 개발은 왕족 혹은 영부인, 그리고 이후의 다른 신분 변화에 있어 자신을 상황에 맞게 위치시키고 자신이 커뮤니케이션하고자 하는 메시지를 전달하는 재현방식이 된다.[22)]

윈저 공작부인, 월리스 심프슨

윈저 공작부인Duchess of Windsor, 월리스 심프슨Wallis Simpson, 1896~1986은 미국 사교계 인물이며 이혼녀로서, 영국 왕위 계승자였던 에드워드 윈저 공의 사랑을 차지하였고, 그녀와 결혼하기 위해 황태자는 왕위를 포기하고 동생인 조지 6세에게 양위하였다. 그녀는 "여자는 최대한 부유하고 날씬해야 한다A woman can never be too rich or too thin.."를 모토로 삼았다고 전해진다. 결혼 후 부부는 제2차 세계대전 중 나치에 동조했다는 혐의를 받았으며, 영국 외의 유럽과 미국의 휴양지를 여행하며 사교계 인물로서 일생을 보냈다.

고전적인 미인은 아니지만 대담하고 매력적인 스타일에 수수께끼 같은 매력으로 40여 년간 베스트드레서 리스트에 올랐으며 대표적인 패션아이콘으로 평가된다.[23)] 디테일이나 장식 없이 냉철하면서도 심플한 우아함이 그녀의 스타일이었다.

보도에 의하면, 1936년 윈저 공과의 결혼식 때 그녀는 스키아파렐리, 샤넬, 멩보쉐Mainbocher 등 66벌의 쿠튀르 드레스와 각각의 매칭 액세서리를 혼수로 준비했다고 한다. 미국 출신의 파리 디자이너가 만든 웨딩드레스는 하이네크에 허리 부분 개더와 작은 단추장식이 있는 슬림한 슈트 형태 가운으로서 둥근 헤일로 해트halo hat를 매치하여 세계적으로 주목받으면서 수천 벌의 복제품을 양산했다.[24)]

트렌드에 상관 없이 마른 몸매를 돋보이게 하는 심플한 라인을 선호하며, 마음에 드는 드레스의 경우 여러 컬러와 소재로 주문하여 여러 벌 구매하는 것으로 알려졌다. 호리호리한 체격에 절제된 깔끔함을 특징으로[25)] 지방시와 디오르를 선호하였다. 낮에는 절제된 니렝스 길이의 깔끔한 테일러드 슈트로 엄격하고 절제된 스타일을 즐겼으며 이브닝에는 위트와 창의성이 돋보이는 하이넥 이브닝드레스로 여성적이고 낭만적인 감성을 발휘하였다.

윈저 공 또한 패션스타일로 유명하여, 트렌드세터로서 20세기 남성복을 선도한 인물이다. 이브닝 디너 재킷 안에 흰 베스트를 입는 트렌드와, 글렌체크 슈트, 아메리칸 스타일 트라우저, 윈저 칼라 셔츠, 넥타이를 느슨하고 넓게 매는 방법인 윈저 노트windsor knot, 옥스퍼드 백, 플러스포plus fours, 아가일 스웨터의 유행에 선도적인 역할을 한 것으로 알려져 있다. 부부는 주로 휴양지에서 리조트 패션과 파티를 즐기는 모습으로 언론에 비춰졌다.

상당한 보석 컬렉션을 소유했던 그녀는, 카르티에Cartier의 펜더 시리즈를 비롯한 코스튬 주얼리를 애용했으며 여왕만큼이나 많은 보석을 소유했던 것으로 알려진다. 테일러드슈트에는 브로치를, 이브닝에는 화려한 보석류를 사용하였으며 그녀의 스타일은 재키 케네디, 다이애나 황태자비 등 왕족이나 정치인들의 의상에 영향을 준 것으로 평가된다.[26]

재클린 케네디 오나시스

재클린 케네디 오나시스Jacqueline Kennedy Onassis, 1929~1994는 미국 제35대 대통령 존 F. 케네디John F. Kennedy의 부인이었다. 그녀는 케네디 암살 후 선박 재벌인 그리스의 아리스토틀 오나시스와 결혼하였다. 예술과 스타일, 우아함으로 기억되는 패션아이콘이다. 케네디 암살 당시 그녀의 핑크색 샤넬 슈트와 필박스 모자를 쓴 모습은 1960년대의 대표적인 이미지였다.

재클린 케네디가 퍼스트레이디가 된 것은 TV가 대중적으로 보급되던 1961년으로 당시 미국은 경제적인 호황 속에 대량생산과 대량소비가 이루어지고 대중매체를 통해 유행이 급속히 확산된 시기였다. 그녀는 최초로 매스컴 전담 비서를 고용하여 매스컴에 등장하면서 자신의 공식적·사적 활동을 전략적으로 언론에 노출하고 영부인으로서의 역할을 수행하였다.[27] 외빈 접대나 외국 방문시 TPO에 맞는 컬러나 문양을 선택하였으며 미국 패션스타일의 감각을 전했다.

재클린은 결혼 초기에 디오르, 샤넬, 지방시 등 오트 쿠튀르를 선호하였으나 정치적인 악영향을 고려하여 미국 출신의 올레그 카시니Oleg Cassini를 전속 디자이너로 선정하였다. 카시니는 심플하고 단정하며 화사한 색상의 A라인 슈트로 특히 유명하였고 카시니가 취임식을 위해 디자인한 엷은 황갈색의 울코트와 필박스 모자는 즉각적으로 카피되었다. 재키는 종종 대담하게 공식 석상에 바지를 착용하기도 했다. 장식과 무늬가 두드러지지 않는 시스 원피스, 필박스 모자, 장갑, 진주목걸이 등이 그녀의 대표적인 패션아이템이었고 몸에 붙는 캐주얼한 상의, 머리를 묶는 스카프, 큰 선글라스는 대중 패션에 많은 영향을 미쳤다.

그녀의 스타일은 1960년대 미니멀리즘의 경향을 자신의 지위에 맞추어 실용적이고 심플한 세련미를 표현한 것인데 화이트, 베이지, 크림색을 주조로 한 단순한 형태의 무릎길이 A라인 코트와 H라인 슈트는 젊은 미국적 자신감을 드러낸 것이었다.[28)]

남편의 암살 이후 그녀는 와이드 팬츠, 넓은 라펠의 재킷, 집시 스커트와 에르메스의 헤드스카프, 커다란 선글라스로 스타일을 바꾸었으며 공공장소에 블랙 터틀넥과 화이트 진을 착용하여 트렌드를 선도하기도 했다. 두 번째 남편 사후 맨해튼으로 이주하여 출판사의 북에디터로 일하면서 엘레강스하고 멋진 스타일을 소화하였으나 진정한 패션아이콘으로서의 시기는 백악관에 있던 시절이라고 할 수 있다.[29)]

영국 왕세자비, 다이애나

영국의 왕세자비Princess of Wales 다이애나Diana, 1961~1997는, 1981년 20세의 나이로 영국의 왕위계승자인 찰스Charles 황태자와 결혼하면서 세계적인 화제의 인물로 떠올랐다. 그녀는 패션의 파워에 관심을 두고 새로운 스타일을 제시한 당대의 가장 영향력 있는 패션리더이며 패션아이콘이었다.[30)]

텔레비전 생방송으로 7억 5천만 명 이상이 시청한 결혼식에서, 그녀가 입은 웨딩드레스는 부부 디자이너인 엘리자베스와 데이비드 에마누엘Elizabeth & David Emanuel이 디자인한 것으로서, 빅 퍼프 슬리브와 풍성한 스커트의 로맨틱한 이미지에 아이보리 태피타 소재를 사용하고 1만 개 이상의 진주 장식과 세퀸 장식, 레이스, 자수 장식과 25피트에 달하는 트레인이 달린 것이었다. 이는 1980년대 웨딩드레스와 이브닝드레스의 핵심 트렌드가 되어 리치하고 포멀한 이브닝 웨어가 많은 패션잡지의 헤드라인을 장식하였다.

결혼 초기 다이애나의 패션스타일은 영국 왕실의 권위적인 모습을 담은 정형화된 귀족성을 보여 주었다. 그녀는 어깨가 강조된 V라인의 슈트를 선호하였으며 드레스의 경우 소매나 칼라 등 디테일이 강조된 실루엣에 동일 색상의 구두와 모자, 핸드백으로 코디하였다. 두 아이를 임신한 시기에는 임부복 패션을 선도하기도 했다.

영국 디자이너들의 드레스를 즐겨 입었으며, 특히 캐서린 워커Catherine Walker를 선호하여 자선사업을 위한 모임과 왕족의 일원으로서의 이벤트와 외교활동에 모자와 테일러드 룩, 스트랩리스 드레스와 화이트 크레이프의 재킷, 크림 새틴 드레스로 자신만의 스타일을 구축하여 화제의 대상이 되었다.

별거 이후에는 우아하고 건강하며 여유로운 모던 룩을 지향하였다. 베르사체, 샤넬, 라크루아 등의 디자이너 브랜드를 활용하고, 대담한 커트와 몸매를 강조하는 라인에 깊게 파인 네크라인과 하이힐과 블랙을 과감히 사용하여 변화된 자신의 위치와 유명인사로서의 지위를 십분 이용하였다. 그녀는 1997년 36세의 나이로 불의의 자동차 사고로 사망하였다.

영국 왕세손빈, 케이트 미들턴

9
캐서린 왕세손빈의 가족사진이 새겨진 우표. 그녀는 영국 상류층 여성을 대표하는 패션아이콘이다.

영국의 캐서린 왕세손빈Catherine, Duchess of Cambridge 케이트 미들턴Kate Middleton, 1982~은 영국의 왕세손이며 현재 왕위 계승 서열 2위인 윌리엄William과 결혼하였다. 일반인 출신으로 스코틀랜드의 세인트앤드류스 대학 재학 시절 윌리엄을 만났고 2011년에 결혼한 후 매력적인 외모와 품위 있는 행동으로 영국과 미국 패션에 영향을 미치며 패션아이콘으로 주목받아 왔다.

그녀는 단아하면서도 기품이 넘치는 스타일로 전 세계 30대 여성의 워너비 스타일을 자랑하며 스텔라 맥카트니, 캐서린 워커, 알렉산더 맥퀸 등 영국 디자이너와 토리 버치 등의 브랜드를 매치하여 상황에 알맞은 적절한 패션으로 호평받고 있다.

시어머니인 다이애나와 비교되는 그녀의 패션은 지적이며 고급스러운 이미지로, 대개 네이비, 블랙 등 톤 다운된 컬러의 허리를 강조한 재킷과 스커트, A라인 원피스, 트렌치코트 등 유행을 타지 않는 클래식한 무릎길이의 심플한 단색 아이템이 선호된다. 여기에 심플한 블랙 펌프스, 클러치를 매치하고 그 세대 영국 여성으로는 드물게 스타킹을 애용한다. 헤어스타일은 자연스럽게 웨이브진 롱 헤어를 유지하며 상황에 따라 코르사주나 대담한 모자를 착용한다.

명품뿐 아니라 자라ZARA나 톱숍Topshop 같은 중저가 브랜드도 애용하여 다양한 아이템을 믹스매치하거나 트렌드에 맞는 할인된 가격의 옷을 입으며 스마트한 쇼핑을 즐긴다. 검소함과 세련미를 겸비한 그녀의 패션은 칩시크Cheap chic 패션으로 간주된다.[31] 때로는 공식 석상에 동일한 구두나 가방을 반복해 착용하기도 한다.

그녀의 결혼식은 귀족과 왕실로 대표되는 영국의 상류층 문화가 어우러져 침체된 영국 경제를 살리는 계기가 되면서 왕실에 대한 대중의 선망을 반영하는 케이트 효과Kate effect라 불리고 있다.[32] 2013년과 2015년 임신과 출산을 겪으며 깔끔하고 몸매를 살리는 젊은 감각의 임부복 패션을 선도하였고[33] 아들 조지, 딸 샬롯과 패밀리 룩을 구성하면서 더욱 화제를 모으고 있다.

참고 문헌

1) Jennifer Craik(2009). *Fashion: the Key Concepts*, Oxford & NY: Berg, pp.2-3.

2) James Laver(1979). *The Concise History of Costume and Fashion*, NY: Abrams, p.62.

3) Georg Simmel(1895). "유행의 심리학, 사회학적 연구", in 김덕영 윤미애 편역. 《짐멜의 모더니티 읽기》, 서울: 새물결, 2005, pp.55-57, 64.

4) Diana Crane(2004). *Fashion and Its Social Agendas: Class, Gender, and Identity in Clothing*(패션의 문화와 사회사), 서미석 역, 파주: 한길사.

5) Lars Svendsen(2013). *Fashion: A Philosophy*(패션: 철학), 도승연 역, 서울: MID, pp.20-21.

6) 정명선, 배수정, 조훈정, 현선희, 김성은(2011). 《패션과 문화》, 광주: 전남대학교 출판부, p.105.

7) Ibid., pp.105-107.

8) Lars Svendsen(2013). op.cit., pp.63-68.

9) Desmond Morris(1997). *Manwatching: A Field Guide to Human Behavior*, NY: Abrams, p.213.

10) 유평근, 진형준(2001). 《이미지》, 서울: 살림, p.240.

11) 권혜숙, 황선진, 권혜욱, 김윤(2004). 《패션과 이미지메이킹》, 서울: 수학사, p.26.

12) Jean Baudrillard(1992). 《소비의 사회》, 이상률 역, 서울: 문예, pp.189-194.

13) Michel Foucault(2003). 《감시와 처벌》, 오생근 역, 서울: 나남.

14) Christopher Breward(1995). *The Culture of Fashion: A New History of Fashionable Dress*, Manchester: Manchester Univ. Press, p.85.

15) Lars Svendsen(2013). op.cit., pp.135-137.

16) Diana Crane(2004). op.cit. pp.383-385.

17) Fred Davis(1992). *Fashion, Culture and Identity*, Chicago: University of Chicago Press.

18) E. Levy(1992). "Social Attributes of American Movie Stars", *Media Culture and Society*, Vol 12,(2)을 유

송옥, 황선진, 이은영(1996). 《복식 문화》, 서울: 교문사, p.262에서 재인용.

19) 강혜원(1995). 《의상사회심리학》, 서울: 교문사.

20) Pierre Bourdieu(2005). 《구별짓기: 문화와 취향의 사회학》, 최종철 역, 서울: 새물결.

21) 네이버 트렌드 지식사전 "등골브레이커", 검색일 2014. 7. 16, http://terms.naver.com/entry.nhn?docId=2070287&cid=472&categoryId=1142; "등골브레이커, 스스로 자부심 떨어져 일어나는 현상", 위키트리 2013. 12. 4; 신진우(2013). "10만원 훌쩍 넘는 화장품 여중고생들에 유행…신 등골브레이커로", 동아일보 2013. 1. 31; 허정경(2013). "청소년의 명품소비행동에 영향을 미치는 요인에 관한 연구". 《지속가능연구》4(3), pp.83-102.

22) Jennifer Craik(2009). "Case Study 14: Acquiring the Techniques of Royalty", in Craik. *Fashion: the Key Concepts*, Oxford & NY: Berg, pp.162-165.

23) Bettina Zilkha(2004). *Ultimate Style: the Best of the Best Dressed List*, NY: Assouline, pp.12-15.

24) 이재정, 박신미(2011). 《패션, 문화를 말하다: 패션으로 20세기 문화 읽기》, 서울: 예경, p.120.

25) Kate Mulvey & Melissa Richards(2007). *A Century of Fashion: the Changing Image of Women, 1890-1990s*, Rev. ed., London: Bounty Books, p.83.

26) Andrew Bolton(2010). "Windsor, Duke and Duchess of", in Valerie Steele, ed., *The Berg Companion to Fashion*, Oxford and NY: Berg, pp.729-731.

27) 장성은, 정혜정(2005). "패션리더로서의 재클린 케네디의 의상 연구", 《복식》 55(6), p.99.

28) 이현영, 김윤경, 박혜원(2004). "재키와 다이애나의 패션 스타일 연구", 《한국복식학회》, 학술회의논문발표, p.59.

29) Pamela Church Gibson(2010). "Fashion icons", in Valerie Steele, ed., *The Berg Companion to Fashion,* Oxford and NY: Berg, pp.286-288.

30) "The Royals: Their Lives, Loves and Secrets"(2010). *People*, pp.46-49.

31) 상윤진(2012). "로열 계층 패션 스타일 분석 및 디자인 개발", 이화여자대학교 석사학위논문, pp.37-38.

32) "케이트가 입으면 전 세계 매장서 동난다", 중앙일보. 2011. 4. 27.

33) SBS 뉴스, "영국 왕세손비 미들턴의 '임신부 패션'", 2013. 7. 4, http://w3.sbs.co.kr/news/newsEndPage.do?news_id=N1001865850

2 패션 이미지메이킹

패션아이콘

흔히 영상미디어의 중심적인 인물은 영화배우나 연예인과 같은 스타들이며, 이들의 패션이 대중의 관심을 끌어 영향을 미치고 패션리더로서의 역할을 하게 된다.

스타star는 원래 할리우드 초창기 유명 여배우를 지칭하는 용어이나 오늘날에는 높은 인기를 얻고 있는 연기자, 가수 등의 연예인이나 운동선수를 의미한다. 최근에는 유명인을 뜻하는 셀레브리티celebrity라는 용어가 혼용되면서, 사회 구성원에게 공적 인지도가 높은 유명인사나 사회적 우상으로 부각된 사람을 뜻하는 개념으로 사용되며, 배우나 연예인뿐 아니라 음악, 스포츠, 정치인, 경영인 등 각 직종으로 그 범위가 확대되고 있다.[1)]

셀레브리티는 대중을 동요시킬 수 있는 자신만의 특별한 매력과 능력을 지니고, 그 시대의 조류에 부합되어 대중의 결핍된 부분에 들어맞는 부분이 부각될 때 생성된다.[2)] 대중의 욕구와 꿈이 반영되어 이미지와 캐릭터로 현실화되며 대리만족의 대상으로서 대중들이 소비할 수 있도록 만들어지는 것이다. 일단 스타로서 자리매김하게 되면 능동적인 입장에서 대중에게 새로운 정보와 이미지를 제공하며 마케팅과 이미지의 주체가 된다.

패션아이콘fashion icon이란 패션에서 아이콘과 같은 인물을 뜻한다. 아이콘은 숭배의 대상인 아이돌이나 상징, 전형, 종교적 혹은 신성함의 이미지를 갖고 있으므로 패션아이콘이란 패션스타일과 삶의 방식, 태도 등이 어우러져 투영하는 이미지가 대중에게 커다란 영향을 미치며, 풍부한 상상력과 영감의 원천으로서의 시대의 이상을 표시하고, 시대를 초월하여 하나의 패션상징, 나아가 문화 상징이 된 인물을 의미한다.[3)] 패션아이콘은 개인적인 패션스타일로 구현된 이상적인 남성상, 혹은 여성상이며 패션리더로서 시대를 초월하여 보편적인 미의식을 제시한다. 패션에 관련하여 숭배의 대상이 되어 대중들의 패션에 영향력을 끼친다.

패션아이콘과 유사한 용어로 베스트드레서, 트렌드세터, 패셔니스타, 뮤즈와 같은 단어가 있다. 베스트드레서best dresser는 비전문적 용어로서, 1980년대 말 영화 잡지 〈프리미어Premiere〉에서 디자이너들이 홍보를 위해 유명 배우나 운동선수, 연예인 등 패션아이콘들을 모델로 삼으면서 사용하기 시작한 용어이다. 트렌드세터trend setter란 새로운 유행이나 트렌드를 끌고 가는 리더로서 다른 사람들의 적극적인 수용을 유도하는 인물을 말한다. 패셔니스타fashionista는 트렌드세터와 비슷한 용어로, 뛰어난 패션감각과 심미안을 지니고 대중의 유행을 이끄는 사람을 뜻하며, 뮤즈muse란 패션디자이너가 자기 작품에 가장 이상적인 모델을 일컫는 말이다.[4)]

패션아이콘의 개념은 인물뿐 아니라 제품으로까지 확대되고 있다. 특정한 역사적 순간을 생각하게 하는 힘을 갖고 있어 이전 시대의 디자인이나 스타일과는 차별화를 지을 수 있는 패션제품, 제품을 창조해내는 디자이너, 독특한 디자인, 기교, 구성 기법, 패션이미지 등을 모두 포함한다는 것이다. 이러한 대상들은 대상 자체가 지닌 차별화된 성격이나 상징적 의미로 호칭되고 시대적 환경을 상징하는 커뮤니케이션 수단으로 활용된다.[5)] 이 책에서는 인물을 중심으로 패션아이콘을 살펴보려고 한다.

패션아이콘은 미디어와 밀접한 관련을 갖는다. 미디어의 초점이 되는 인물이 대중들에게 호소력 있는 패션스타일과 이상적 이미지를 투영하는 경우 패션아이콘으로 자리할 가능성이 커지기 때문이다. 신문, 잡지의 사진, 영화, TV, 인터넷 등 미디어를 통해 시공간적으로 넓은 범위로 이미지가 전달되고 확산되어 대중의 기억에 남을 때 그 스타일과 이미지가 생명력을 갖게 된다.

물론 단순히 미디어의 패션사진작가, 에디터, 스타일리스트 등 스탭들의 재능이나 패션업계의 마케팅에서 출발하여 패션아이콘이 만들어지는 것은 아니다. 패션아이콘으로서 한 세대에 영감을 주어 새로운 트렌드를 포용하도록 돕거나, 나아가 새로운 체형의 패러다임을 수용하도록 만드는 과정은, 그 신체적 요소가 시대정신에 부응하는 경우이다.[6] 메이크업이나 헤어스타일, 의복 아이템을 통해 남다르게 인식될 만한 개성과 자신의 정체성을 확언할 수 있는 능력이 당대에 발휘될 때, 패션아이콘으로서 기억된다.

패션아이콘이란 용어는 최근 21세기의 디지털문화에서 더욱 주목받고 있다. 미디어의 발달과 시각문화의 형성이 이미지의 창의적 복제와 유통을 가져왔고 이에 따라 대중의 상상력과 향수를 자극하는 아이디어의 원천이 절실해졌다. 이에 주요한 문화 콘텐츠로서 대중들에게 화려한 이미지로 꿈과 환상을 제공해 주었던 패션은 물론 영향력을 행사했던 패션리더 및 패션아이콘들의 삶과 스타일이 주목을 받고 그 이미지가 다양한 시각 매체를 통해 우리 일상에 존재하고 있음을 인식하게 된 것이다.[7]

패션아이콘과 대중영상문화

패션아이콘은 대중문화의 산물이며, 대중의 개인적 취향은 물론 친밀감, 욕망과 동일화를 이끌어 내는 사회적 기호이다. 대중매체가 발달하면서 패션아이콘의 위상은 날로 높아지고 있으며, 모방과 재현을 반복하며 그 이름을 딴 스타일의 대명사로 자리잡거나 혹은 특정 아이템의 명칭으로 정착하기까지 한다.[8)]

영상문화 속에 나타난 패션은 미디어 속에 표현되는 인물들에게 입히는 의상으로서 그 미디어 속에서 다른 시대나 배경을 바탕으로 표현되며, 그것이 이미지화되어 대중에게 연상 작용을 일으키는 패션스타일로 각인되고 그 스타일이 대중의 배우에 대한 모방심리를 자극하여 패션아이콘으로 작용하기도 한다.[9)]

20세기 초 대중들은 신문, 잡지의 트렌드 정보 자체를 따라 하기보다 선호하는 할리우드 스타들의 룩과 헤어를 모방하기를 즐겼으며 이에 영화는 대중들에게 최신 유행경향을 전파하는 매체가 되었다.[10)]

본래 스타는 사진, 영화, 음악 등의 스토리를 구성하며, 미디어 공간 안에서 콘텐츠를 구성하고 캐릭터를 창조하는 인물이다. 이에 스타의 패션은 비언어적인 메시지를 전달하고 이해시키는 커뮤니케이션 수단이 된다. 패션은 엔터테인먼트를 시각적으로 즐기는 기쁨을 주는 동시에 전달하고자 하는 메시지의 흐름을 이해하게 하고 캐릭터를 설명하여 관객과의 공감대를 형성한다. 스타의 패션은 영상문화와 영상의 공간에서 하나의 소품으로서 이미지메이킹의 수단이 되며, 스타일과 미학을 이루고 나아가 트렌드에까지 영향을 미치게 된다.[11)]

스타의 패션은 워너비wannabe 현상에 따라 대중에게 확산되고 영향을 미치게 된다.

워너비란 심리적으로 스타를 막연히 좋아하거나 우상화하는 것이 아니라 특정 스타를 자신의 기준으로 삼고 동일시하고 모방하려는 현상이다. 이 단어는 팝 가수 마돈나의 패션을 따라 하는 여성 팬들을 1982년 〈뉴스위크Newsweek〉에서 "마돈나 워너비"로 부르면서 사용되기 시작한 용어이다. 마돈나 이후 미국의 브리트니 스피어스를 따라 하고자 하는 10대 팬들이 대표적인 패션스타일인 배꼽티를 유행시키면서 워너비 현상이 활성화되었다.[12)]

워너비족은 패션스타일의 모방뿐 아니라 스타의 춤이나 연기를 배우고 성형수술을 시도하여 셀레브리티를 모방한다. 대중매체와 대중소비의 사회에서 셀레브리티와 팬의 관계가 밀접해지고 상호교류의 소통이 이루어지고 있는 현재, 대중은 셀레브리티를 수동적으로 모방만 하는 것이 아니라 자신과 가까운 현실적인 존재로 받아들이고 능동적인 제안과 소통으로 새로운 창조와 유행을 발생시키도록 돕는다.[13)]

2003년 NFL Kickoff Live에서 "Me Against the Music"을 부르는 브리트니 스피어스

우리나라에서 워너비 아이콘으로 꼽히는 이효리는 아이돌 가수 시절부터 그녀의 패션과 뷰티를 따라하는 워너비 팬들을 거느려왔는데, 솔로 데뷔 후 섹시함을 강조하는 댄스 뮤직을 시도하면서도 예능 프로그램에서의 털털함으로 대중과 친근함을 쌓았고, 결혼 후에는 제주도에서의 친환경적인 라이프스타일을 SNS를 통해 선보이면서 유기농 음식과 명상, 요가와 연계되는 킨포크Kinfolk 트렌드를 이끌었다.

패션산업과 관련해서 스타는 협찬과 PPL의 제품을 사용하기도 하고 광고모델로 활동하거나 직접 참여하기도 한다. 패션업체들은 자사 제품을 무상 또는 유상으로 제공하여 공석 또는 사석에서 착용하게 함으로써 브랜드의 인지도를 높인다. 영화나 TV 프로그램 제작에 소품이나 제작비를 제공하고 기업 이미지를 대중에게 인식시킨다. 스타의 이미지와 브랜드를 연계하여 광고 모델로 삼으며, 때로는 스타가 직접 디자인이나 홍보활동에 관여하는 경우도 있다.

패션 이미지메이킹

1 | 이미지메이킹의 개념

이미지의 어원은 라틴어 'imago'이며, 동사형인 라틴어 'imitari'는 '모방하다imitate'라는 뜻을 가지고 있다. 즉 이미지란 어떤 사람이나 사물에 대하여 가지는 시각상, 기억, 인상 평가 및 태도 등의 총체로서, 사물이나 인물에 대하여 특정한 감정을 가지게 하는 영상이다. 이는 '어느 대상, 특히 사람의 외적 형태의 인위적 모방 또는 재현'으로 정의할 수 있다.

이미지메이킹은 좋은 이미지가 개인의 가치를 높여 준다는 시각에서 좋은 이미지를 만들기 위해 최상의 방법을 선택하는 것을 말한다. 이는 인물의 개성과 직업, 신분에 맞는 이미지를 구축하여 관찰자에게 호감을 주며 그 능력과 가치를 상승시켜 주는 수단이 된다.[14] 이미지 진단을 통해 개인의 성향과 본질을 객관적으로 분석하고, 장단점을 파악하여 장점을 극대화하고 단점을 커버하는 훈련을 통해 이미지 개선을 시도한다. 이때 개인에게 어울리는 컬러 이미지, 어울리는 의복 아이템 선택과 착용, 메이크업으로 시각적 이미지 개선을 구체화하고 어울리는 매너, 표정, 제스처의 소통으로 내면의 자신감을 이끌어내는 것이다. 이후 지속적인 관심과 노력으로 긍정적인 결과를 이끌어 내는 전략을 제시하며 이미지 관리를 한다.

2 | 영상문화와 이미지메이킹

이미지메이킹은 20세기 초 할리우드 스튜디오의 스타 이미지에서부터 시작된다. 당시 대중적 어필이 뛰어난 스타를 통해 영화를 홍보하고 이익을 극대화하기 위한 스타 시스템star system을 구축하면서 배우로서 연출된 삶과 사생활을 철저하게 결합시켜 스크린 안팎의 퍼스널리티가 일치함으로써 대중적 영향력을 지니도록 유도하였다. 영화 속 이미지에 맞게 출신환경이나 경력을 위조하기도 했으며 신비로움을 극대화하는 방식으로 상품성을 높이는 전략을 사용하였다.

예를 들어, 1910년대 영화에서 남성을 유혹하는 흡혈귀 역의 팜 파탈이며 섹스심벌이었던 여배우 테다 바라Theda Bara는 원래 재단사의 딸이었지만 프랑스 예술가의 딸, 아라비아의 공주였다는 식으로 경력을 조작하였고, 철자 바꾸기를 이용해 이름을 바꾸어 신비로움을 극대화하였다.[15]

이후 스타의 이미지는 일련의 연상과 매너리즘을 지닌 전형화된 방식으로 대중에게 전달되었다. 스크린 이미지와 홍보가 일치되도록 대중과의 커뮤니케이션 채널이나 내용·방식을 조절하여 전형화된 이미지가 고착되도록 유도하였다. 1950년대 스타 그레이스 켈리Grace Kelley와 메릴린 먼로Marilyn Monroe의 경우는 이러한 전형화의 예가 된다.[16]

그레이스 켈리는 우아하고 좋은 집안에서 자란 미인으로서의 이미지를 일관성 있게 제시하였다. 패션지나 주부 대상의 여성지에 그녀의 가정사나 가족들과의 사진을 싣고, 숙녀다운 행동과 태도에 대해 동료들이 언급하도록 유도하였다. 윤택함과 교양, 가족 간의 친밀한 연대를 특징으로 남자들의 이상적인 동경을 대표하도록 이미지메이킹 되었다.

반면 메릴린 먼로는 즐기는 상대playmate의 이미지로서 남성의 성적 욕망의 상징적 대상으로 제시되었다. 누드 잡지 모델이나 커버 걸로 활동한 영화 데뷔 이전 경험을 폭로하고, 몸매를 과시하는 핀업 사진에 도발적인 타이틀로 홍보하였으며, 남성용 타블로이드나 잡지에 특집 기사로 불우한 출생 환경, 청춘기의 시행 착오, 이른 결혼 등을 다루었다. 그녀의 속삭이는 목소리, 엉덩이를 흔드는 걸음걸이, 노출이 심한 드레스, 반쯤 감긴 눈과 약간 열린 입에 관심을 집중시키고, 스크린 밖에서 먼로의 인용과 재치 있는 말을 고안하여, 도발적이고 유머러스하며 편안한 상대라는 이미지를 스크린 안팎에서 일관되게 일치시켰다.

3 | 패션과 이미지메이킹

오늘날 영상문화의 영향으로 사람들은 그 사회에서 이상적으로 여기는 이미지를 지각하며 자신의 외모나 이미지에 대해 평가를 한다. 그러나 대중매체가 제시하는 바람직한 신체이미지는 대부분의 사람에게 있어 근접하기 어려운 경우가 많다. 이상적 자기이미지Ideal self-image는 소비자가 되고 싶어 하는 자신의 모습으로, 대다수의 사람들은 외모 관리에 있어서 실제적 자기 이미지보다 이상적 자기 이미지에 가깝게 자신을 표현하려고 한다.[17)] 대중매체에 가시적으로 나타나는 이상적 타입은 스타와 셀레브리티의 외모로서 소비자가 이를 모방하여 자신의 이미지를 변화시켜 스스로를 이상적 자기로 지각하게 된다.

1960년 미국 대통령 선거 유세 당시 대통령 후보 케네디의 부인 재클린 케네디는 후보 부인으로서의 우아함을 잃지 않으면서 그 당시 미국의 진취적이고 젊은 문화적 가치관을 단순하고 모던한 패션과 자유롭고 화목한 라이프스타일로 보여 주었다. 이후 정치인들과 그 배우자들의 패션은 다수의 대중을 대상으로 정치적 이념과 사상을 표현하는 수단이 되어왔다.[18)] 유권자들은 복잡한 정책적 이슈를 이해하여 판단하기보다는 이미지를 통해 단순명료하게 정치인들을 비교하는 경향이 있다는 것이다. 1980년대의 레이건 대통령 부부, 1990년대의 클린턴 대통령 부부, 2010년대 오바마 대통령 부부는 미디어를 통한 이미지의 힘을 활용하여 대중의 지지를 받은 예가 된다.

특히 여성 정치인이나 배우자의 경우 착용하는 패션이 산업 측면에까지 영향을 미치는 경우를 볼 수 있는데, 중국 시진핑 주석의 부인 펑리위안의 패션은 그 예가 된다. 2014년 방한 당시 흰색과 옥색으로 그라데이션된 블라우스와 흰 재킷을 입은 차림은 화제가 되었다. 외국 방문 시에는 전통 복식을 응용한 패션을 선호하고 국내 행사에는 양장을 선택하여 동서양을 넘나드는 패션감각으로 전 세계에 국제화된 중국을 알리는 동시에 중국 패션 브랜드를 홍보하는 기회로 삼는다. 이외에도 우아한 은발에 구릿빛 피부, 샤넬과 에르메스 스카프를 활용하는 IMF 총재 크리스틴 라가르드,

2

테레사 메이(Theresa May) 총리와 도널드 트럼프(Donald Thrump) 미국 대통령, 2017년 1월 Washington, D.C., 2017년

화려한 컬러와 패턴, 다양한 디자인의 구두로 유명한 영국의 테레사 메이 총리, 트럼프 대통령의 딸로서 플라워 프린트를 선호하는 이반카 트럼프 등은 패션으로 화제가 되는 정치인들이다.

하버드비즈니스리뷰는 버락 오바마 대통령 당선 뒤 1년간 미셸 오바마 여사가 일으킨 패션 경제 효과가 27억 달러약 3조 원에 이른다는 분석을 내놓은 적이 있다. 또한 영국 수상 마가릿 대처는 "때와 장소에 맞게 옷을 잘 입는 것도 국가가 제게 부여한 임무 중 하나"라고 1986년 BBC와의 인터뷰에서 밝힌 바 있다.

이미지메이킹을 위해서는 되도록 여러 사람에게 조언을 얻어 적절한 스타일과 아이템을 선택하여 연출하며, 처음 30초 안에 좋은 인상을 어필할 수 있도록 한다. 성인의 경우 윤기 있는 헤어 관리가 중요하며 의상의 경우 사이즈보다 균형감이 있도록 구성할 필요가 있다. 또한 지나치게 어리게 보이려 하기 보다는 나이를 추측할 수 없도록 외양을 다듬어야 한다.[19]

4 | 패션 이미지의 유형

패션에서는 특정한 이미지에 대해 패션 타입이나 패션마인드, 취향이라는 용어로써 패션 이미지를 설명하기도 한다. 일반적으로 사용되는 패션이미지는 클래식, 아방가르드, 페미닌·로맨틱, 매니시, 엘레간트, 액티브, 소피스티케이티드 모던, 에스닉·포클로어의 이미지로 나누어볼 수 있다.[20] 각각 시간성, 성성, 활동성, 지역성을 대표하는 축에 따라 8가지로 구분한 것이다.

클래식 이미지classic image란 유행에 상관없이 시대를 초월하는 가치와 보편성을 가진 고전적인 이미지를 말한다. 대부분 세련되고 지적이며 품위가 있으며, 시간의 제약을 받지 않는 보수적인 스타일을 추구하고 균형과 조화를 중시한다. 테일러드슈트와 셔츠블라우스, 기본형의 팬츠와 평범한 펌프스에 부드럽고 단정한 헤어스타일과 메이크업, 단순하고 우아한 액세서리를 선호한다.

아방가르드 이미지avant-garde image는 전위적이고 실험성이 강한 디자인이나 독창적이고 기묘한 스타일을 말한다. 자신만의 개성을 표현할 때 아방가르드 이미지를 적절하게 활용하여 현대적인 감각을 나타낼 수 있다.

페미닌·로맨틱 이미지feminine/romantic image는 여성스러움과 사랑스럽고 낭만적인 이미지를 말한다. 여성스러운 곡선을 살리거나 레이스, 자수, 프릴, 플라운스, 리본 등의 디테일을 사용하며 파스텔톤이나 밝고 따뜻한 색상에 꽃무늬나 작은 물방울무늬, 부드럽고 유연한 소재가 선호된다. 작은 핸드백이나 여성스러운 스카프, 반짝이는 보석류의 액세서리로 마무리되는 것이 보통이다.

매니시 이미지mannish image는 여성이 남성적인 느낌의 재킷이나 팬츠, 셔츠, 넥타이,

단화 등을 매치시켜 입는 것을 말한다. 넥타이나 남성 스타일의 구두, 테일러드 재킷이 주로 선택되며, 탁색 계열의 차분한 톤 색상에 가죽이나 울 등 튼튼한 소재, 기하학적인 무늬나 무지에 단순한 액세서리로 간결하게 코디네이트된다.

엘레강스 이미지elegant image는 우아하고 단정하며 품위 있는 이미지이다. 여성의 인체 곡선미를 살리거나 주름장식이 들어간 우아한 드레스에 난색 계열의 색상이 주를 이루며 실크, 레이온 등의 소재와 고급스러운 액세서리로 고급스러운 분위기를 살린다.

액티브 이미지active image는 기능적이고 단순한 디자인과 밝고 선명한 색상의 스포츠웨어와 관련된다. 로고 티셔츠나 진, 스니커즈, 점퍼에 화려한 배색, 스트라이프의 기하학적 무늬나 추상적 무늬, 소재는 면이나 울이 사용되어 생동감 있고 경쾌하고 활동적인 느낌을 살린다.

소피스티케이티드 모던 이미지sophisticated modern image는 도회적 감성과 하이테크를 중심으로 세련되고 시크한 이미지를 추구한다. 기하학적이고 직선적인 라인에 무채색이나 한색 계열을 기조로 색상 대비나 명도 대비가 사용되며 실버 계통의 액세서리를 코디네이트하여 개성적이고 미래지향적인 이미지를 감각적으로 연출한다.

에스닉·포클로어 이미지ethnic/folklore image는 서구 문화권 이외의 민속 복식의 염색, 직물, 패턴, 자수, 액세서리에서 영감을 얻은 에스닉 이미지와, 기독교 문화권 내 민속복에서 온 포클로어 이미지를 함께 지칭한다. 단순한 라인, 천연염료의 다양한 컬러에 거칠고 무거운 소재, 민속성을 상징하는 문양이나 자수, 액세서리로 토속적이고 소박한 느낌을 준다.

개인이 가지고 있는 내·외적인 다양성과 개성은 긍정적으로 향상시켜 고유한 정체성을 가진 자신의 이미지로 형성할 수 있다. 이미지 컨설팅은 개인의 취향과 개성에 따라 다양하게 세분화된 콘텐츠를 이용하는 맞춤형 프로그램으로 변화하고 있으며,[21] 이와 같은 패션이미지의 유형과 패션 이미지메이킹의 예를 사진, 영화, 팝뮤직 및 스포츠, 뉴미디어 관련 영상문화에 나타난 패션을 통해 자세히 살펴볼 수 있을 것이다.

참고 문헌

1) 이희승(2005). "엔터테인먼트 스타 패션 연구", 이화여자대학교 박사학위논문, pp.29-30.

2) 박혜선(1999). "대중음악의 역동적 진화와 스타 메이킹에 관한 연구", 서강대학교 언론대학원 석사학위논문을 김소라(2007). "셀레브리티의 패션과 패션사회에 미친 영향", 서울여자대학교 박사학위논문, pp.8-9에서 재인용.

3) 정소영(2005). "할리우드 스타의 패션아이콘 - 1930년대~1950년대 여성 스타를 중심으로", 이화여자대학교 박사학위논문, pp.10-14.

4) 김명옥, 홍명화(2008). "디지털 시대 패션아이콘의 사회문화적 의미", 《장안논총》 28, pp.408-409.

5) 이은숙(2010). "20세기 상징적 패션아이콘에 따른 아이템 연구", 《한국의상디자인학회지》 12(1) pp.89-101; 전혜정, 하지수(2008). "광고에서의 패션아이콘의 역할 이미지에 관한 연구", 《2008 한국의류학회 춘계학술대회 발표논문집》, pp.222-223.

6) Harold Koda & Kohle Yohannan(2009). *Model as Muse: Embodying the Fashion*, NY: The Metropolitan Museum of Art, New Haven & London: Yale University Press, pp.12-13.

7) 정소영, op.cit., p.16.

8) 박송애(2013). "21세기 패션아이콘의 패션스타일과 감성적 융합작용", 《한국의상디자인학회지》, 15(3).

9) 양수미(2012). "현대패션과 미디어 의상에 표현된 미메시스 연구", 부산대학교 박사학위논문, p.66.

10) David Bond(1992). *Glamour in fashion*, London: Guinness Publishing, p.29.

11) 이희승(2005). op.cit.

12) 이지은(2008). "스타 이미지를 활용한 패션 디자인개발", 이화여자대학교 석사학위논문, pp.13-14.

13) 고윤희, 곽태기(2011). "셀레브리티 패션스타일에 의한 워너비 현상 연구", 《한국패션디자인학회지》 11(1), pp.17-36.

14) 이경희, 김윤경, 김애경(2012). 《패션과 이미지메이킹》, Rev.ed., 파주: 교문사, pp.2-3, 11-12.

15) Burkhard Röwekamp(2005). 《할리우드: 한눈에 보는 흥미로운 할리우드의 세계》, 장혜경 역, 서울: 예경, pp.88-89.

16) Thomas Harris(1999). "대중적 이미지 만들기: 그레이스 켈리와 메릴린 먼로" in Christine Gledhill, ed., *Stardom : Industry of Desire*(스타덤: 욕망의 산업), 조혜정, 박현미 역, 서울: 시각과 언어, pp.77-82.

17) 권혜숙, 황선진, 권혜욱, 김윤(2004). 《패션과 이미지 메이킹》, 서울: 수학사., p.13.

18) 이미숙 (2012). "국내 여성 정치인의 패션 이미지 분석 - 색채 특성과 배색 이미지를 중심으로", 한국디자인문화학회지 18(4), 337-354.

19) 잇시키 유미코 (2016). 《매력의 조건-30초의 승부》, 강석무 역, 21세기 북스.

20) 김리라, 정수인, 김유정, 김영인(2012). "온라인 퍼스널 이미지 컨설팅 프로그램의 콘텐츠 현황 분석", 《복식》 62(4), pp.58-68.

3 패션사진과 모델

패션사진

1 | 패션사진의 개념

일반적 의미의 사진photography은 19세기 전반 대상과 사건을 기록하는 '객관적' 테크닉으로서 '하나의 문법이며 보는 일에 대한 윤리'로 기능해 왔다.[1] 이는 사실주의적인 새로운 방식으로 사물이나 대상에 대한 응시를 촉구하는 색다른 표현 형식으로 평가된다.

사진 기술이 발명되기 이전부터 복식을 도상적으로 표현해야 하는 필요성은 존재해 왔다. 르네상스 시대의 일부 부유층은 의상을 제작할 때마다 새로운 초상화를 의뢰하였으며,[2] 사진 등장 이전까지 초상화가 최신 유행 전달과 선도의 역할을 담당했다.

초기의 사진은 기존의 장식적인 패션 묘사 방식이던 일러스트레이션과 경쟁하였으나 대부분의 패션디자이너들과 편집자들은 의복이 매혹적이고 이국적으로 보이기를 원하여 사진보다는 일러스트레이션을 선호하였다. 따라서 사진은 패션에 대한 묘사에 이용되기보다는 귀족들과 데뷔탕트debutante*의 기품과 우아함, 그리고 위엄을 강조하는 정형화된 포즈로 구성되었다.

패션과 관련해서 사진이 처음으로 이용된 예는, 1856년 카스틸리오네Castilione 백작부인의 288장으로 된 사진앨범이라고 알려져 있다. 메트로폴리탄미술관에 의하면, 이는 "카메라에 매혹된 여성을 모델로 한 최초의 컬렉션"이다.[3] 이후 1850~1880년 동안 패션사진은 대부분 초상의 형식으로서, 아직 상업적으로는 사용되지 않았다. 제1차 세계대전 동안 종군기자들의 활약과 더불어 사진은 기록 장치로서의 가치를 인정받

---

* 사교계에 처음 등장하는 상류층 처녀

1
패션사진은 의상이나 장식품의 가치와 아름다움을 강조하여 제작된다.

았고 사실적인 재현으로 인해 대중적으로도 인기를 얻게 되었다.

이에 패션디자이너들은 의상의 솔기와 형태, 디테일을 '정확하게' 묘사하는 사진 매체가 예술적 스타일의 왜곡 없이 패션을 전달할 수 있다고 인식하게 되었다. 따라서 〈보그Vogue〉의 발행인 콘데 나스트Condé Nast는 일러스트레이션보다 실용적인 패션사진을 사용하기로 결심하고 실행에 옮겼으며, 패션 일러스트레이션을 주로 사용하던 〈가제트 뒤 봉 통Gazette du bon ton〉이 1925년에 폐간되면서 패션 분야에서 광범위하게 사진이 사용되기 시작하였다.

모드 사진mode photography이라고도 불리는 패션사진은 유행하는 의상이나 장식품을 대상으로 광고를 목적으로 하여 제작한 사진을 말한다. 모드 사진은 상품을 직설적으로 보여 주기보다는 주로 모델의 신체를 통해 상품의 가치와 아름다움을 강조하며, 모델의 표정이나 동작은 물론 의상이나 장식품의 질감, 디자인, 분위기, 기능 등을 표현 요소로 삼고 있다.[4)]

오늘날 대중매체의 발달에 따른 광범위한 사진 이미지의 침투 속에서 사진은 세상

2
캣워크를 하는 모델들. 패션사진에서는 모델의 신체를 통하여 아름다움을 표현한다.

의 거의 모든 것들을 시각적 이미지의 형태로 환원하여 보여 주는 메타예술로 모든 경험, 모든 사건, 모든 실재를 대상화하고 이미지화한다. 모든 감각이 은연중에 마치 사진을 통해 사물을 보는 것과 같은 방식을 취하는 '감각의 사진화'가 가속화되고 있다.[5]

2 | 패션사진의 유형

패션사진은 매체에 따라 에디토리얼editorial 패션사진과 카탈로그catalogue 패션사진, 애드버타이징advertising 패션사진으로 분류될 수 있다.

에디토리얼 패션사진이란 주로 패션지 화보에 사용할 목적으로 촬영된 것으로, 패션에디터의 시각과 의도가 반영되어 제작된다. 한 편의 영화 혹은 드라마처럼 패션 잡지에서 가장 화려하고 흥미로운 부분으로 제작되며, 독자의 흥미를 끄는 주제와 유익한 정보, 시대를 앞서가는 시각적인 표현력으로 멋진 이미지들을 보여 준다. 또한 텍스트와 함께 구성되어 패션에디터의 콘셉트와 견해를 밝히고 독자들을 위한 패션 정보를 담는다. 사진작가는 패션잡지의 주 고객층에 맞는 취향과 편집 방향, 잡지 스타일과 에디터의 견해에 따라 작업에 제한을 받지만, 특정 분위기를 연출하기 위한 장소나 모델 선정, 의상 연출에 자기 의도를 충분히 반영하게 된다. 이는 패션지의 에디터와 디렉터가 시즌에 유행할 의상 형태, 소재, 색상을 미리 예측하고 적절한 트렌드를 선정하여 편집 방향을 기획, 콘셉트를 선정하여 사진작가에게 촬영을 의뢰하는 방식으로 진행되기 때문에 의상에 대한 설명이 캡션으로 첨부된다.

카탈로그 패션사진이란 판매 목적의 옷이나 패션제품의 특징을 카탈로그를 통해 분명히 드러내는 사진을 의미한다. 소비자나 바이어에게 보여 주기 위해 제작되는 것으로 제품에 대한 상세하고 정확한 정보를 제공하기 위해 실물과 동일하게 제품의 용도, 색상, 질감, 소재, 디자인 등이 재현되며 모델이 등장하는 경우 모델 이미지와 제품 이미지가 잘 조화되어야 한다. 카탈로그 패션사진의 촬영 작업에서는 시선에 방해가 되는 불필요하고 복잡한 배경과 색상은 피하고 제품만이 주목의 대상이 되도록 하여 제품을 홍보하고 판매를 촉진하고자 하는 의도가 두드러진다. 본래 자사 브랜드의 홍보나 신상품 소개를 위해 제작되던 카탈로그는 통신 판매와 인터넷 홈쇼핑의 활성화와 더불어 더욱 다양한 방식으로 제작되고 있다. 소비자의 눈높이 변화에 맞추어 에디토리얼 사진에 버금가는 감각적인 촬영 방식을 통해 제품의 이미지를 차별적으로 전달하는 패션사진이 증가하고 있다.

애드버타이징 패션사진은 광고를 목적으로 소비자에게 구매 의욕을 불러일으키는 사진이다. 일정한 규칙이나 규정된 범위 내에서 제작되기보다는 소비자나 독자에게 강한 인상을 심어주고 이를 장기간 기억시켜 매장으로의 방문을 유도하려는 목적에서 제작된다. 이는 에디토리얼 패션사진과 카탈로그 패션사진에서 사용되는 방법 외에, 단순화한 이미지를 사용하거나 의상과는 관련 없는 사물, 대상, 상황을 예술 사진의 형식이나 보도 사진, 다큐멘터리 사진 촬영 방식을 차용해 제작하기 때문에 모호함과 신비감, 에로틱함, 엽기적 이미지와 순수함, 시사성까지 다양한 이미지가 혼합되어 사용된다.

3

크리스천 디오르의 오트 쿠튀르 이브닝드레스 (1955~1956). 리처드 애버던(Richard Avedon)의 패션사진에서 슈퍼모델 도비마(Dovima)가 코끼리와 촬영할 때 착용했다.

또한 패션사진은 형식에 따라 연속사진photo sequence, 연작사진photo Series, 엮음사진photo story, photo essay으로 분류할 수 있다. 연속사진은 영화의 한 장면과 같이 연속적인 동작 변화의 흥미로운 표현에 몇 장의 사진을 이용한다. 즉 어떤 장면의 시각적 경과를 차례로 추적하고 대상에 집중하여 촬영해 나가는 방식으로서 역동성을 특징으로 한다. 특히 사진작가 리처드 애버던이 즐겨 사용한 촬영 방법으로 1970년대 이후 디자이너 잔니 베르사체Gianni Versace의 에디토리얼 사진 작업이나 광고에서 많이 사용되었다.

연작사진은 한 장 한 장 독립된 사진을 결합하여 하나의 주제를 형성하는 것으로 에디토리얼 사진이나 애드버타이징 작업에서 많이 이용된다. 주로 광고에서 일정 콘셉트와 이미지를 강조하기 위해 비슷한 분위기의 촬영을 여러 장으로 나누어 나열하는 방식으로 대중에게 강하게 소구할 수 있는 장점이 있다.

엮음사진은 하나의 주제를 여러 각도에서 철저하게 분석하고 촬영 전 조사, 연구 분석을 통해 다양한 전개 방식으로 촬영하는 방식이다. 포토스토리는 몇 장의 사진을 연결시켜 하나의 이야기 전개로 주제를 표현하며 마치 드라마나 영화를 보는 듯한 기승전결로 구성된다. 확실한 테마 선정에 따라 작업이 진행되기 때문에 작가가 주장하고 싶은 문제나 사상이 선명하게 나타나 강한 호소력을 가진다. 포토에세이 또한 몇 장의 사진을 늘어놓는 방식으로 내용을 표현하는데, 단독 사진으로는 이해하기 힘든 내용이 전후 맥락 관계를 통해 명백한 의미를 갖게 되는 특징이 있다.

3 | 패션사진의 특성

사회학자 엘리자베스 윌슨Elizabeth Wilson은 "사진을 찍는 카메라는 20세기 여성을 통해 나타난 새로운 스타일과 이를 시각적으로 인지하는 모든 새로운 방법 창조의 시작"이라고 평가하였다. 20세기 패션사진은 정체성의 형성, 타자성, 파워, 시각적 쾌락 등의 재현의 장소이다.[6)]

패션사진은 단순히 모델과 의상을 카메라에 담는 것이 아니라 일정한 형태와 색상을 이용해 가슴, 허리, 엉덩이 등의 신체 곡선과 패션스타일, 색상 등을 구도적으로 잘 조화시켜 소비자가 욕망하는 특정 이미지를 환기시킴으로써 구매 의욕을 불러일으키는 역할을 한다.

즉 독자의 감성에 어필하는 테마의 선정과 이를 잘 표현할 수 있는 룩, 컬러, 패션소품, 내용 전개, 패션아이템, 소재, 패턴, 실루엣, 디테일, 사진기술, 모델, 계절감 등의 고려를 통해 기획된다. 이러한 점에서 사진의 사실적인 표현기능의 1차원적 의미에서 벗어나 감성적, 상징적 이미지를 패션사진작가나 에디터의 의도에 부합시켜 소비자의 욕구나 희망, 이성적 특징을 이미지화한다.

시각적인 즐거움과 감각적인 충격을 제공하는 이미지는 독자로 하여금 새롭게 등장한 여성에 대한 이미지나 패션스타일을 하나의 유행으로 인식하게 만들고, 독자 스스로 새로운 문화에 대해 긍정적인 수용의 자세를 취하도록 유도한다. 흔히 화보라고 불리는 에디토리얼 패션사진도 광고적 특성을 나타내며 직접적 설득 효과를 통해 제작자의 주장이나 강요는 감추어지고 독자에게 일정한 상징적 속성이 효과적으로 내재화된다.[7]

시각적 정보를 전달하기 때문에 문자에 비해 친숙하고 소비자의 시선을 끌며 대중소비사회에서의 상업적인 특징이 전파되는 대중문화로서 기능한다. 더불어 패션사진은 상업적인 목적과 사진작가의 미적 감각, 이상적인 여성 유형, 소비자들의 소유욕이나 심미적 욕구를 충족시키는 시각적 대응물로서의 역할을 수행한다.

패션사진에 의한 커뮤니케이션은 패션 자체에 대한 정보만이 아니라 그 시대의 다양한 배경을 드러내는데, 패션사진에 표현된 이미지는 시대적 상황과 유행에 따라 변모해 왔다. 보수적 색채가 짙던 시기에는 엄격한 사회적 분위기를 반영한 사진들이 유행했고 개방적 조류를 타고 있던 시기에는 자유분방함이 패션사진의 주제가 되었다. 또한 현대에 들어서는 모델의 외형적 아름다움의 표현에만 집중했던 기존 촬영 방식에서 벗어나 독창적 표현 방법들을 이용하여 독특하고 개성적인 이미지를 보여 주고 있다.

패션사진은 디자이너의 의식과 그 시대를 읽어 내는 안목을 드러내고 소비자의 의식보다 한발 앞서 제작되기 때문에 유행을 창출해 내는 속성을 가진다. 디자이너의 의상과 이를 착용하는 신체 실루엣을 객관적으로 보여 주는 매체인 패션사진은 뚜렷한 규칙을 갖지 않으면서 그 시대의 멋을 한층 상징화할 수 있는 시각적 이미지를 창조하며,[8] 패셔너블한 의복의 정확한 외관을 입증하기보다는 넓은 언외적 의미를 내포하고 있는 시각적 텍스트의 기능을 한다.

패션모델

4
레드카펫에서 기념 촬영을 하는 모델들(2008).

패션모델fashion model은 패션디자이너의 신작 드레스를 착용하고 이를 홍보하는 직업에 종사하는 전문가로, 프랑스어로는 마네킹mannequin이라고 한다.[9] 유럽의 경우 특정 디자이너나 부티크에 전속되어 일하는 경우가 대부분이며, 일본이나 한국에서는 협회 등에 가입되어 있거나 프리랜서로 자유롭게 활동한다. 패션모델은 체형과 신체 비율이 아름다워야 할 뿐 아니라 시대감각에 따라 개성적인 이미지를 창조하도록 연출할 수 있어야 한다.

모델 분야를 세분화하여 살펴보면, 패션쇼 무대에 서는 캣워크 모델catwalk model, 잡지 모델에 해당하는 에디토리얼 모델editorial model, 방송 광고를 위한 CF 모델 등이 있으며 이외에도 홈쇼핑 모델, 기업 프로모션을 위한 도우미, 내레이터 모델, 큐레이터 모델 등이 있다. 또한 전신 모델뿐만 아니라 모자, 액세서리, 구두 등을 위한 부분 모델이 존재하는 등 전문화되어 있다.

패션모델의 임무는 시즌보다 앞서가는 감각과 패션트렌드를 온몸으로 표현하는 것으로 대중 앞에 새롭게 선보이는 디자이너의 작품을 완벽하게 소화하는 것이다. 패션모델은 의상을 빛내기 위한 도구적 존재이며, 의상을 효과적으로 홍보하기 위한 하나의 매체로서 무대 위에 섰을 때 그 생명력이 살아나게 된다. 따라서 패션모델의 신체는 의사소통행위의 도구로 '움직임 속의 텍스트text in motion' 또는 신체 언어에 비견되고는 한다.[10)]

사람들은 패션모델을 보면서 여성의 이상적인 신체미에 대한 기준을 형성해 왔다. 날씬한 몸이 곧 섹시한 아름다움이라는 공식은 모델에게는 필수적이었고 시대적 트렌드에 따라 대중에게 무조건적인 복종이 요구되었다. 광고, 패션, 연예 관련 산업계에서 상업적으로 규범화되고 이상화된 몸과 신체미를 갖춘 모델을 제시하면서 인상관리, 걸음걸이, 몸의 운동성, 자세, 신체의 효용성 등을 대중에게 학습시키게 되는 것이다. 패션모델은 아름다움이란 날씬한 몸을 통해서만 얻어질 수 있는 것이며 아름다워지고자 한다면 날씬한 몸 관리를 인생의 목표로 중요시해야 한다는 것을 대중에게 주지시키게 된다.

원래 패션모델은 1858년 쿠튀리에 찰스 프레더릭 워스Charles Frederic Worth가 파리에 패션하우스를 설립했을 때, 이후 자기 부인이 된 마리 베르네Marie Vernet에게 자신이 디자인한 옷을 착용시켜 고객에게 보여 줌으로써 시작되었다. 최초의 패션모델이라 할 수 있는 마리 베르네는 남편을 대신하여 의상을 대중에게 선보이는 역할을 하였으며, 궁정에 드나들며 나폴레옹 3세의 아내인 외제니Eugenie 황후에게 당대의 새로운 스타일을 제시함으로써 그 성공에 일조하였다.

패션 보급을 위한 새로운 방식으로서의 패션모델의 기용은 오트 쿠튀르haute couture를 통해 20세기에도 지속되었다.[11)] 오트 쿠튀르 디자이너들은 값비싼 나이트가운을 모델에게 착용시켜 상류층 고객에게 보여 주는 일종의 패션쇼 형식을 시도하였고, 주요 고객과 비슷한 체형을 가진 모델이 선호되었다.

모델을 기용한 최초의 패션쇼는 1910년 경 개최되었으며, 이는 곧 상류사회 여성과 상류층을 열광시키는 사회적 이벤트가 되었다. 패션쇼는 주로 쿠튀리에의 살롱이

5
사진은 크리스티앙 라크루아(Christian Lacroix)의 20주년 패션쇼(2008). 패션쇼에서는 모델을 기용하여 실제 착용한 의상을 보여 준다.

나 백화점에서 개최되었고, 파리 패션 경향을 중산층들이 접할 수 있는 기회가 되었다. 실제 모델이 착용한 의상을 보여 주는 여성 패션쇼가 고상하지 못하다고 당시 도덕주의자들은 이의를 제기하였지만 대중들은 열광하였고 상업적인 효과 또한 상당하여 지속적으로 개최되었다. 이 시기 모델의 신체는 화려한 귀족 스타일의 표현에 적합한 풍만한 체형이 이상적인 것으로 선호되었다.

1920년대부터 프랑스의 쿠튀리에들은 예쁜 상류층 소녀를 기용하여 언론과 바이어, 개인 고객들에게 최신 컬렉션을 보여 주었다. 초기의 쇼 모델들은 우아하고 균형 잡힌 포즈를 취하는 예의 바르고 세련된 모델들로서 살롱을 우아하게 행진하거나 단골 고객과 비슷한 체형으로 피팅fitting을 대신하였다. 1928년 최초의 모델 에이전시가 생겨났고 여기서 모델의 역할과 몸가짐에 대한 교육이 이루어졌으며 잡지의 사진작가들과 패션하우스가 원하는 특정 치수의 모델을 공급하였다.

가브리엘 코코 샤넬Gabriel Coco Chanel은 안목이 높은 현대적인 디자이너로서, 인상적이고 대담한 모델들을 기용하였는데, 이들은 유연한 몸매와 우아한 걸음걸이를 하도록 엄격하게 훈련되었다. 한쪽 발을 다른 쪽 발 앞에 두고 힙을 앞으로 기울이며 한 손은 주머니에, 한 손은 자유롭게 움직이는 일명 '코코 포즈coco pose'를 개발하였는데, 이는 강한 의지력을 지닌 독립적인 여성 이미지로 인식되어 사교계 여성들에게 브랜드 인지도를 높이고 판매를 신장시키는 데 긍정적인 효과를 발휘하였다.

1940년대에 크리스천 디오르Christian Dior는 뉴 룩new look을 선보이면서, 거만하고 자신감이 넘치며 세련미를 갖춘 모델들을 기용하였다. 특히 그는 이국적인 모델을 선호하여 최초의 러시아계 아시아 모델 중 한 사람인 알라Alla를 기용하였다. 디오르는 그에 대하

6
샤넬 패션쇼에서 캣워크를 하는 모델(2009).

여 "얼굴은 동양의 신비스런 매력을 지녔으며, 러시아인 혈통에 유럽인의 완벽한 신체를 지녔다."라고 평했다. 당시 패션쇼를 통해 발표된 의상은 신문 전면에 홍보되었다.

1946년 아일린 포드Eileen Ford는 미국에서 모델 에이전시 포드 모델즈Ford Models를 설립하여 훈련과 조언, 실지훈련교육을 통해 전문적인 직업 모델들을 배출하였다.

1950년대에는 정적이고 개성 없는 모델이나 우아하기만 한 모델보다는 특별한 개성을 표현하는 모델이 선호되었다. 디자이너 위베르 드 지방시Hubert de Givenchy는 오드리 헵번Audrey Hepburn처럼 체구가 작은 말괄량이 타입의 모델을 선호하였고 그녀를 통해 귀엽고 발랄한 패션 스타일을 보여 주었다. 피에르 발맹Pierre Balmain은 젊은 고급 매춘부의 이미지를 지닌 모델과 이국적인 외국 모델들을 좋아하였고, 크로스토발 발렌시아가Cristóbal Balenciaga는 순수성을 표현하기 위해 평범한 모델들을 기용하였으며, 피에르 카르뎅Pierre Cardin은 히로코 마츠모토Hiroko Matsumoto라는 일본계 모델을 기용하여 동양적인 우아함이 가미된 여성스러움의 이미지를 표현하였다.

7
1950년대 슈퍼모델 도비마. 당시에는 특별한 개성을 표현하는 모델을 선호하였다.

1960년대 메리 퀀트Mary Quant는 젊은이들을 위한 미니스커트를 유행시키면서 모델이 캣워크에서 음악에 맞추어 춤을 추는 형태의 패션쇼를 소개하였으며 이에 어울리는 민첩하고 중성적인 이미지의 모델을 기용하였다. 트위기Twiggy와 진 슈림톤Jean Shrimpton 같은 모델들은 당시 모드 걸 이미지를 보여 주는 모드 걸 룩mode girl look의 화신으로서, 매우 마른 신체와 길게 늘어뜨린 머리카락이나 짧게 자른 새로운 비달 사순Vidal Sassoon 헤어 커트를 통해 어린 소년과 같은 이미지를 제시하였다. 미니드레스나 바지 슈트를 착용한 트위기의 모습은 심지어 13~14세로 보일 정도였다. 가늘고 마른 다리를 수줍게 구부린 채, 한쪽으로 머리를 기울이며 앞을 향해 상체를 구부린 모습은 트위기 특유의 포즈로, 미성숙함을 효과적으로 표현한 것이었다.

8
1950년대 메리 퀀트가 디자인한 미니스커트를 입고 있는 켄싱턴 거리의 소녀.

파리에서는 앙드레 쿠레주Andre Courrèges, 파코 라반Paco Rabanne, 이브 생 로랑Yves Saint Laurent이 다양한 모델들을 기용하였다. 쿠레주는 1965년 우주 시대space age 컬렉션을 선보이면서 모델들에게 플라스틱 미니스커트를 착용시키고 무릎까지 오는 흰 부츠에 마스크를 하고 음악에 맞춰 실험적이고 활동적으로 움직이도록 하였다. 이브 생 로랑은 대머리 모델, 임산부 모델, 일란성 쌍둥이 모델 등 특이한 모델을 패션쇼에 출연시켜 모델에 대한 다양한 이미지를 창조하였다. 미국에서는 루디 건릭Rudy Gernreich이 토플리스topless 수영복을 디자인하고 모델 페기 모핏Peggy Moffitt에게 착용시켜 커다란 파장을 불러일으키기도 하였다.

1970년대 현대적인 기성복 패션쇼 무대인 프레타포르테pret-a-porter가 기획되면서 밀라노에서는 베르사체Versace, 아르마니Armani, 미소니Missoni, 파리에서는 소니아 리키엘Sonia Rykiel, 도로시 비스Dorothy Bis, 티에리 뮈글러Thierry Mugler, 클로드 몬태나Claude Montana, 뉴욕에서는 캘빈 클라인Calvin Klein, 할스톤Halston, 빌 블라스Bill Blass 등의 대표적인 디자이너들의 쇼가 세계적인 이목을 집중시키며 성공적으로 개최되었다.

로런 허턴Lauren Hutton과 같이 건강, 활력, 자연적인 미를 발산시키는 모델이 성공하였으며 1980년대에는 건강미가 선호되면서 글래머 스타일의 미녀들이 등장하였다. 패션

9
빅토리아 시크릿의 베리 섹시 컬렉션(Very Sexy Collection) 옥외 광고(2012).

쇼의 모델은 잘 다듬어진 몸매를 기본으로 하였으며 지나치게 마르지 않고 균형이 잡힌 풍만한 신체가 선호되었다. 1980년대 패션모델은 어깨, 가슴, 허리, 힙, 다리 등 여성 신체 전체를 강조하였으며 〈타임〉도 '이상적 미의 새로운 기준'이라는 타이틀을 달고 날씬하면서 건강한 근육질의 몸매를 가진 여배우 제인 폰더Jane Fonda와 같은 여성이 현대의 새로운 미의 기준이라고 평가하였다.

1990년대 초반까지는 훤칠한 키에 화려한 금발, 고혹적인 눈매의 슈퍼모델supermodel들이 대거 등장하였다. 이들은 잔니 베르사체와 고액의 출연계약을 맺은 모델 그룹으로 디자이너 컬렉션에서 대활약을 하면서 새로운 신체미의 이상형을 제시하고 새로운 스타일을 전파시키는 패션리더로 인식되었다. 클라우디아 시퍼Claudia Schiffer, 나오미 캠벨Naomi Campbell, 린다 에반젤리스타Linda Evangelista, 신디 크로퍼드Cindy Crawford 등은 패션

스타일에 적합한 외모를 창조한 최고의 패션모델로 평가받았다.

1990년대 중반 등장한 케이트 모스Kate Moss는 기존의 모델 이미지와는 다른 가느다란 몸매, 공허한 눈동자의 자연스러운 모습으로 패션계에 일대 변화를 불러일으켰다. 이후 모델은 각자의 뚜렷한 개성을 가진 독특한 매력과 향기를 지닌 존재로 다양성을 추구하며 등장하고 있다.[12)]

빅토리아 시크릿의 언더웨어 쇼와 카탈로그는 1990년대 말 지젤 번천Giselle Bundchen을 비롯한 섹시한 모델 귀환의 계기가 되었다.[13)] 브라질 출신의 독일계 여성인 번천은 육감적인 가슴과 비례의 완벽한 체형으로 돌체 앤 가바나, 루이뷔통, 발렌티노와 같은 하이패션과 매스패션브랜드에서 모두 선호하는 모델로 IMGInternational Management Group의 성공적인 홍보와 마케팅 네트워크 아래 모델로서의 이미지 관리를 이어가고 있다.

최근 들어 켄달 제너Kendall Jenner, 칼리 클로스Karlie Kloss, 지지 하디드Gigi Hadid 등 유명 모델들은 캣워크나 광고, 화보 촬영 외에도 SNS를 통한 소통과 방송 프로그램으로 대중적 인지도를 높이고 각종 브랜드와의 콜라보레이션으로 패션계 안팎에 영향을 미치는 인플루엔서influencer로서의 역할을 하고 있다.

참고 문헌

1) Susan Sontag(1999). 《사진 이야기》, 유경선 역, 서울: 해뜸.

2) Roland Barthes(1984). *The Fashion System*, NY: Hill and Wang.

3) Jennifer Craik(2001). 《패션의 얼굴》, 정인희, 함연자, 정수진, 김경원 역, 서울: 푸른솔, p.183.

4) 황왕수(1987). 《사진 백과사전》, 서울: 집문당, p.318.

5) Henri Bergson(2005). 《물질과 기억》, 박종원 역, 서울: 아카넷.

6) Paul Jobling(1999). *Fashion Spread: Word and Image in Fashion Photography Since 1980*, Oxford: Berg, pp.10-12.

7) 이영희(2013). "패션사진에 나타난 여성의 몸 -페미니즘과 응시 이론을 중심으로", 성균관대학교 박사학위논문, p.18-19.

8) Jennifer Craik(2001). op.cit., p.98.

9) 이호정, 이윤숙(1997). 《패션비즈니스 사전》, 서울: 교학연구사.

10) 한설희(2004). "패션모델의 신체, 워킹, 포즈에 대한 미적 고찰", 국민대학교 박사학위논문, p.34.

11) Harriett Quick(1997). *Catwalking: a History of the Fashion Model*, New Jersey: Wellfleet Press, pp.23-24.

12) 김동수(2002). 《모델학》, 서울: 황금가지, pp.45-46.

13) Harold Koda & Kohle Yohannan(2009). *Model as Muse: Embodying the Fashion*, NY: The Metropolitan Museum of Art, New Haven & London: Yale University Press, pp.205-207.

4 패션사진과 광고

패션사진과 프로모션

1 | 패션잡지와 패션광고

패션잡지

본래 아랍어에서 유래한 '잡지magazine'라는 용어는 창고를 의미하는데, 일반적으로 기사와 사진들의 다양한 요소들을 고유한 특성에 근거하여 한곳에 모아 놓은 것을 지칭한다.[1)]

19세기 중반 이후 잡지는 사회 모든 분야에서 사람들의 일상에 중요한 부분을 차지해 왔는데, 전문 분야는 물론 취미나 가벼운 호기심에 대한 독자들의 관심거리를 충족시켜 왔다. TV의 등장으로 많은 사람들이 신문, 잡지 등의 활자매체의 종말을 예상하였지만 오늘날에는 오히려 더 많은 잡지들이 더욱 다양한 내용으로 간행되고 있다. 현재 인터넷이 새로운 정보 교환과 엔터테인먼트의 주요 매체로 각광받고 있는 현실에 부응하여, 기존 활자 매체 중심의 잡지를 근간으로 디지털 매체를 병행하는 온라인 잡지 및 그 외 디지털 형태의 잡지들이 인터넷 환경과 접목되어 발전하고 있다.

잡지는 상품을 선전하고, 독자에게 새로운 스타일에 대한 소비를 끝없이 권유하는 상업적 측면이 강하지만 정보 전달이나 시민의식 계몽과 같이 일정 부분의 긍정적인 측면도 지니고 있다. 특히 패션잡지는 이미지를 창조하고 자신을 표현하는 방법을 알려 주며, 스타일에 대한 조절과 새로운 경험에 대한 욕구를 만족시키는 방식으로 자기 연출과 환상을 연결시켜 준다.

잡지 디자인은 여백, 그리드, 사진 및 일러스트레이션, 타이포그래피typography, 색상의 선택으로 구성되는데, 여백은 화이트 스페이스나 마진을 의미하며, 그리드는 지면에 존재하는 보이지 않는 골격을 지칭한다. 사진과 일러스트레이션은 이미지를 통해 수백 마디의 언어적 메시지를 요약한 커뮤니케이션의 수단이 된다. 여기서 사진은 잡지의 특성을 부여하는 가장 중요한 요소로서 본문과의 상호관계 속에서 의미를 창조하며, 문자에 관한 서체, 디자인, 가독성 등 조형적 상황까지 포함된 활판 전체를 의미하는 타이포그래피와 함께 조화되어 새로운 패션스타일에 관한 소비욕구를 진작시키는 데 기여한다.

광고매체로서의 잡지는 발행 비용보다 낮은 가격에 판매되는 대신 발행 부수를 바탕으로 가격을 선정한 광고를 통해 수익을 창출하므로,[2] 광고와 밀접한 관련성을 가진다.

20세기 후반 이후 패션저널리즘과 기성복 산업, 그리고 패션광고의 3가지 요소는 미국 패션산업 동력의 바탕이 되어 패션시장을 리드해 왔다.[3] 〈보그Vogue〉와 같은 패션잡지는 이러한 모든 노력이 집약된 것으로, 세계 여성의 패션과 스타일을 요약하는 오늘날의 성공적 위치에 도달한 것으로 평가된다.

미국을 대표하는 패션지로는 〈하퍼스 바자Harper's Bazar〉와 〈보그〉를 꼽을 수 있다. 1867년 초판이 발행된 〈하퍼스 바자〉는 기존의 타 여성 잡지들보다 특히 패션을 중요하게 다루었고, 파리의 패션트렌드 전달보다는 기성복 산업 장려에 힘을 기울이고 광고에 할애하는 잡지 지면을 확대하였다. 1892년 발행 당시 사교계 가십을 다루던 〈보그〉는 전국적인 보급망을 마련하면서 엘리트 중심주의에서 벗어나 기성복에 관련된 정보를 다루기 시작하였다. 발행인 콘데 나스트Conde Nast의 선견지명으로 파리 쿠튀르와 미국 주류 기성복 간 스타일상의 간극을 초월하고 광고주의 패션메시지를 표적 시장에 직접 전하는 사업적 성공을 거두었으며 현재는 23개국에서 각기 다른 언어로 출판되어 패션 전달의 수단으로서의 역할을 다하고 있다.

패션광고

본래 광고 사진은 광고 표현 수단의 요소로서 일러스트레이션의 성격이 강하였다. 사진술의 등장과 발달로 1920~1930년대부터 사진을 이용한 광고가 잡지에 등장하면서 광고 사진이라는 장르로 독립되었으며 영화, TV 매체의 등장 이후 오늘날의 광고 사진으로 변모하였다. 이는 상품의 판매 촉진을 위해 행해지는 공공적인 정보 전달 수단의 선전 사진으로 IAPIllustrative Advertising Photo라고 명명되었다.

현대의 광고는 유행 보급에 중요한 역할을 해 왔는데, 질 리포베츠키Gilles Lipovetsky가 지적하였듯이 "광고는 온갖 욕망을 불러일으키는 데 도움을 주고 패션 전반에 대한 욕망을 불러일으킨다."[4] 광고는 일상생활의 실천을 불안정하게 만들어 새로이 창조함으로써 욕망을 북돋우고 기존의 질서로부터 일탈할 수 있는 자유를 드러낸다. 이미지를 보는 즐거움, 멋을 내는 방식, 새로운 상품, 처음 접하는 이질적인 것들과 조우하는 기쁨을 준다. 광고는 사람들의 시선을 상품으로 돌려 매상을 신장시키기도 하지만 제공된 이미지로 사람들의 기분을 전환하고 가장하는 방법을 안내한다.[5]

이에 크리스토퍼 래시Christopher Lasch는 광고가 사회구조와 운영 메커니즘에 미친 영향에 주목하고, 광고가 '스펙터클의 사회'를 만들었다고 주장하였다. 즉 광고는 대중을 교육시켜 상품뿐만 아니라 새로운 경험과 개인적인 충족을 위해 끊임없는 욕구를 갖도록 만든다는 것이다.[6]

패션광고의 경우 주로 여성을 소구 대상으로 하면서 시각적인 아름다움의 표현을 우선시하기 때문에 직접적인 정보를 전달하는 카피 문구의 사용을 통한 메시지 전달은 지양한다. 패션사진은 의상을 소개하는 차원 이상의 것으로서, 매력적인 모델로 하여금 어떤 이미지, 즉 미, 매력, 사랑, 희망, 섹스, 환상 등의 느낌을 불러일으키도록 유도하며 직접적으로 감성에 호소한다.[7]

2 | 패션사진과 디자이너: 샤넬의 예

20세기 가장 영향력 있는 패션디자이너로 꼽히는 샤넬은 독립적이고 우아하고 매력적인 신여성의 전형으로, 유력자들의 스캔들과 예술가들과의 소통이 끊이지 않았으며 독설과 오만한 태도로 자주 신문 및 잡지의 사진과 기사를 장식하였다. 그녀의 패션 스타일은 사진을 통해 대중에게 제시되었으며 디자이너의 스타일이 개인적인 매력으로 대중에게 관심의 대상이 되었다.

원래 프랑스의 소뮈르에서 태어나 고아원에서 자란 샤넬은, 상류사회에서 타락한 여성들을 뜻하는 드미몽드demi-monde의 일원으로 카페 콩세르에서 가수 활동을 하다가 각종 연애 사건에 휘말리며 화려한 저택, 보석, 위트, 기질과 라이프스타일로 화제를 모았다. 에티엔 발상Etienne Balsan과 보이 카펠Boy Capel의 정부가 되어 이들의 후원을 받아 패션계에 진출하게 된다.

신분의 차이를 뛰어넘을 수 없었던 드미몽드는 패션에서의 귀족적인 차림과 우아한 행동으로 귀부인들을 따라 하였는데, 샤넬은 작고 마른 체형에 남성 후견인들의 옷을 빌려 입기 좋아하고 심플하고 스포티한 복장을 선호하는 독특한 스타일로 다른 여성들과 구별되었다.

모자 디자인으로 패션계에 진출한 이후 샤넬은 휴양지인 도빌Deauville에 어울리는 경쾌한 차림을 제안하였으며 1913년 샤넬의 사진은 밀짚모자와 헐렁한 카디건, 폭 넓은 팬츠를 입고 휴양지의 시원한 바람을 즐기는 듯한 경쾌한 모습을 보여 주고 있다.[8)] 제1차 세계대전 중 직선적인 실루엣, 세일러 블라우스, 셔츠, 부츠, 장식 없는 밀짚모자를 착용하여 당시 여성들이 요구하는 움직임의 자유와 편안함을 부여하였다. 이에 남성의 스웨터에서 영감을 얻어 부드러운 저지와 유연한 의복을 디자인하게 된다.

1920년대 초 러시아 망명귀족이었던 드미트리 대공Grand Duke Dmitri Pavlovitch과 사랑하면서 러시아 영감의 튜닉, 자수장식, 털장식의 호사스런 스타일을 발표하였으며, 1925년 이후 가르손느 룩의 영향하에서 리틀 블랙 드레스를 발표하였다. 이 시기에 패셔너블한 웨스트민스터 공작과 연애하면서 트위드, 스웨터, 줄무늬 웨이스트코트, 남성용 베스트 등 영국적인 취향을 발견하였고, 승마할 때 진주장식을 단 트위드 재킷을 착용하였다. 또한 선탠의 유행을 선도하여 샤넬이 리비에라에서 파리에 돌아왔을 때

선탠이 파리에서 열광적으로 유행하기도 했다. 1920년대 샤넬의 사진들은 대부분 진주목걸이 장식과 저지, 짧은 헤어스타일로 그녀의 개인적인 매력을 보여 주고 있다.[9)]

패션디자이너의 창의성은 디자이너가 패션이라는 상징체계에 대한 지식을 바탕으로 새롭고 유용한 산물을 만들어 내는 능력으로서, 동시대 현장에서 이를 인정받고 패션 영역에 포함될 때 발휘되는 것이다. 샤넬은 야망과 사교성, 매력을 지니고, 여성이 종속적인 존재로 보이게 하는 당시 패션에 반발하여 새로운 패러다임을 제시하여 남성복의 실용성을 도입한 기능주의 패션으로 패션계의 지지를 받았다.[10)] 계속해서 1930년대에는 불황의 보수적인 분위기에서 로맨틱한 이브닝드레스와 초현실주의 드레스를 발표하였다.

1954년 71세의 나이로 컴백하면서 편안하고 절제된 클래식 룩을 제시하였다. 오드리 헵번, 엘리자베스 테일러와 같은 할리우드의 여배우들이 샤넬의 옷을 입었으며 직선적인 라인, 브레이드 장식, CC를 모티브로 한 로고 단추는 엘레강스의 표상이 되었다. 1950년대 말 유행시킨 클래식한 슈트, 퀼트 핸드백과 투톤 슈즈는 모던 시크를 대표하는 아이템들이다.[11)] 이 시기 샤넬의 사진은 전면의 포즈를 잡고 있는 모델 옆에 샤넬 트위드 슈트와 모자를 쓰고 앉아 피팅을 하고 있는 모습으로 주로 등장하며 일하는 여성으로서 디자이너의 엘레강스를 체현하고 있다.[12)]

샤넬의 디자인은 자신의 필요와 욕망에서 출발한 것이었고, 스스로 디자인한 스타일의 소비자로서 "나는 내 디자인의 첫 모델이며 유일한 모델"로 패션사진에 표현되었다. 그녀의 스타일인 샤넬 룩은 독특하고 개인적인 스타일로서 모방되었다. "내가 머리를 자르면 다른 사람들도 머리를 자르고, 스커트 길이를 조금 줄이면 다른 사람들도 그렇게 했다."고 1986년 다큐멘터리에서 샤넬은 밝힌 바 있다.[13)] 그녀의 이미지는 파워풀하여, 어딜 가나 주목받고 사진 찍히는 대상이어서 새로운 패션을 대중에게 확산시킬 수 있었다.

3 | 패션사진작가와 패션에디터

패션사진은 잡지나 해당 광고제품의 판매고를 올림과 동시에 한 시대 유행의 흐름을 주도해 갈 목적으로 촬영되므로 의상의 정보에만 치중한 작업보다는 분위기를 표현하거나 스토리텔링story telling을 중요시한 작업들과 관련되는 경우가 많다. 마치 영화처럼 한 편의 이야기를 구성하고 극적인 장면을 연출하여 촬영되기 때문에 질감, 형태, 색상, 디자인 포인트, 실루엣 등 의상에 대한 직접적인 정보가 모호하게 표현되며 콘셉트 위주의 이미지가 강조된 작업을 통해 사진가의 역량이나 감각 등이 표현된다.

패션사진은 아트디렉터, 패션디자이너, 모델, 패션 스타일리스트, 헤어 및 메이크업 아티스트, 조명 담당기사, 사진작가 등 많은 분야의 전문가들의 협동 작업을 통하여 탄생하는 종합예술이다. 대중은 패션사진을 통해 의상 자체만을 보지 않고 패션 이미지를 읽고자 하므로 시대정신을 반영하는 이미지를 담기 위하여 여러 사람들의 감성 조화가 필요하게 된다.

패션사진작가는 모델과 교류하며 창조적인 스태프들과의 의견을 조율하고 촬영을 리드하며 화보의 결과물을 직접 기술적으로 만들어 내어 자신만의 스타일을 개발하고 제시하는 역할을 한다.[14)]

1930년대 만 레이Man Ray는 사진을 의사소통의 매체로 인식하여 시각적인 메시지 전달을 추구하였고 이를 통해 비주얼 커뮤니케이션visual communication이라는 새로운 단계로 패션사진의 영역을 확대하였다. 그는 패션사진에 실험정신을 도입하여 개인적 은밀함, 비정상, 이단, 신비 등의 초자연적인 소재로서 신체를 표현하는 새로운 이미지를 창조해 냄으로써 꿈과 무의식의 세계를 표현하였다.[15)]

이후 1950년대 리처드 애버던Richard Avedon은 모델의 개성과 사진 특유의 시각적 가능성을 연구하며 다양한 표현 기법으로 패션사진의 영역을 확장시켰고, 1970년대에 헬무트 뉴턴Helmut Newton은 포르노그래피로 규정될 만큼 성적이고 에로틱한 이미지를 생명력 있게 표현해 왔다. 그의 사진은 누드가 주는 긴장감에 동성애나 복장도착, 백인과 흑인 간의 혼교, 살인, 강간, 관음증과 같은 형태로 성의 이미지를 재구성하여 시각적인 충격을 주었다.

1980년대는 포스트모더니즘의 영향으로 다양한 분야에서 많은 스타일이 공존하는 모호한 표현방식이 등장하였다. 패션사진도 단순히 사진의 개념을 넘어 스토리와 시퀀스, 시리즈로 구성되는 에디토리얼 방식이 도입되어 모델과 의상, 그리고 작가의 메시지를 다양하게 표현할 수 있게 되었다. 1990년대 이후부터는 강렬한 시각적 충격을 이용하여 제품의 이미지를 강하게 각인시키는 '비주얼 스캔들'의 네거티브 어프로치 광고 형태가 현대 패션사진의 새로운 방식으로 등장하였다. 이는 패션사진의 본질인 미적 표현을 단적으로 부정하고 대립적 관계에서 오는 이질감을 강조하여 광고에 대한 관심을 집중시킨 것이다.

최근 활동하고 있는 패션사진작가로는 스티븐 마이젤Steven Meisel, 닉 나이트Nick Knight, 마리오 테스티노Mario Testino, 애니 리버비츠Annie Leibovitz 등이 있으며 자체의 작품성을 인정받아 갤러리 및 미술관에서 전시되고 있다.

한편 글로벌 패션 시대에서 옷 자체보다 아이디어로 스토리텔링하는 경향과 사회성이 패션디자인에서 더욱 중요시되는 가운데, 브랜드나 패션에디터와 같은 패션계 선도자들의 지지와 소통이 더욱 중요해지고 있다.[16)]

패션에디터는 기자를 지칭하며 화보의 진행을 총괄적으로 관할하는 역할을 한다. 경우에 따라 직접 화보의 복식아이템과 소품, 모델과 헤어, 메이크업의 스타일링을 병행하기도 한다. 또한, 패션에디터는 수많은 패션디자이너의 컬렉션 중 중요한 트렌드를 선별해 제안하고 신진 디자이너를 발굴하고 소개하며 언론의 기사와 사진을 실어 패션 영역의 정보와 지식으로 축적되도록 하는 역할을 한다. 샤넬이 리틀 블랙 드레스를 발표하였을 때 미국 〈보그〉 에디터는 이를 기사화하면서 이를 패션에 있어서의 포드 자동차에 비견하며 새로운 기능주의 패러다임으로 소개하였고, 〈하퍼스 바자〉의 패션에디터 카멜 스노우는 1947년의 크리스티앙 디오르 컬렉션에서 발표된 바수트를 패션사진으로 소개하면서 이에 뉴 룩이라는 이름을 부여하여 세계적인 트렌드로 이어지게 만들었다.

21세기 주요 패션에디터인 다이애나 브릴랜드와 안나 윈투어에 대해서는 제5장의 내용을 참고하기 바란다.

패션사진의 이미지

패션산업계는 상품을 효과적으로 판매하기 위해 다양한 광고를 제작하는데, 그중에서도 성을 광고 전면에 내세우는 방식을 통해 소비자의 시선을 끌고자 하는 형식이 두드러지게 나타난다. 1980년대 캘빈 클라인Calvin Klein 광고는 그 대표적인 예라고 할 수 있다. 1978년 영화 〈프리티 베이비Pretty Baby〉에서 어린 창녀 역할로 주목받은 여배우 브룩 실즈Brooke Shields가 청바지만 착용한 채 "나와 캘빈 사이엔 아무것도 없다."라고 속삭여 사회적인 이슈가 되었으며, 이후 누드의 남녀 모델이 교차되며 배치된 향수 및 언더웨어 광고를 통해 섹시함에 대한 환상을 나타내었다. 청바지나 언더웨어는 본래 기능성을 추구하거나 작업복에서 유래하여 일상생활에 편안하게 착용되던 것인데, 캘빈 클라인의 의류 광고는 이에 대한 새로운 신화를 창조함으로써, 소비자로 하여금 캘빈 클라인의 청바지나 언더웨어를 착용하면 섹시하게 변모할 수 있다는 환상을 제공하였다.

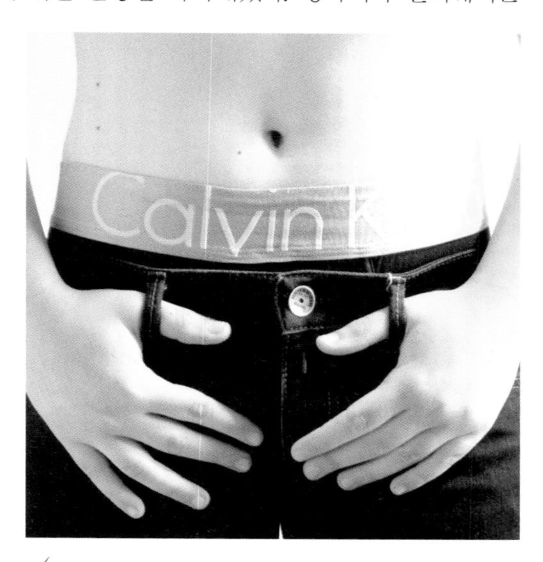

1
캘빈 클라인 로고가 새겨진 언더웨어.

패션사진은 패션에 대한 정보를 전달하는 재현적 기록수단이라는 단순한 일차적 의미에서 벗어나, 복식과 착용자, 그리고 그 맥락 간의

2
폴로 경기 장면. 패션브랜드 폴로 랄프 로렌은 상류층의 마상 스포츠인 폴로의 이미지를 차용하여 영국의 귀족주의와 미국의 실용주의를 조화시킨 브랜드 아이덴티티를 표방하고 있다.

관계를 연출하는 방법을 고안하며 복식과 몸, 그리고 문화적 맥락의 의미를 시각적으로 표현한다. 패션사진은 다양한 시대정신을 포착하며, 복식과 젠더, 몸과 바디 아비투스 관계에 대한 생각의 변화를 보여 주는 지표로 작용한다.[17] 즉 패션사진은 현재성을 기반으로 시대적 정서를 표현하는 의미의 담지체로서, 여성성의 테크닉과 신체 조형방식에 관한 절대적인 영향을 미치고 복식과 몸, 그리고 맥락 간의 관계에 대한 실제적이고도 역사적 해석을 가미한 지식의 주된 원천으로 작용한다.

한편 미국의 캐주얼웨어 혹은 아메리칸 스타일american style의 경우 실용주의를 중심으로 한 단순한 디자인에 혁신적인 광고 전략을 구사하기도 한다. 미국 캐주얼 의류의 대표 브랜드인 폴로 랄프 로렌Polo Ralph Lauren의 경우 유럽에 대한 문화적 열등감을 가지고 있는 미국인의 콤플렉스를 역이용한 광고와 판매 전략으로 상업적 성공을 이루었다. 브랜드 네임인 폴로Polo는 영국 귀족들의 마상 스포츠 경기에서 차용한 명칭이며, 광고 사진에서도 영국의 귀족주의와 미국적 실용주의가 결합된 대저택이나 고가구를 배경으로 사용한다. 이에 전통과 현대, 영국의 보수주의와 미국의 개방주의를 조화시켜 소비자들에게 어필하고 있다.

패션사진의 예술성

패션사진은 사진작가들의 창조적 재능과 표현을 위한 사진기술의 발전과 함께 연속적으로 등장하는 새로운 스타일의 변화를 통해 심미적 주제를 표현하고 있으며, 패션사진은 고도의 예술성을 지닌 표현매체로 인식된다.[18)]

시각적인 충격이나 스펙터클을 통해 성공적인 광고효과를 거둔 패션업체로는 이탈리아 의류회사 베네통Benetton을 들 수 있다. 이 업체는 보는 이들에게 충격을 주는 광고기법으로 수년간 전 세계적인 화제가 되었다.

베네통은 원래 이탈리아 북부 베네토 주의 폰차노 마을 출신의 옷가게 점원 루치아노 베네통Luciano Benetton과 여동생 줄리아나Juliana에 의해 1965년 창업된 의류회사로, 전성기에는 한국을 비롯한 전 세계 110개국에 8,000여 개 소매점을 두고 연간 8,000만 벌의 옷을 생산하였다. 이러한 성공 과정에서 베네통은 60개 국을 상대로 사진을 이용한 충격적인 이미지 광고만 제작하였다. 1980년대 초반에 제작한 백인 꼬마 천사와 흑인 꼬마 악마를 내세운 광고, 풍선처럼 떠다니는 갖가지 색의 콘돔 광고, 똑같이 수갑을 찬 흑인의 손과 백인의 손을 대비시킨 광고, 마피아에게 피살된 남편 앞에 있는 아내의 모습을 보여 준 광고, 걸프전에서 유전 폭파로 기름이 흘러내리는 강가의 오리를 보여 준 광고, 흑인 여자의 젖을 먹는 백인 갓난아기를 보여 준 광고, 에이즈 양성 반응이라는 스탬프가 찍힌 환자의 엉덩이를 보여 준 광고, 같은 종족에 둘러싸인 색소결핍증 환자를 보여 준 광고 등은 시각적 충격효과를 적극적으로 이용한 사례들이다. 또한 1991년 탯줄이 달린 여자 갓난아이 광고 사진은 전세계적인 사회문제로 인식되고 있는 남아선호사상에 대한 고발이라고 주장하였으나 항의전화가 빗발쳐 이탈리아와 프랑스에서는 광고 게재가 금지되었다. 1993년에 제작한 검은 안경만 걸친 나체의 루치아노 베네통 사진은 극심한 빈부격차 속에서 빈곤계층과의 물질 분배를 촉구하는 메시지를 전달하기 위한 시도였다.

이후에도 충격효과를 노리는 베네통의 광고는 계속되어, 1993년 4월에는 자사 선전용 잡지 〈컬러스Colors〉에서 컴퓨터를 사용한 화상처리 조작으로 저명인사 5명의 피부색을 뒤바꿔 놓은 사진을 싣기도 했다. 백인인 영국의 엘리자베스 2세 여왕과 할리우드 액션 스타 아널드 슈워제네거Arnold Schwarzenegger는 흑인으로, 흑인 가수 마이클 잭슨과 흑인 영화감독 스파이크 리Spike Lee는 푸른 눈의 백인으로, 교황 바오로 2세는 황인종으로 바꾼 것이다. 또한 1993년 6월에는 남녀 56명의 성기 실물 사진을 나란히 나열해 놓은 충격적인 광고를 실었고, 1994년 3월에는 구 유고 내전에서 전사한 크로아티아 병사의 피로 얼룩진 셔츠를 활용한 '전사자의 피 묻은 옷' 광고를 하였다. 이외에도 로널드 레이건Ronald Reagan 전 미국 대통령이 에이즈를 앓고 있는 것처럼 보이는 얼굴 사진을 싣기도 했으며, 미국 7개 주에 수감된 사형수의 사진과 죄명 등 인적사항과 예상되는 사형 방법 등을 나열하는 사진을 게재한 광고로 화제를 불러일으켰다.

사진작가 올리비에로 토스카니Oliviero Toscani가 찍은 이러한 베네통의 광고 캠페인은 소비자의 눈길을 끌기 위해 공익으로 포장한 선전성 광고로서, 다른 나라 시장에 별다른 저항 없이 침투하려는 고도의 문화적 상술이라는 비난을 받았다. 그러나 문제제기를 통해 사람들의 관심을 불러일으키는 광고 전략은 그 후 다른 기업들에 의해서도 지속적으로 도입되고 있다. 왜냐하면 이러한 광고는 광고 자체를 뉴스거리로 만들어 언론매체의 찬반양론을 통한 공짜 광고를 시도함으로써 엄청난 판매고를 올리기 때문이다. 기존의 광고가 소비자의 꿈을 꾸게 함으로써 행복을 판매하는 것이라면, 베네통의 광고는 기존 광고의 모든 것을 전복시켜 광고의 저널리즘화, 또는 예술화를 통해 광고의 역할을 재규정하였다.

진 광고와 패션사진

진은 원래 19세기 서부개척시대 노동자들의 작업복으로 만들어진 것으로 20세기를 거쳐 남녀노소를 막론하고 가장 미국적인 기질을 상징하는 미국의 패션아이콘으로 패션광고사진에 표현되는 아이템이다.

1853년 샌프란시스코의 리바이 슈트라우스Levi Strauss는 천막용 캔버스로 바지를 만들었고, 이후 인디고 염색과 구리 리벳 특허로 오늘날 블루진의 원형이 되는 리바이스 청바지에 이르렀다고 한다. 1920년대 할리우드에서 서부 영화 장르가 형성되면서 진은 서부 개척 시대의 상징물이 되었고, 당시 산타페의 예술가들이나 캘리포니아 대학생들의 캐주얼한 옷으로 착용되었다.[19]

1930년대 진은 레저웨어 스타일로 수용되면서 주류의 패션현상이 되었다. 서부의 목장들이 휴가용으로 개방되면서 여가의 일환으로 카우보이 스타일을 즐기게 된 것이다. 1950년대 리바이스 진 광고사진을 보면 여성들이 여가복으로서 농장 혹은 교외 주택에서 바비큐를 할 때 체크무늬 면 셔츠와 함께 진을 착용한 활동적인 이미지가 나타난다.

1950년대 이후 전시 노동자들과 군인을 위해 제공되는 튼튼한 작업복이며 애국심의 표상이던 진은 청년문화의 성장으로 인해 반문화적 저항의 상징으로 변모하였다. 비트 문학이나 미국 청년세대의 방황을 그린 영화 〈위험한 질주The Wild One〉, 〈이유 없는 반항Rebel Without a Cause〉 속에서 진은 가죽 재킷, 티셔츠와 함께 반항적인 미국 청년의 상징이었다.

히피들의 시대에도 진, 티셔츠, 샌들, 중고의류에 대한 사랑은 계속되었고 60년대

3
노동자들의 작업복이었던 진은 광고사진에서 다양한 의미로 표현되는 패션아이템이다.

말 데님은 히피들과 이에 동조하는 젊은이들의 유니폼이 되었다. 진은 물질주의와 획일적인 사회에 대한 반감을 드러내고자 하는 도시 지성인들에게도 입혀져서 저렴하면서도 실용적인 동시에 의무로부터의 해방, 주류의 경직성에 대한 안티테제를 재현했다. 이후 1970년대에 진은 미국적인 패션으로서 대중 스타부터 대통령까지 널리 입는 옷이 되었다. 리바이스 광고 비주얼에도 유니섹스진이나 남성의 벨버텀 진 등 다양한 진 형태가 나타나 이러한 변화를 반영하고 있다.

1978년 캘빈 클라인의 디자이너 시그너처 진은 패션으로서의 진에 새로운 의미를 부여했고, 브룩 실즈가 입은 광고를 통해 섹시한 패션아이콘으로 거듭나게 된다. 1980년대 리바이스 광고는 당시 유명한 섹시 남성 스타를 기용하여 세탁소에서 청바지

를 벗어 세탁기에 넣고 속옷 차림으로 기다리는 모습으로 성적인 코드를 담았다.[20)]

1990년대에 진은 세계가 입는 하나의 동일한 문화이며, 세계화의 상징이 되었다. 다양한 소재 개발과 가공법, 구성법으로 다양한 디자인과 가격대의 진 브랜드가 탄생하였다. 물결 사문직으로 제직한 브로큰 진, 부드럽게 가공한 소프트 진, 신축성이 있는 스트레치 진, 경량감 있게 가공한 스포츠 진, 다채로운 색의 컬러 진, 홀치기 염색의 타이다이 진, 파스텔 화풍의 페이드 진 등은 그 예이다. 캘빈 클라인이나 게스 진 광고에서는 자연스러운 캐주얼 룩에 초점을 맞추거나 에로티시즘을 과감하게 표현하는 방식이 나타난다.[21)]

안티패션을 표방하는 이탈리아 진 브랜드 디젤Diesel은 1990년대와 2000년대 역사의 유명한 장면들을 패러디한 광고와 환경 문제를 고발하는 광고 시리즈로 경각심을 불러일으키고 있다. 이는 광고 대상이 되는 아이템 진의 멋진 이미지를 담지 않으면서 광고에서 패션을 배제하고 당대 사회와 문화적 의미를 부각시켜 브랜드의 광고 메시지로 활용하는 방식이다.[22)]

2000년대 초반부터 유행한 스키니 진은 매우 마른 체형의 모델이나 연예인을 위해 제작된 타이트한 진으로, 허벅지를 꽉 죄는 형태이다. 이는 이상화된 마른 체형의 몸을 구현하는 방식이며 하체에 달라붙는 맞음새를 통해 다리의 형태를 과시하고 코르셋처럼 다리를 조이고 구속하는 것이다. 1980년대 스키니 진을 모델 케

4
마른 체형을 강조하는 스키니 진.

이트 모스가 2000년대에 패션사진에서 다시 소개하였으며 니콜 키드먼, 키라 나이틀리 등의 할리우드 스타들의 스키니진 착용 장면이 미디어에 포착되어 유행 아이템이 되었다.[23)]

이와 같이 미국인 노동계층의 삶 투영에서 출발한 진은 작업복으로부터 카우보이의 멋, 애국심의 상징, 대중의 평상복, 예술가 집단과 하위문화의 반기성적 옷, 섹시한 하이패션 등 다양한 문화적 가치와 의미들을 포함하며 사진을 비롯한 광고에서 표현되고 있다. 현대 패션에서 진은 문화정체성의 의미가 특정한 기원의 연속이라기보다 동시대 주체들의 다양한 문화실천들이 새로이 접합하며 거듭 생명력을 확보하는 가운데 충부하게 구축되는 것임을 보여 주는 대표적 사례이다.

참고 문헌

1) Chris Foges(2000). 《매거진 디자인》, 김영주 역, 서울: 안그라픽스, p.7.

2) Richard Ohmann(1996). *Selling Culture*, London: Verso, p.25.

3) Daniel Delis Hill(2004). *As Seen in Vogue: a Century of American Fashion in Advertising*, Texas Tech University Press.

4) Gilles Lipovetsky(1994). *The Empire of Fashion. Princeton*, NJ : Princceton Univ. Press, p.167.

5) Leslie W. Rabine(1994). "A Woman's Two Bodies: Fashion Magazines, Consumerism, and Feminism", in Shari Benstock & Suzanne Ferriss(eds.), *On Fashion, New Brunswick*. NJ: Rutgers University Press, p.64.

6) Christopher Lasch(1979). *Culture of Narcissism: American Life in an Age of Diminishing Expectations*, NY: Warner Books, pp.136-137.

7) 백수향(1993). "개념을 위한 패션사진의 표현 연구", 이화여대 석사학위논문, pp.10-11.

8) "Looking back: Coco Chanel", Elle, 2012. 8. http://www.elle.com/fashion/spotlight/coco-chanel-birthday-pictures#slide-2

9) http://www.elle.com/fashion/spotlight/coco-chanel-birthday-pictures#slide-3

10) 이민선(2013). "패션 디자이너의 창의성 발현 요인 비교 연구 -칙센트미하이와 가드너의 관점을 중심으로", 서울대학교 박사학위논문, p.1, 316.

11) 이미숙(1998). 샤넬 스타일 디자인 연구, 이화여자대학교 박사학위논문, pp.14-69.

12) http://www.elle.com/fashion/spotlight/coco-chanel-birthday-pictures#slide-9

13) Bettina Zilkha(2004). *Ultimate Style: the Best of the Best Dressed List*, NY: Assouline, pp.56-59.

14) 김이신(2011). "파올로 로베르시(Paolo Roversi)의 시선", 《노블레스》 2011. 4. 27.

15) 김소영(2002). "패션커뮤니케이션 매체와 이상적 신체미", 숙명여자대학교 박사학위논문. p.71; 이선재, 고영림(2004). 《패션사진: 문화와 욕망을 읽는다》, 서울: 숙명여대 출판부, pp.56-65.

16) 이민선(2013). op.cit., pp.316-317.

17) Jennifer Craik(2001). op.cit.

18) 이영희(2013). op.cit., p.14.

19) Bonnie English(2013). *A Cultural History of Fashion in the 20th and 21st Centuries*, 2nd ed. Bloomsbury.

20) 이정열(2007). "진 브랜드 광고에 표현된 여성모델 이미지의 변화에 대한 연구", 국민대학교 석사학위논문.

21) 최진경(2003). "현대패션에 나타난 진즈 웨어의 디자인 특성에 관한 연구", 이화여자대학교 석사학위논문.

22) 최준홍(2010). "진 브랜드 디젤의 광고와 패션쇼 그리고 퓨전문화", 《글로벌문화컨텐츠》 5, pp.229-266.

23) 임은혁(2011). "패션에 나타난 몸의 이상화 - 외면화된 코르셋으로서의 스키니진을 중심으로", 《한국의류학회지》 35(10), pp.1215-1227.

5 패션사진과 패션아이콘

패션에디터

1 | 다이애나 브릴랜드

다이애나 브릴랜드Diana Vreeland, 1903~1989는 패션 분야의 칼럼니스트이며 에디터로서 50년간 패션에 지대한 영향을 미친 인물이다. 〈하퍼스 바자〉의 편집장1936~1962, 〈보그〉의 편집장1963~1971을 지냈으며 메트로폴리탄 미술관의 컨설턴트로 활동하였다. 2명의 아들을 키우던 주부인 그녀가 흰 레이스 샤넬 드레스와 볼레로를 입고 장미를 머리에 장식한 스타일을 보고, 1936년 당시 〈하퍼스 바자〉 편집장인 카멜 스노우가 잡지사에 와서 일할 것을 권유했다고 한다.[1)]

그녀는 1940년대 여배우 로런 바콜Lauren Bacall을 발탁하고, "비키니가 원자폭탄 이후 가장 훌륭한 발명"이라고 언급하였으며, 60년대 트위기, 로렌 허튼 등의 모델을 천거하였으며 블루 진의 매력을 일찍이 발견하였다. 대통령 선거 캠페인 당시 재클린 케네디의 패션멘토로서 역할을 했으며, 신인이었던 마놀로 블라닉과 클래어 맥카델, 오스카 드 라 렌타, 빌 블래스 등의 디자이너를 후원하는 등 패션계에 영향을 미쳤다.

1957년 파라마운트 사에서 제작한 오드리 헵번 주연의 〈퍼니 페이스Funny Face〉에는 그녀를 모델로 한 패션에디터가 등장한다. 1970년대에는 〈보그〉의 편집장이자 메트로폴리탄 박물관의 컨설턴트로 있으면서 현대 패션의 역사를 주제별·형태별로 정리하여 전시하였다. 패션은 예술적인 표현수단으로서 갤러리와 뮤지엄에 전시되면서, 박물관에 접근하기 어려운 대중들에게 흥미롭고 친근한 매체로서 다가가게 되었다.[2)]

개인적으로 심플하고 우아한 의상에 이국적인 주얼리나 커다란 모자, 구두로 악센트를 주는 것을 좋아했으며 샤넬 목걸이에 터번을 두르기도 했다. 1937년 팜 비치 해변에서 레드 지퍼가 달린 에메럴드 그린의 리넨 쇼츠에 레몬옐로 저지를 입은 모습은 화제가 되었다. 특히 레드를 선호한 그녀는 이 색이 모든 컬러를 아름답게 해 준다고 언급하면서 자신의 저택 인테리어를 레드로 하고 패션 및 예술계 인물들과의 모임을 가졌다. 평소 구두 바닥까지 닦을 정도로 패션에 있어서 완벽주의였다고 전해진다.[3)]

2 | 안나 윈투어

안나 윈투어Anna Wintour, 1949~는 세계 패션계를 주도하는 미국 〈보그〉의 편집장으로 패션계에서 가장 영향력 있는 인물이다. 부유한 집안 출신으로 영국 우파 신문 〈이브닝 스탠다드〉 편집장인 영국인 아버지 찰스 윈투어Charles Wintour와 미국인 어머니 엘리너 베이커Eleanor Baker 사이에서 셋째로 태어났다. 10대 때부터 패션과 스타일에 관심이 많았으며 깡마른 체격에 스캔들이 많았고 아동정신과 의사 데이비드 샤퍼David Shaffer와 아들 하나 딸 하나를 두고 1999년에 이혼하였다.

런던에서 고등학교를 다니다가 대학에 진학하지 않고 아버지의 권유로 바로 패션잡지계에 진출하여, 에디터로 일하면서 예리한 안목으로 최고의 디자이너와 모델, 메이크업 아티스트, 사진작가로 역량 있는 팀을 구성하였으며 패션 언론계의 넓은 인맥으로 영향력을 쌓았다. 헬무트 뉴턴, 짐 리 등의 패션사진작가들은 당시부터 함께 작업하였다.

1970년대 미국으로 이주하여 〈하퍼스 바자〉, 〈비바〉, 〈뉴욕매거진〉을 거치면서 남다른 패션센스와 창조적인 에너지로 야심차게 커리어를 이끌었다. 그녀는 말하기나 글쓰기를 통한 의사소통이 원활하게 이루어지는 사람은 아니었으나 창조적이고 재능 있는 사람들을 모아서 강한 추진력과 까다로운 성격으로 최고의 결과를 유도하여 근사한 지면을 만들어냈다. 1983년에는 미국 〈보그〉의 크리에이티브 디렉터 자리에 오르면서 단독적인 영향력과 통제력, 독창성을 발휘하였다.

이후 런던 〈보그〉의 편집장으로 일하면서 1980년대의 화려함, 그리고 거리미술과 디자인의 다양한 요소를 결합한 작업과 세련되고 젊은 감각의 삽화로 호평받았고 베라 왕Vera Wang과 같은 신진 디자이너를 발굴하였다. 라이프스타일과 패션을 조합하여 〈하우스 앤 가든〉의 편집장으로 잠시 일하였고 1988년 미국 〈보그〉의 편집장으로 지명되었다. 그녀는 17년간 〈보그〉를 이끌어 온 그레이스 미라벨라를 퇴진시켜 초창기에는 가십이 끊이지 않았으나, 영국 특유의 감각을 더하여 고급스러우면서도 활기차고 자연스러운 얼굴을 실어 판매 부수를 성장세로 회복시켰다는 평가를 받고 있다.

리즈 틸버리스 편집장하의 〈하퍼스 바자〉와의 라이벌로 유명하며 신속한 의사 결정과 능률적 처리의 독단적인 그녀의 리더십하에 〈보그〉는 그녀 특유의 기업문화로 동화되었다. 즉 젊음을 강조하고 계절에 상관없이 발끝이 노출되는 하이힐을 신으며 엷은 화장을 하고 정장에 어울리는 코트를 입는 직원만 채용되고 근무할 수 있다는 식이다. 심지어 취재 대상이 시각적으로 아름답지 못하다는 이유로 기사를 삭제한다는 것으로 알려져 있다.

또한 모델보다 셀레브리티가 주목받는다는 인식에서 마돈나와 엘리자베스 헐리, 샌드라 불럭, 오프라 윈프리, 힐러리 클린턴 같은 인물을 섭외하고 소신 있는 선택으로 확고한 자리에 올랐다. 그녀의 조언에 따라 힐러리의 패션은 세련되고 매력적으로 변했고, 엉덩이를 가려주는 긴 재킷에 중간색 정장, 금색이 들어간 차분해진 머리로 단장하였다. 르윈스키 추문이 고조에 달하던 1998년에는 12월호 표지에 힐러리 클린턴이 벨벳 드레스에 머리를 아름답게 손질하고 자신감 있는 표정으로 등장하여 가판대에서만 100만 부 이상의 판매고를 올렸다.

2004년 9월 〈보그〉는 당시 월간지로서는 최대 페이지 수인 832페이지로 출간되었으며, 〈틴 보그〉, 〈보그 리빙〉, 〈맨즈 보그〉 등을 출판하기 시작하였고 2008년에는 영국 왕실에서 작위를 수여받았다. 2013년 콘데 나스트 사는 그녀를 〈보그〉 편집장 자리를 유지하는 한편 잡지 부문 아트디렉터로 임명하였으며 2014년 〈포브스〉는 그녀를 39번째로 세계에서 영향력 있는 여성이라고 명명하였다.

파리 - 밀라노 - 런던 - 뉴욕 순이었던 세계 4대 컬렉션은 그녀의 영향력으로 인해 뉴욕 - 런던 - 밀라노 - 파리 순으로 바뀌었으며, 쇼가 끝난 후 그녀가 박수를 치면 성공을 보장받았다고 할 정도이다. 패션의 경향과 방향 제시를 구체적으로 만들어내는 인물로서 그녀의 개인적 취향을 상당 부분 반영하고 있으며 대중이 원하는 것이 무엇인지에 대한 생각을 패션계를 이끌어가는 유명 디자이너들과 논의한다. 그녀는 샤넬, 이브 생 로랑, 크리스천 디오르, 아제딘 알라이아, 빌 블래스, 제프리 빈, 헬무트 랭, 나르시소 로드리게스, 잔니 베르사체를 열렬히 좋아하며 이세이 미야케와 겐조를 즐겨 입는다. 베라 왕의 웨딩드레스와 아돌포, 벤 칸, 마르코 지아노티 등의 모피제품을 좋아하며 디자이너 마크 제이콥스, 존 갈리아노 등은 디자인 작업의 구상 시안 단계에서 그녀의 의견을 구하고 있음을 인정한 바 있다.

21세기 들어 그녀는 톰 포드, 스텔라 매카트니, 잭 포젠과 같은 디자이너를 지원했으며 베나즈 사라푸어, 프로엔자 슐러, 라프 시몬스, 니콜라스 게스키에르에 주목하는 한편 조르조 아르마니, 알렉산더 맥퀸 등과의 불화로 화제가 되기도 했다.

또한 모피를 즐겨 입는다는 점에서 동물인권주의자들의 비판을 받고 있으며 여성성과 미에 대한 엘리트적 관점을 패션잡지를 통해 프로모션한다는 비판을 받기도 한다. 그녀는 '핵폭탄 윈투어nuclear wintour, 핵겨울에 빗댄 말', 혹은 '얼음공주'라는 별명에 어울리는 차가운 성격에 열정적이고 완벽주의적인 인물이다. 아침 5시 45분 기상, 테니스를 친 후 전문가가 손질해 준 헤어와 메이크업을 마치고 출근하고 10시 취침하는 규칙적인 생활을 하며 자기 관리에 철저한 것으로 알려져 있다. 파티에는 10분 이상 머무르지 않으며 사적인 감정을 갖지 않도록 노력한다.

그녀의 스타일은 페이지보이 보브pageboy bob 헤어에 선글라스, 단정한 페미닌룩의 샤넬 슈트와 모피에 마놀로 블라닉 하이힐로 대표된다. 영화 및 칙릿 소설 〈악마는 프라다를 입는다The Devil Wears Prada〉의 편집장 미란다의 실제 모델이며 다큐멘터리 영화 〈셉템버 이슈September Issue〉의 주인공으로 패션에디터로서 스타의 지위에 오른 상징적인 인물이다.

뉴욕 메트로폴리탄 미술관은 그녀의 공로를 기념하며 그 이름을 따서 복식 기념관을 재개관2014하였고, 2017년 대영제국 왕실훈장을 수여받기도 했다.

패션아이콘으로 대표되는 패션모델

1 | 리 밀러

리 밀러Lee Miller, 1907~1977는 뉴욕 출신의 1920년대 패션모델이며 패션사진작가이다. 19살에 맨해튼 거리를 걷다가 〈보그〉의 창립자인 콘데 나스트Conde Nast에게 픽업되었으며, 1927년 3월 〈보그〉 표지에 일러스트레이션으로 등장한 이래 당대 유명 사진작가들과 함께 작업하였다.

그녀는 활동적이고 미국적인 금발 여성으로서 나른한 듯한 눈과 게르만족 특유의 생생한 균형감이 조합된 우아함으로 관심을 모았으며, 당대 아르데코의 유선형과 조화를 이루는 매끈하고 날렵한 라인을 지닌 것으로 알려졌다. 냉정하고 무관심한 포즈의 우아함과 자신감 있는 미소로 당시의 솔직함과 모던한 사고방식을 투사하고 미국 여성의 새로운 생활방식을 주창하였다.[4)]

1929년에는 파리로 이주하여 만 레이Man Ray의 조수 겸 컬래버레이터이며 모델, 뮤즈로 활동하였다. 초현실주의 예술가들과의 교류 속에서, 이 시기 만 레이의 작품 상당수가 그녀에 의해 촬영된 것으로 추정된다.[5)] 만 레이와 함께 개발한 솔라리제이션Solarisation은, 사진의 감광 재료를 과다하게 노출시켜 네거티브와 포지티브의 톤이 혼재하거나 피사체 주위에 검은 윤곽이 나타나게 하는 표현기법이다. 그녀는 파리 〈보그〉의 모델 겸 사진작가로 활동하면서 앙드레 브레통이 말한 “발작적 아름다움convulsive beauty”의 사례가 되는 작품을 촬영하였고 급진적인 초현실주의 누드 사진작업을 행하기도 했다.[6)]

뉴욕으로 돌아와 사진 스튜디오를 상업적으로 운영하였고 이집트에서 초현실주의 작품을 계속 제작하다가 제2차 세계대전 당시 〈보그〉의 종군기자로서 파리의 상황과 수용소의 모습을 보도하였으며 히틀러가 욕조에서 목욕하는 장면을 찍은 사진으로 화제를 모았다.

2 | 수지 파커

수지 파커Suzy Parker, 1932~2003는 1947년 뉴 룩 시기부터 1960년대 초까지를 풍미한 미국 모델이다. 텍사스 출신으로 언니인 도리언Dorian의 소개에 따라 15세에 아일린 포드Eileen Ford 에이전시와 계약하고 여러 잡지 표지와 광고에 출연하여 최초의 슈퍼모델로 불릴 만큼 성공을 거두었다.[7]

5피트 10인치의 키에 체격이 크고 빨간 머리와 녹색 눈을 가진 그녀는 자신감 있는 전후 미국여성을 대표하는 얼굴로 어빙 펜, 호스트 등의 사진작가와 작업하였으며 리처드 애버던의 뮤즈였고, 코코 샤넬의 친구이자 광고모델이었다.

3 | 트위기

트위기Twiggy, 1949~의 본명은 레슬리 혼비Lesley Hornby로 17살에 영국의 1960년대를 대표하는 패션아이콘이자 모델로서 새로운 이상적인 미를 제시하였으며 후에 배우, 가수로도 활동하였다.

168cm, 41kg의 소년같이 마른 체형에 짧은 머리, 사슴 같은 눈을 가진 그녀의 별명 트위기는 팔다리가 나뭇가지같이 말랐다는 의미에서 온 것이다. 당시 〈보그〉 에디터 다이애나 브릴랜드가 발탁하였으며 안드레 쿠레주나 루디 건릭의 플라스틱 드레스를 입은 모습이 리처드 애버던의 패션화보에 실렸다. 그녀는 당대 트렌드인 직선적인 라인에 어울리는 10대의 활발함을 투사하여 카메라 앞에서 그 세대를 대표하는 미를 보여 주었다.[8]

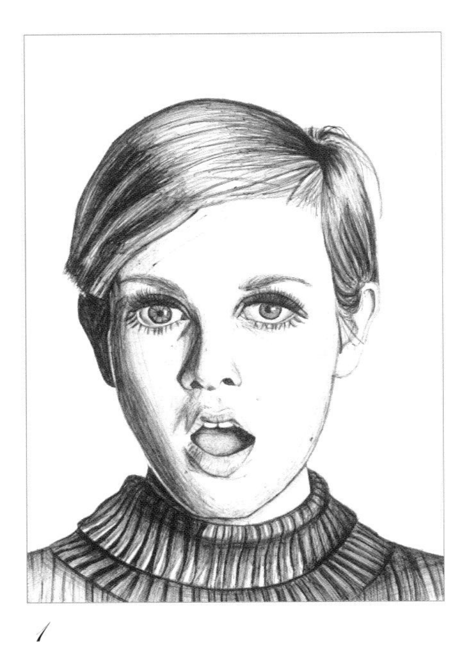

1
트위기의 모습을 표현한 일러스트(1966).

기하학적 문양의 미니드레스에 컬러 타이츠, 메리 제인 플랫슈즈를 신은 그녀의 모습은 이전의 소피스티케이티드sophisticated한 성숙한 여성미와는 다른 영감을 주었다. 인형같이 무심한 듯 웃지 않는 표정에 속눈썹을 달아 강조한 아이 메이크업, 어린아이 같은 얼굴 윤곽과 작은 입술은 그녀 특유의 스타일로 모방되었고 영국에서 레이스 칼라, 페전트 탑, 핑크 깅엄 프린트의 유행을 선도하였다. 그녀의 룩은 이후 미국, 프랑스, 일본 등 전 세계로 퍼지면서 A라인 드레스, 군복에서 디테일을 가져온 슈트와 드레스의 유행으로 확산되었으며 1960년대 후반 이브 생 로랑의 여성용 턱시도에 이르는 안드로지너스 스타일과 유니섹스, 미니멀리즘에 트위기의 체형과 룩이 연결되었다.[9)]

트위기는 4년간의 모델 생활 후 영화와 뮤지컬, TV 드라마에 출연하여 인기를 모았으며 1998년에 자서전 《트위기 인 블랙 앤 화이트Twiggy in Black and White》를 써서 베스트셀러를 만들었고, 마크스 앤 스펜서Marks & Spencer의 리브랜딩과 디자인 활동에 참여하여 자기 라인의 컬렉션을 런칭하였다.

4 | 로런 허턴

로런 허턴Lauren Hutton, 1943~은 미국 사우스캐롤라이나 주 출신으로 〈플레이보이〉의 버니와 글래머 모델로 활약하였다. 앞니 사이의 틈과 휜 코에도 불구하고 미국적인 건강함을 지닌 자연스러움으로 화제를 모았으며 자신감 있고 남성적인 톰보이 스타일을 체현한 인물 중 하나이다.[10] 큰 키와 풍만한 가슴, 작은 힙과 넓은 어깨의 몸매에 넓은 보폭으로 걸어 중성적인 '찰리 걸'이라 불렸으며 당대 유행인 팬츠 룩을 강조하였다. 그녀는 〈보그〉 표지에 41회 등장하면서 당대 최고 몸값을 자랑하였다. 1999년 〈보그〉가 뽑은 20세기 모던 뮤즈 중 하나이며, 2009년 메트로폴리탄 뮤지엄의 '모델 애즈 뮤즈Model as Muse' 전시 오프닝에서 대표적인 예로 선정되었다.

1970년대에는 영화계에 진출하여 〈웰컴 투 LAWelcome to LA〉, 〈아메리칸 지골로American Gigolo〉에 출연하였다. 또한 레블론의 화장품 모델로 10여 년간 활동했으며 중년 여성을 위한 화장품 브랜드를 직접 출시하기도 했다. 2010년 이후 클럽 모나코, 톰 포드 등의 광고에 출연하고 2014년 70살의 나이에도 활발히 활동하는 현역 모델이다.

5 | 나오미 캠벨

나오미 캠벨Naomi Campbell, 1970~은 영국 출신의 흑인 모델이다. 15살에 스카우트된 그녀는 최초의 흑인 슈퍼모델로서 1980년대 말과 1990년대에 활발한 활동을 보였으며 다양한 영역의 이미지로 패션잡지와 컬렉션의 메인을 장식했다. 크리스티 털링턴, 린다 에반젤리스타와 함께 트리니티Trinity로 불렸으며 그 외에도 클라우디아 시퍼, 신디 크로퍼드 등과 함께 당대 최고의 모델로서 캣워크뿐만 아니라 영화, 뮤직비디오, 마돈나의 누드 화보집 촬영에 참여하였으며 '패션 카페Fashion Cafe'라는 레스토랑 체인을 설립하기도 했다.

흑인 모델로서는 20년 만에 영국 〈보그〉 표지, 사상 최초로 프랑스 〈보그〉 표지에 실렸으며, 1989년에는 연중 가장 중요한 달인 9월에 흑인으로는 최초로 미국 〈보그〉 표지에 실린 바 있다. 그녀는 자메이카와 중국 혈통의 혼혈로, 이그조틱exotic한 외양에 스스로 헤어 컬러나 컬, 아이 컬러를 바꾸어 새로운 룩으로 변화를 주고 절충적인 스타일을 표현한다.

2

나오미 캠벨의 모습을 담은 돌체 앤 가바나 옥외 광고(2011).

1990년대에는 디자이너 잔니 베르사체Gianni Versace의 대담하고 색채적인 섹시 디자인 대중화에 일조하였다. 그녀가 입었던 비잔틴 십자가 장식의 골드 메시 드레스는 2002년 빅토리아 앤 앨버트 뮤지엄에서의 베르사체 회고전 입구에 전시될 정도로 대표적인 디자인이다.[11] 빅토리아 시크릿 언더웨어 컬렉션 쇼에서 레드 란제리와 날개를 착용하였고 아제딘 알라이아, 돌체 앤 가바나의 몸매 드러내는 디자인을 선호한다.

비비안 웨스트우드의 컬렉션 쇼에서 1피트 높이의 플랫폼 부츠를 신고 넘어진 해프닝은 유명하다. 사생활 면에서는 예전 고용인과의 폭행 소송, 분노조절장애로 뉴스 지면을 장식하였으며 이른바 블러드 다이아몬드Blood Diamond와 관련하여 라이베리아 전 대통령 찰스 테일러의 전범재판 법정에 서기도 했다. 배우 실베스터 스탤론과 로버트 드 니로, 권투선수 마이크 타이슨, F1 카레이서 플라비오 브리아토레 등 유명인사와의 염문설로도 알려져 있다.

6 | 케이트 모스

케이트 모스Kate Moss, 1974~는 영국 출신의 모델로, 14살인 1988년 뉴욕 JFK 공항에서 스톰Storm모델 사의 대표 사라 두카스Sarah Doukas에게 픽업되었다. 그녀는 1990년대 초 헤로인 시크Heroine chic의 패션트렌드를 타고 167.7cm, 43kg의 극히 마른 체형과 작은 몸집으로 유명해졌다. 패션사진작가 코린 데이Corinne Day와 함께 작업한 패션사진은 어리고 화장기 없는 자연스러움을 그런지grunge의 느낌으로 제시한 것이었으며, 당시 체격이 크고 볼륨 있는 몸매의 슈퍼모델과 다른 안티-슈퍼모델로서 새로운 아름다움을 가진 것으로 평가되었다.

어린이 같기도 하고 여인 같기도 한, 자극적이고도 섹시한 느낌으로 캘빈 클라인의 뮤즈로 떠올랐으며, 가는 웨이브 헤어에 병적이고 고집스러워 보이는 인상, 무관심하고 연약해 보이는 분위기로 구찌, 샤넬, 돌체 앤 가바나 등 디자이너 브랜드의 광고모델로서 디자이너에게 영감을 주며 아방가르드하며 고혹적인 분위기로 연출되었다.[12] 그녀는 특유한 감각적 믹스 앤 매치로 독창적인 스타일을 만들어 내고 있으며 특히 어그부츠와 스키니 진을 유행시킨 패션아이콘이다.

1993년 그녀는 지나치게 마른 몸으로 10대 소녀들의 과도한 다이어트를 유발한다는 이유로 당시 대통령 빌 클린턴을 비롯한 많은 사람들의 비난을 받았다. 이는 걸프전쟁과 증권시장 폭락의 당시 경제 상황과 사회적 분위기에서 건장하고 풍요로움에 대한 저항으로 연약하고 상처받은 이미지가 어필했던 것으로 평가된다.[13] 이에 수많은 패션잡지 화보 및 표지 모델이 되어 전 세계 유수의 패션사진작가들과 활동하였다.

2005년 당시 남자친구와 함께 코카인 스캔들로 각종 타블로이드 신문을 장식하면서 파티를 즐기고 마약을 상용하는 문란함으로 오점을 남겨 광고주와의 계약을 파기당하는 등 주춤했으나 증거 불충분으로 풀려난 뒤 곧 재기에 성공하여 모델로서 더욱 승승장구하고 있다.

2007년 톱숍Topshop에 자신의 의류 라인인 케이트 모스 포 톱숍Kate Moss for Top Shop을

3
뉴욕 시내에 걸린 케이트 모스의 옥외 광고(2006).

런칭하고 빈티지 스타일의 스키니 진과 베스트, 미니드레스 등을 디자인하였다. 이 라인은 영국뿐 아니라 미국, 프랑스, 일본, 이탈리아 등에 선보이며 큰 인기를 얻었다.[14] 코티Coty 사에서 자기 이름의 향수 라인과 바디로션을 출시하여 사업 수완을 드러냈고, 싱글 앨범을 내고 음악활동을 벌이기도 했다.

그녀는 오늘날 패션의 완벽한 본보기로서, 자신의 개인적 취향과 선호를 통해 업계의 선도적 전문가들에게 영향을 주고 있다.[15] 2013년 루이뷔통 광고 캠페인에서는 그녀의 얼굴을 그대로 재현한 마네킹을 제작하고 캣워크 상에서 착용한 가발을 착용하여 쇼윈도를 장식하면서[16] 그녀가 오늘날을 대표하는 표상임을 보여 주었으며, 현재까지 영국 〈보그〉 표지에만 30회 등장하는 등 활발한 활동을 보여 주고 있다.

7 | 지젤 번천

지젤 번천Gisele Bundchen, 1980~은 브라질 출신으로 180cm의 키에 라이트 브라운의 헤어, 육감적인 몸매의 이미지로 2000년대 최고의 모델로 인정받았다. 케이트 모스 같은 마른 모델에 대한 반발로 새로운 세기에 맞는 건강한 이미지를 제시하여 '섹시 모델의 귀환'이라는 평을 들었으며, 2000년에서 2007년까지 빅토리아 시크릿 란제리 쇼의 에인절angel로 활약하였다. 무릎을 높이 들고 발을 차면서 성큼성큼 걷는 이른바 '말걸음 horse walk'을 개척한 것으로 알려져 있다.

50년대 모델의 고귀함과 우아함, 60년대 히피의 천진난만함, 70년대 글래머러스한 모델의 매력, 80년대 성적 매력이 충만한 슈퍼모델의 이미지와 세기말적 퇴폐성을 한 몸에 지닌 모델로 평가되었다.[17] 2000년대 성형외과 의사들이 뽑은 가장 영향력 있는 얼굴과 몸매로 선정되었으며, 각종 설문조사에서 '세계에서 가장 아름다운 인물'로 뽑혔다. 〈보그〉의 에디터 안나 윈투어는 그녀를 "새천년의 얼굴"이라고 불렀다. UN 환경 프로그램의 홍보대사로 활동하며 각종 환경 관련 사업과 자선모금활동에 참여하고, 은퇴한 후 2016년 리오 올림픽 개막식에 출연하기도 했다.

참고 문헌

1) http://en.wikipedia.org/wiki/Diana_Vreeland

2) 이재정, 박신미(2011). 《패션, 문화를 말하다》, 서울: 예경, p.28, 127.

3) Bettina Zilkha(2004). *Ultimate Style: the Best of the Best Dressed List*, NY: Assouline, pp.42-45.

4) Harold Koda & Kohle Yohannan(2009). *Model as Muse: Embodying the Fashion*, NY: The Metropolitan Museum of Art, New Haven & London: Yale University Press, p.20.

5) http://en.wikipedia.org/wiki/Lee_Miller

6) http://www.vam.ac.uk/content/articles/l/lee-miller

7) http://en.wikipedia.org/wiki/Suzy_Parker

8) Bettina Zilkha(2004). op.cit., pp.94-99.

9) Harold Koda & Kohle Yohannan(2009). op.cit., pp.72-75.

10) Lizzie Garrett Mettler(2012). *Tomboy Style: Beyond the Boundaries of Fashion*, NY: Rizzoli.

11) Bettina Zilkha(2004). op.cit., pp.144-147.

12) http://en.wikipedia.org/wiki/Kate_Moss

13) 정현숙(1995). "사회 분위기가 패션모델의 이미지에 미치는 영향에 대한 연구 - Twiggy와 Kate Moss를 중심으로", 《한국의류학회지》 19(1), pp.80-95.

14) 패션인사이트(2007). "톱숍에 미국패션이 긴장한다", 2007. 5. 28.

15) Harold Koda & Kohle Yohannan(2009). op.cit., p.15.

16) 임승은(2014). "마네킨에 관한 이색 보고서", Vogue Korea 2014년 7월.

17) "Gisele", Vogue Korea 2000년 10월호, p.194를 이유리(2001). "20세기 패션모델의 변천과 사회적 배경에 관한 사적 연구", 동덕여자대학교 석사학위논문, p.76에서 재인용.

6 영화의상

영화의상의 개념과 기능

영화매체는 현대사회에서 인간의 예술적 욕구를 충족시키기 위한 대중문화매체 중 하나로서, 스타들의 영화의상이 대중적으로 어필한다는 점에서 패션과 관련이 깊다. 영화는 관음증voyeurism과 유사한 쾌감을 불러일으키며 카메라와의 동일시와 영화 속 인물과의 동일시라는 이중의 동일시double identification를 통해 관객에게 쾌감을 준다. 20세기 초 대중사회에서 영화는 가장 주요한 오락산업으로 성장하였으며 제1차 세계대전과 대공황을 거치면서 할리우드가 세계 영화의 중심지로 급부상하였다.

영화는 원래, 1893년 에디슨이 영사기 카메라와 관람 장치를 발명하고, 1895년 뤼미에르 형제가 시네마토그래프Cinématographe를 발명하면서 상품성과 시장성을 지닌 대중적 매체로서 만들어진 것이다. 영화는 선구적인 영화인들의 노력으로 세련되고 정교한 촬영기법, 다양한 카메라 앵글, 입체조명과 함께 사실적인 세트를 특징으로 발전을 이루었다. 이후 할리우드를 중심으로 스튜디오 시스템을 갖추면서 흥행을 이루기 위한 마케팅 기법들을 개발하였으며 1930년대 '꿈의 공장'으로 불릴 정도로 대중들에게 절대적인 영향을 발휘해 왔다. 불황기에도 적은 돈으로 관람이 가능했던 영화는 관객들에게 현실의 시름을 잊게 하는 기회를 제공하였다. 영화라는 상상의 세계, 즉 행복과 번영의 나라에서 스타들의 화려함과 풍요로움은 관객에게 대리만족과 환상을 제공하여 할리우드 황금기 이후 대중의 대표적인 엔터테인먼트 매체이자 여가수단이 되었다.

영화매체는 영상의 시각적인 사실성을 바탕으로, 반복 재생할 수 있다는 지속성을 지닌다. 또한 일반 대중들의 사랑을 받아왔다는 점에서 대중성을 특징으로 하며, 표현상 무한한 가능성을 가지고 자유로운 표현 구사가 가능한 유연성을 지닌다.[1] 또

1
시네마토그래프 카메라.

한 영화는 여러 예술분야가 만나 이루어진 총체적인 예술로서 현대에 강력한 힘을 발휘하는 대중매체이다.

1 | 영화의상의 개념

영화의상이란 '영화의 극적 효과를 높이기 위하여 사용되는 모든 종류의 복식'을 말한다. 배우의 의상과 헤어스타일, 그 외 액세서리와 분장은 영화의 독립된 미술 분야지만, 제각기 따로 존재하기보다는 배우를 통해 종합적으로 보여지므로 배우의 몸에 직접적으로 착용하는 것을 모두 영화의상에 포함시킨다.[2)]

대중매체로서의 영화는 의상, 헤어스타일과 같은 특정 스타일의 창조자이자 전파자로서의 역할을 한다. 영화는 우리 사회구조와 문화 일반의 구현체인 동시에 관객을 스타와의 동일시 혹은 감정이입 상태로 이끌어 영화에 등장한 패션에 대한 소유 욕구를 불러일으킨다. 즉 영화가 전해 주는 시각적 영향력이 반복됨에 따라 사회 내부에 존재하는 문화적 범주에 대한 이미지의 표준화 또는 스테레오타입stereotype이 형성되어 복식의 유행성과도 상호연관성을 지니게 된다.

스텔라 브루치Stella Bruzzi는 영화의상이 의상을 착용한 배우의 배역이나 신체를 돋보이게 하는 보조적이고 기능적인 수단으로만 사용되는 것이 아니라, 그 자체로서 의미에 동화되어 배역에 의상을 일치시키기도 하고, 의상이 상징하는 잠재적인 수행성performativity과 정체성이 나타나기도 한다고 하였다.[3)] 영화 내에서 보이는 정체성은 의복이 신체와 상호작용하는 방식에 따라 매우 다양하게 나타나며 동시에 유동적으로 변화 가능하다.

2 | 영화의상의 기능

영화의상의 기능은 캐릭터 창조와 묘사, 극 전체의 이미지 창조, 그리고 유행상품을 통한 영화의 이미지 전달로 정리될 수 있다.

캐릭터 창조와 묘사

영화의상은 등장인물의 내면과 외면 사이에 강한 연관성을 설정함으로써 캐릭터의 특징을 시각화하는 장치이다. 배우의 개성을 없애고 극 중 인물의 성격으로 특징지음으로써 캐릭터의 외형을 형성하며 내면을 드러내거나 함축하여 배우의 연기를 확장시키는 역할을 한다.

영화의상은 색상, 형태, 질감 등 여러 디자인 요소를 이용해 극 중 인물의 사회경제적 수준, 역할이나 성격, 심리상태나 감정을 표현하고 희로애락, 위엄, 감정적인 섬세함, 고집스러움 등의 심리적 측면을 반영한다. 더 나아가 영화의 배경이 되는 시대의 도덕적 종교적 관념이나 예술사조, 정치적, 경제적 상황 등을 파악할 수 있는 가시적 매개체로서 기능하며 공간과 배경에 어우러져 미장센에 관여한다.[4)]

찰리 채플린은 자기 이미지 확립을 위해 의상을 성공적으로 이용한 배우로 평가된다. 헐렁한 바지, 낡고 몸에 꽉 끼는 재킷, 유행 지난 중절모와 짙은 수염, 특유의 뒤뚱거리는 걸음걸이는 그의 트레이드마크가 되었다. 채플린은 허영과 위세가 혼합된 인물을 묘사하면서 콧수염과 중절모를 통해 멋쟁이임을 암시하고 큰 바지와 꽉 맞는 재킷으로 가난과 비천함을 극대화시켰으며 지팡이를 통해 자긍심을 표현하였다. 이와 같은 채플린의 스타일은 등장인물의 진실과 경험을 표현하는 데 성공하였으며 영화의상의 기능을 훌륭하게 수행한 예로서 영화사상 불멸의 표본이 되었다.

통상적으로 서부극에서 악역은 검은색 의상, 주인공은 흰색의 의상을 착용한다는 도식이 있으며, 장갑, 구두, 스카프, 드레스의 네크라인을 통해 등장인물 내면의 살의나 부도덕을 암시하는 등 영화의상은 무대장치처럼 인물 유형이나 스토리 전개를 도식적으로 읽을 수 있는 실마리를 제공한다.

극 전체의 이미지 창조

영화는 시각적 이미지를 통해 영화의 이미지와 주제의 통일성을 느끼게 한다. 따라서 영화에 나타난 의상은 단순한 장식적 액세서리가 아니라, 영화 전반의 스토리를 이끌어가는 표현적 기능을 수행하여 극 전체를 조화시키고 통일된 분위기로 연출해야 한다.

영화의상의 모티프들은 영화의 전반적 형식을 통일시키는 기능을 하며, 이를 위해 의상의 디테일detail, 즉 색채 및 재질도 극의 전개 및 이미지 창조에 중요한 역할을 한다. 따라서 영화의상은 시나리오, 연출, 촬영, 미술, 배우, 조명, 음악, 편집 등 여러 요소들과 유기적인 결합이 이루어져야 하며 특히 세팅, 조명, 분장과의 긴밀한 관계를 통해 영화의 서사구조나 주제의 유형을 강화시키는 기능을 수행한다.

영화 〈살인의 추억〉2003, 감독 봉준호, 의상 김유선은 1980년대 농촌을 배경으로 한 범죄 스릴러물로, 배경 시기의 유행 트렌드와는 달리 어둡고 무거운 영화 분위기에 맞추어 중간 톤과 어두운 톤을 사용하고 살인을 의미하는 레드와 대조되도록 영화의상 및 전체 이미지를 설정하였다.[5]

시골 형사 박두만송강호 분은 서울에서 온 형사 서태윤김상경 분과 비교되는데, 직관적이며 촌스러운 캐릭터에 맞추어 몸에 끼는 기하학적 문양의 남방셔츠에 누런 점퍼, 허리선이 높이 올라간 혼방 팬츠에 흰색 프로스펙스 운동화를 착용하고 있다. 색은 갈색, 벽돌색, 청록색, 재색의 그레이시톤을 사용한다. 반면 서태윤은 지적이고 꼼꼼한 캐릭터에 와이셔츠, 사파리 재킷, 면바지를 무채색 위주로 깔끔하게 착용하였다. 시골 경찰서의 구 반장변희봉 분은 와이셔츠, 구식 넥타이, 점퍼 차림이나 칼라가 달린 티셔츠에 슈트로 마치 복덕방 아저씨 같은 느낌을 주며, 서울에서 온 신 반장송재호 분은 고급 소재 양복과 넥타이, 버버리코트로 이지적이고 냉철한 이미지이다. 조용구김뢰하 분는 무식하고 폭력적인 캐릭터로 군대용 야전 점퍼, 워커를 주로 착용하여 어둡고 위압적인 느낌을 표현한다. 백광호박노식 분는 지능이 낮은 캐릭터를 반영하여 어린아이가 입을 듯한 컬러풀한 배색의 점퍼, 꼬질꼬질한 트레이닝, 낡은 스웨터와 유아적인 캐릭터 셔츠를 착용하였다.[6]

영화 〈아가씨〉2016, 감독 박찬욱, 의상 조상경는 일본의 지배와 근대화가 교차하던 1930년대를 배경으로 일본식 세트와 서양식 건물, 아름다운 정원에 다양한 의상으로 극 전체의 이미지를 표현하였다. 극중 아가씨김민희 분의 드레스 라인은 시대적 배경인 1930년대 트렌드보다 1910년대 트렌드에 따라 가냘프면서도 길어 캐릭터의 신비함과 닫힌 내면을 드러내었다. 영화 초반에는 흰색 레이스와 아이보리를 주조로 정숙하고 심플하나, 후반부로 갈수록 퍼플, 블랙 계열의 딥 톤의 음울하지만 고급스러운 드레스로 변화를 주면서 강렬하고 고혹적인 매력을 돋보이게 하는 장치로 영화의상이 기능하였다.[7)]

유행상품을 통한 영화의 이미지 전달

영화의상은 관중에게 부각되기 쉬우며 성공적인 캐릭터의 의상은 작품의 분위기와 함께 널리 소개된다. 등장인물의 독특한 스타일은 대중에게 어필하여 모방심리를 자극하고 유행으로 수용된다.

영화는 '움직이는 패션잡지'라고도 할 수 있다. 일반적인 잡지에서는 모델 포즈의 일면밖에 볼 수 없는 반면, 영화에서는 카메라의 각도나 움직임에 따라 의상의 다양한 시각적 포착이 가능하다. 관객들은 동일시 욕망으로 스타의 패션아이템이나 메이크업 제품을 구입하고 이를 통해 외모를 향상시키고자 한다. 영화의 패션은 이러한 소비자들의 욕구를 충족시키기 위해 제작되고 판매되는 스타의 스타일이나 상품들이다. 특히 영화배우들은 뷰티 상품과 의류, 언더웨어 제품 등의 광고모델로 영화 패션의 유행을 촉진한다.

영화 속에 나타나는 풍요로운 라이프스타일은 영화의상과 함께 관람자에게 어필한다. 부유층의 등장인물이 사용하는 각종 제품과 서비스는 스타와 특정 패션을 결부시키고 스타일을 유행시킬 뿐만 아니라 유명 상표의 제품 이미지를 강화하고 소비 중심의 생활방식을 전파하는 역할을 한다.

할리우드 영화의 황금기에는 여러 재능 있는 건축가, 디자이너, 아티스트, 의류업자, 미용업자들이 영화와 관련되어 명성을 획득하였다. 연예잡지와 스튜디오의 홍보사진들은 등이 파인 여성복, 여성의 스포츠용 반바지, 슬랙스, 캐주얼 구두로퍼와 스커트 등 할리우드 고유의 스타일과 스포츠웨어의 아메리칸 룩을 전파하는 데 일조하였다.

〈악마는 프라다를 입는다〉2006는 업계 최고 패션에디터의 비서가 된 인물의 좌충

우돌을 그린 영화로, 실제 미국의 〈보그〉 에디터인 안나 윈투어를 모델로 한 인물 미란다메릴 스트리프 분의 주변 삶을 그려 화려한 볼거리의 의상으로 시선을 끌었다. 영화는 주인공앤 해서웨이 분이 패션에디터의 어시스턴트로 적응해 가면서 발렌티노와 디오르, 샤넬 등의 최신 명품 패션으로 눈부시게 변신하는 과정과 이후의 모습을 담았다.

3 | 영화의상의 제작

오늘날 영화의상은 시나리오를 통한 작품 분석과 콘셉트 구상, 세부 디자인의 계획 및 설계, 디자인 구현의 제작과 선택, 캐릭터 스타일에 맞는 조합과 피팅, 현장에서의 연출 과정으로 제작된다. 각각의 의상은 캐릭터에게 직접 대입하는 맞춤식으로 디자인되며 의상을 구성하는 선과 실루엣, 색, 무늬와 재질 등의 디자인 요소로 선택된다.[8)]

선은 캐릭터의 성격, 취향, 인상의 디테일을 나타낸다. 의상의 부분에 사용되어 직선으로 단정함과 엄격함, 곡선으로 여성스러움과 유연함을 표현하는 식이다. 〈킹스맨: 시크릿 에이전트Kingsman: Secret Agent〉2015의 의상은 우아하면서도 절제된 브리티시 수트의 맞춤 남성 정장으로 완벽한 품격을 지닌 스파이로서의 캐릭터를 나타내는 예이다. 또한 실루엣은 의상 전체의 윤곽선으로서 영화의 시대적 배경의 지표가 된다.

색은 조명과 공간, 의상과 분장에 담겨 강한 효과를 주는 요소이다. 색이 가진 고유의 이미지는 캐릭터에 부여되어 직접 혹은 함축적으로 캐릭터를 설명하며 상징적 의미로 사용된다. 장예모 감독은 선명하고 대담한 색의 상징성을 사용하여 역사와 사상을 표현하는 작품을 연출하였다. 〈붉은 수수밭〉1987, 〈홍등〉1991에서의 강렬한 레드, 또는 레드와 다른 색의 대비는 관객의 눈을 매료시키고 시각적 연상으로 사상적 공감과 몰입을 유도하였다.[9)]

색은 인물의 감정, 행동, 성, 극적 성질, 세련됨, 연령, 계절 등을 표현하며 색채 이미지를 적용하여 캐릭터의 세밀한 감정과 심리를 드러낼 수 있다. 〈블랙 스완Black Swan〉2010, 대런 아로노프스키 감독에서 블랙은 발레리나 니나Nina, 나탈리 포트먼 분의 내면의 욕망과 파괴에 대한 불안감, 자아분열로 이어지는 어두운 면을 보여 주는 이미지로 작용한다. 순수하고 우아한 백조와 그 안에 내재된 관능적이고 도발적인 흑조의 블랙 카리스마가 대조되는 것이다.

무늬는 시각적·장식적 요소로서 다양한 캐릭터를 표현할 수 있다. 영화 〈화양연화〉2000, 왕가위 감독는 리춘장만옥 분이 입은 치파오 의상의 무늬를 공간과 상황에 따라 달리하여 시각적 효과를 냈다. 치파오는 사실적인 꽃무늬, 추상적 꽃무늬, 기하학적 무늬, 줄무늬, 그러데이션, 중국 전통 무늬로 시선을 사로잡고 강렬한 느낌으로 다가온다. 또한 영화의상의 재질은 직물의 짜임새와 질감으로 시각적이고도 촉각적인 효과를 내고 공간의 깊이를 주는 역할을 한다. 〈상의원〉2014, 감독 이원석, 의상 조상경에서 왕비박신혜 분가 입은 진연복은 15겹의 흰 원단을 겹쳐 진주와 비즈가 눈부시게 장식되어 화려한 인상을 주도록 연출된 것이다.

4 | 영화의상의 중요성

영화의상은 촬영 대본에 따라 구체적인 의상 제작 계획이 이루어지는데, 특정 장면에서 스타가 착용할 의상의 종류, 카메라 각도, 여배우의 신체적 장단점과 이미지 등을 분석함으로써 배우가 극 중 인물과 부합되도록 디자인 작업이 진행된다.

할리우드에서는 영화의상 디자이너들이 스튜디오 시스템의 일원으로 활동하였다. 메이저 스튜디오의 의상 부서는 여러 명의 디자이너, 스케치 담당자, 연구원 등으로 조직적인 시스템을 갖추고 수석 디자이너가 이를 총괄하였으며 200명에 달하는 직원을 두고 작은 공장 형태로 의상을 제작하였다.

마를렌느 디트리히Marlene Dietrich와 그레타 가르보Greta Garbo 같은 대형 스타는 영화당 보통 20여 벌의 의상을 착용하였는데, 각 의상은 3~6번의 가봉을 거쳤으며 가봉 한 번에 2~6시간이 소요되었다. 배우가 완성된 의상을 착용하였을 때는 오염이나 손상을 막기 위해 여러 직원이 따라다녔는데, 팔걸이와 발받침이 있는 90도의 기댐판leaning board

2
마를렌느 디트리히로 분한 크리스 코론코(Chris Kolonko). 할리우드 황금기의 여배우 디트리히는 영화에서 남성 턱시도를 입고 나온 것으로 유명했다.

은 여배우들이 촬영 도중 의상을 구기지 않고 쉴 수 있도록 특별히 고안된 것이었다.

할리우드 코스튬 디자인 시스템에서는 의상 1벌을 위해 6~8명의 비딩사bead worker가 몇 주 동안이나 비즈를 놓는 일이 흔하였으며, 때로는 의상을 2벌씩 제작하기도 하였다. 몸매가 드러나는 의상의 경우, 옷이 찢어지는 것을 방지하기 위해 서 있거나 걸을 때 입는 옷과 앉을 때 입는 옷이 각각 다른 사이즈로 제작되었다. 디자이너는 배우의 결점을 감추고 장점을 드러내기 위해 특별한 속옷을 제작하여 착용시켰으며 때때로 스타에게 다이어트, 운동, 마사지 등의 신체 미용 및 관리를 권유하였다.[10)]

1930년대 영화의상 디자이너들은 의상이 영화 개봉보다 6~8개월 앞서 제작되는 시간 차이 때문에 유행에 뒤처져 보이거나 전위적이지 않도록 동시대에 유행하는 스타일과 새로운 기법을 절충하였다. 또한 메이저 스튜디오에서는 패셔너블한 작품이나 특정 스타를 위한 새로운 스타일을 창조하기 위해 파리의 유명 디자이너들이 영화의상 제작에 참여하였다. 이후 디자이너들은 영화의 극적인 요소를 특징으로 하는 영화의상을 디자인하여 다양한 캐릭터에 따라 제공해 오고 있으며 1948년 이래 오스카 시상식에 영화의상상 부문이 지정되어 그해 가장 성공적인 영화의상을 평가하고 있다.

영화의상 디자이너

1 | 1930년대 길버트 에이드리언

MGM 스튜디오의 전속 디자이너인 길버트 에이드리언Gilbert Adrian, 1905~1960은 소속 스튜디오의 모토대로 '거대하고, 제대로, 품위 있는Do it big, do it right, do it with class' 스타일을 실현하였다.

그는 어깨선을 강조하는 디자인을 선호하여, 패드 달린 어깨와 슬림한 스커트의 역삼각형의 실루엣을 사용하여 날씬해 보이는 효과를 주었다. 주름이나 러플, 아플리케 등으로 네크라인을 강조하였으며 라메나 시폰, 크레이프, 태피타, 새틴, 보일, 모피, 메탈이나 비즈장식과 같은 고급스럽고 사치스러운 재료를 풍부하게 사용하여 럭셔리한 이미지를 전달하였다. 특히 흑백의 명도 대비와 아코디언 주름장식을 이용한 조각적인 효과, 모티브의 과장 등이 특징이다.

에이드리언은 그레타 가르보, 조안 크로퍼드, 노마 쉬어러, 진 할로 등의 영화의상을 제작하였고, 각 스타의 페르소나에 맞추어 각기 다른 스타일을 제시하였다. 흑백영화의 조명에 따라 명도 차이를 두어 등장인물이 돋보이는 방식을 개발하였으며, 시대극 의상을 당대에 수용되기 적합하게 적용시켜 대중의 유행을 유도하였다.[11] 1929년 가르보를 위해 헐렁한 팬츠와 레인코트를 영화의상으로 제시하였는데 당시로써는 모던한 아이템으로 센세이션을 일으켰다. 또한 모자에 빠져 러시아 스파이로서의 본분을 잊는 여성을 다룬 1939년 영화 〈니노치카〉에서 화려하고 다양한 모자 패션을 선보였다. 가르보의 은퇴 후 그도 스튜디오에서 물러나 캘리포니아 쿠튀르 패션디자이너로서 활동하였다.

2 | 1950년대 에디트 헤드

에디트 헤드Edith Head, 1907~1981는 영화의상 디자이너로 50년 이상의 경력을 가지고 패션트렌드에 지대한 영향을 끼친 인물이다. 유니버설, MGM, 워너브러더스, 콜롬비아, 20세기폭스 등의 스튜디오 소속으로 영화의상을 제작하였고, 1948년 아카데미 의상상이 창설된 이래로 의상상을 8회 수상하였다.

예리한 눈으로 배우의 이미지와 그들의 장단점을 포착하여 영화 안에서 기능적이고 효과적인 의상을 만들었다. 코미디부터 드라마, 스릴러에 이르기까지 장르를 가리지 않고 작업하였으며 베티 데이비스, 진저 로저스, 마를렌느 디트리히, 잉그리드 버그먼, 오드리 헵번 등 전설적인 배우들의 스타일을 만들어냈다.

디자인 경향은 장식을 피하는 단순함과 세련됨으로 요약되는데, 깨끗하고 심플한 클래식 스타일의 슈트는 모든 여배우가 착용하였다. 제2차 세계대전 이후 물자 부족과 규제로 옷감의 사용에 제한을 받게 되면서 화려한 실크나 모피의 사용보다는 면이나 합성섬유의 품질 향상과 유행을 선도하였고 이를 통해 보다 활동적이고 절제된 스타일의 여성복을 유행시켰다.[12)]

〈로마의 휴일〉1953, 〈사브리나〉1954, 〈티파니에서 아침을〉1961 등에서는 오드리 헵번과 지방시와의 협업을 통해 여배우의 체형을 새로이 제시하고 이미지를 살린 헵번 룩을 탄생시켰으며, 유니섹스 스타일을 거부하고 유행을 남용한 지나친 과장을 피하였다. 또한 동일한 배우를 완전히 상반되는 개성으로 변신시켜 극 중 인물의 이미지를 관객들에게 사실적으로 전달하였다.

메릴린 먼로 주연의 〈이브의 모든 것〉1950에서는 몸매를 드러내는 이브닝드레스로 호평을 받았으며, 〈스팅〉1972에서는 폴 뉴먼과 로버트 레드포드의 남성복을 디자인하여, 1930년대 영감의 핀 스트라이프 슈트와 베스트를 1970년대에 유행시키기도 했다.

3
샌디 파월이 디자인한 영화의상(2011).

3 | 1990년대 샌디 파월

샌디 파월Sandy Powell, 1960~은 ⟨올랜도⟩1993, ⟨셰익스피어 인 러브⟩1998, ⟨벨벳 골드마인⟩1998, ⟨에비에이터⟩2004, ⟨영 빅토리아⟩2009 등에서 화려한 양식과 색을 구사하며 다양한 재료로 시각적 효과를 내는 영화의상 디자이너이다. 시대의상의 디자인에서 고증을 기본으로 감각을 가미하는 관행과 달리 그녀는 파격적이고 도전적으로 스타일을 창조한다. 1920년대를 배경으로 하는 ⟨도브The Wings of the Dove⟩1997 영화의상 제작 당시 욕망에 찬 주인공의 잔인한 캐릭터에 적합한 보헤미안적인 영화의상을 위해 시대배경을 1910년대로 바꿔 달라고 요청하기도 했으며, ⟨셰익스피어 인 러브⟩에서는 엘리자베스 1세 여왕주디 덴치 분과 바이올라귀네스 팰트로 분의 의상에 자수 혹은 메탈 세공과 비즈 마무리로 역사적 감각과 동시대적 느낌이 들도록 디자인하였다. ⟨신데렐라⟩2015의 무도회 드레스는 블루, 라벤더, 그린, 라일락의 고사머 실크를 겹치고 레이어 안쪽에 모조보석을 달아 광택감을 표현하기도 했다.

4 | 2000년대 이후 조상경(1973-)

⟨피도 눈물도 없이⟩2002 이후 60편 가까운 영화의 의상과 미술을 담당하며 활동하고 있다. ⟨친절한 금자씨⟩2005, ⟨괴물⟩2006, ⟨타짜⟩2006, ⟨박쥐⟩2009, ⟨신세계⟩2013, ⟨군도⟩2014, ⟨상의원⟩2014, ⟨아가씨⟩2016 등 사극과 현대극을 넘나들며 한국 영화의 부흥에 일조하였다.

'영화의상은 스토리텔링과 이미지메이킹'이라고 믿는 그녀는 시나리오의 철저한 분석으로 작품 특유의 분위기와 배우의 이미지를 만들어가는 과정에 임한다. 여러 영화에 동시다발적으로 작업하면서도 스태프와의 협업으로 다양한 미감을 제시하여 국내외의 의상상을 수상하며 그 공로를 인정받고 있다.

영화의상의 예, 〈위대한 개츠비〉

《위대한 개츠비The Great Gatsby》는 1920년대 롱아일랜드의 부촌을 배경으로 백만장자 개츠비와 부유층 여성 데이지에 대한 그의 열정을 그린 미국 소설가 스콧 피츠제럴드F. Scott Fitzerald의 대표작이다. 사회적 격변과 과도함 속의 데카당스, 이상주의를 주제로 부와 사랑에 대한 문제를 포착하며 변질된 아메리칸 드림에 대한 경종을 울린 미국 문학의 고전으로 평가되고 있다.

4
미국 문학의 고전《위대한 개츠비》

플롯은 증권회사에서 일하며 웨스트에그 지역으로 이사한 닉 캐러웨이가 옆집에 사는 제이 개츠비의 파티에 초대받는 것으로 시작한다. 개츠비는 주말마다 계층에 상관없이 사람들을 초대하여 호화로운 파티를 여는데, 자신의 첫사랑이며 닉의 사촌 여동생인 데이지와의 만남을 청한다. 제1차 세계대전 중 데이지와 사랑에 빠졌으나 가난 때문에 이루어지지 못했던 개츠비는 부자가 되어 돌아왔으나 데이지는 톰 뷰캐넌과 결혼한 후이며, 이에 그와 남편 사이에서 갈등하는 내용을 다루고 있다.

복식사상 원작 시기의 패션트렌드는 스트레이트 로우웨이스트의 실루엣에 아르데코풍의 컬러와 장식, 기하학적인 문양이 특징이었다. 남성복의 경우 넓은 라펠에 허리선이 들어가고 바지폭이 넓은 옥스퍼드 백스 형태가 주축을 이루었다.

원작은 수차례에 걸쳐 연극, 영화, 뮤지컬, 오페라로 각색되었으며 6회에 걸쳐 영화화되었으나 특히 1974년 버전과 2013년 버전이 의상과 관련하여 논의되고 있다.

1 | 잭 클레이턴의 〈위대한 개츠비〉

1974년에 잭 클레이턴Jack Clayton이 감독한 〈위대한 개츠비〉1974는 프랜시스 포드 코폴라Francis Ford Coppola 각본에 샘 워터스톤Sam Waterston, 미아 패로Mia Farrow, 로버트 레드퍼드Robert Redford 주연으로 1920년대 의상을 우아하게 표현하고 있다. 석유 파동 이후 불황기였던 제작 당시의 상황에 맞추어, 의상 디자이너인 티오니 알드리지Theoni V. Aldredge가 노스탤직한 분위기로 디자인하여 당시 아카데미 의상상을 받았다.

여주인공 데이지의 의상은 흰색과 파스텔톤을 사용하여 디자인되었다. 전형적인 당대의 스트레이트 실루엣 드레스와 A라인 케이프 앙상블을 주 아이템으로 하면서 챙이 넓은 밀짚모자와 진주목걸이, 긴 스카프를 매치시켰다. 밝고 꿈꾸는 듯한 이미지를 부각시키고 비즈, 패고팅, 자수, 리본, 꽃 등의 장식적 요소를 사용해 여성스러운 이미지를 표현하였다.

케이프에 사용된 플리츠는 입체적 조형미를 부각시키고 비치는 소재를 사용하여 사랑스러운 이미지를 강조한다. 이국적 요소의 액세서리, 은색 비즈드레스와 클로슈 모자의 앙상블, 행커치프 패널의 바이어스 스커트 라인은 화려하고 율동적으로 1920년대 입체주의의 영향을 보여 준다. 운동복은 실용성과 기능성을 바탕으로 저지와 면 소재에 플리츠 디테일, 마름모 문양의 패턴을 사용하였다.[13]

개츠비로버트 레드퍼드 분는 랄프 로렌 슈트를 착용하였는데 연한 핑크의 스리피스 슈트는 당시 개츠비 룩으로 화제가 되었다. 외출 시 화이트와 파스텔톤의 핑크, 블루 컬러의 슈트와 셔츠를 주로 입고 엉덩이 길이 재킷에 베스트를 착용하여 흐트러짐 없는 신사 차림을 한다. 이브닝에는 블랙 컬러 정장에 보우타이로 깔끔하게 연출하였다.

닉은 개츠비보다는 캐주얼한 캐릭터와 의상으로 등장한다. 화이트 컬러나 블루 계열의 정장에 기하학적 패턴의 넥타이와 셔츠를 착용하여 차분하게 보이며 이브닝에도 블랙 대신 네이비 정장을 착용하였다.

제작 당시 촉망받던 패션디자이너 랄프 로렌은 이 영화에서 고전적 기품이 있는 우아한 슈트, 폭넓은 넥타이, 고급 캐주얼 셔츠에 니트 카디건 등 다양한 상류층 의상을 시각적으로 재현하여 성공하였고 선풍적 인기로 유럽에 진출하여 세계적 디자이너로 발돋움하였다.

2 | 바즈 루어만의 〈위대한 개츠비〉

바즈 루어만Baz Luhrmann이 감독한 〈위대한 개츠비〉2013는 리어나도 디캐프리오Leonardo DiCaprio, 토비 맥과이어Tobey Maguire, 캐리 멀리건Carey Mulligan, 조얼 에드거톤Joel Edgerton 주연으로, 다양하고 현란한 의상과 공간 연출, 조명으로 눈을 매료시키는 스펙터클한 패션을 보여 주었다. 의상은 개봉 시기의 트렌드를 반영하여 1974년 버전보다 자유분방하고 캐주얼하게 디자인되었다. 루어만 감독의 부인이며 영화 〈물랭 루주〉, 〈로미오와 줄리엣〉 의상을 맡아 했던 캐서린 마틴Catherine Martin은 프라다Prada, 브룩스 브러더스Brookes Brothers, 티파니Tiffany 등의 브랜드와 협업하였으며 영화 개봉 후 세계 각지에서 전시회를 개최하고 86회 아카데미 의상상을 수상하였다.

패션디자이너 미우치아 프라다는 극 중 40여 벌의 파티 드레스를 디자인하였다. 자신의 과거 컬렉션 중에 1920년대의 영감에 맞는 아이템들을 선택하여 컬러를 화려하게 수정하고 라메, 세퀸, 실크 태피타와 인조 모피를 사용하여 영화의상으로 제시하였다.[14)]

데이지가 입은 샹들리에 드레스는 원래 프라다의 2010년 S/S 컬렉션 작품으로, 스킨 컬러의 얇은 소재에 크리스털 장식을 달아 매우 화려하며 3D 필름에서 돋보이도록 디자인된 것이다. 또한 당대 유행인 로우웨이스트 드레스를 피하고 슬리브리스나 튜브톱으로 팔과 어깨를 드러내며 불규칙적인 헴 라인으로 동적이며 우아하게 표현하여 1920년대 트렌드와 현재를 조합하였다.

데이지는 이 영화에서 1970년대 버전의 챙 넓은 모자 대신 보브 단발에 어울리는 헤어핀과 헤어피스를 착용하였다. 티파니는 30여 점의 보석을 협업하면서 데이지의 속물적인 캐릭터에 맞추어 럭셔리한 아르데코풍을 강조하였으며 귀엽고 발랄하게 연출하였다.[15]

남성복은 브룩스 브러더스의 제품으로, 본사 디자인보관소에 있던 의상을 토대로 당시 스타일을 고증하여 남성복 500벌과 소품 등을 제작하였다. 개츠비가 데이지를 처음 만난 장면의 블루 핀 스트라이프 셔츠와 크림색 플란넬 슈트, 1974년 영화에서 화제가 되었던 개츠비 슈트는 그대로 재현되었다.

5
바즈 루어만 감독의 〈위대한 개츠비〉 촬영에 사용된 자동차.

이외에도 개츠비는 일상복으로 카디건과 아이보리 정장 슈트를 착용하며 패턴이 들어간 타이를 착용하였다. 속물적이고도 순정적인 그의 이중적 캐릭터를 표현하기 위해 블랙 컬러의 피크드 라펠 재킷과 부드러운 촉감의 니트 패션을 병행하여 착용한 것이다. 행커치프와 서스펜더, 부토니에를 매치하여 모던하면서도 트렌디한 스타일을 선보이고 헤어는 깔끔한 2 : 8 가르마로 샤프하고 감각적으로 연출하였다.

반면 닉은 파나마모자를 자주 착용하고 브라운 컬러의 정장을 입으며 플란넬이나 트위드로 만든 노치드 라펠 재킷으로 온화한 분위기를 풍기도록 하였다. 평상시에는 타이 없이 와이셔츠와 재킷만 착용하기도 한다. 남성복 바지통은 1974년 버전보다 좁게 하여 날씬한 라인을 강조하였으며 형태를 단순화하여 강렬한 분위기를 살렸다.

영화의상은 때때로 당대의 고증보다는 영화 제작 당시의 감각이 첨가되어 대중에게 어필한다. 또한 패션브랜드와의 협업으로 현재의 트렌드에 맞는 감각으로 새로이 해석되어 프로모션의 일환으로 언론의 화제를 모으며 유행을 이끌기도 한다.[16)]

참고 문헌

1) Louis Gianetti(1988). 《영화의 형식과 이해》, 김학용 역, 서울: 도서출판 도스토예프스키, p.3.

2) 김현숙(1995). 《무대의상 디자인의 세계》, 서울: 고려원, p.31.

3) Stella Bruzzi(1997). *Undressing Cinema: Clothing and Identity in the Movies*, London: Routledge, pp.xiii-xxi.

4) 김유선(2013). 《영화의상》, 서울: 커뮤니케이션북스.

5) 김유선(2009). 《영화의상 디자인》, 서울: 커뮤니케이션북스.

6) http://blog.naver.com/lakeside06/50175783209

7) 유수경 (2016) "아가씨' 속 의상은 말을 한다", 뉴스1, http://news1.kr/articles/?2657661

8) 이우연(2013). "장예모 감독의 영화의상에 나타난 색채 이미지 분석", 경희대학교 석사학위논문.

9) 김유선(2013). op.cit., pp.41-70.

10) http://blog.naver.com/cinemaplus/220203770930

11) 이정희(1996). "에디트 헤드의 작품을 통해 본 영화의상에 관한 연구", 《복식문화연구》 4(2), pp.236-243.

12) 김유선(2013). op.cit., pp.143-144.

13) 김혜진, 지수현, 김귀옥, 여인자, 양은진(2913). “영화 〈위대한 개츠비〉에 나타난 1920년대 패션과 헤어스타일 분석-1974년과 2013년 작품 비교를 중심으로”, 〈한국미용예술학회지〉 7(3), pp.199-210.

14) 김지미, “위대한 개츠비, 141분의 런웨이”, MK 뉴스, 2013/6/14.

15) http://www.cine21.com/news/view/?mag_id=85286

http://blog.naver.com/synermaplus/220725540631

16) 남윤정(2013). “클레이튼의 〈위대한 개츠비〉의 여성, 계급, 화자 재현”, 건국대학교 석사학위논문.

7 영화의상과 패션프로모션

패션브랜드와 영화의상

1 | 영화의 패션 프로모션

패션 프로모션을 위해 영화가 사용된 예는 할리우드 시대 이전인 1910년대부터 기록을 찾을 수 있다. 당시에는 패션쇼를 소재로 한 영화가 상영되었는데, 파테Pathé 사에서 1911년 오트 쿠튀르 컬렉션 시리즈 영화를 제작하였다. 샤넬과 스키아파렐리, 디오르 등 파리 쿠튀리에들은 할리우드의 영화의상 제작에 직접 참여하기도 했으며 1920년대 말 할리우드는 마들렌 비오네Madeleine Vionnet의 바이어스 컷 드레스와 같은 파리의 혁신적인 디자인을 수용하여 글래머러스한 여성성을 보여 주었다.

영화산업이 발전하면서 패션산업과의 시너지 효과를 일으키는 상호판촉이 시도되었다. 스타가 보증하는 광고, 끼워팔기tie-in를 통한 영화의상 복제품의 머천다이징과 영화 속 PPLproduct placement, 그리고 영화 개봉을 앞둔 패션 홍보 등이 바로 그것이다.[1] 영화 제작자들은 뉴욕에 모던 머천다이징 사무소를 설립하여 영화의상을 일반 여성들이 실제로 입을 수 있게 제공하였고, 영화에서 영감을 받은 패션을 제조하는 패션기업이 설립되었다. 1929년 말 뉴욕의 백화점에서는 스타를 닮은 점원들이 직접 할리우드 패션을 착용하고 판매하였다. 메이시스Macy's 백화점은 시네마 숍 부서에서 영화의상 복제품을 기성복으로 만들어 판매했으며 영화 역사상 가장 큰 유행을 불러일으킨, 영화 〈레티 린턴Letty Lynton〉1932의 드레스를 50만 벌 이상 판매했다는 기록이 있다. 또한 옷본을 판매하여 일반 중류층 여성들도 직접 만들어 영화의상 복제품을 착용할 수 있도록 했다.

역으로 패션산업에 악영향을 준 경우도 있다. 로맨틱 코미디 영화 〈어느 날 밤에 생긴 일It happened one night〉1934에서는 극 중 우연히 한 방에 있게 된 여성 앞에서 겉옷을 벗어 던진 클라크 게이블Clark Gable이 속옷을 입지 않고 웃통을 드러내는 장면이 등장하는데, 이후 미국의 남성 언더웨어 매출이 30% 이상 감소하는 현상이 일어나기도 하였다.[2)]

1950년대 위베르 드 지방시Hubert de Givenchy는 〈사브리나Sabrina〉1954에서 오드리 헵번의 의상을 제작하면서 스타와 디자이너 브랜드 간의 새로운 관계를 형성하였다. 깨끗한 라인과 독창적이고 격조 있는 품위로 대변되는 지방시의 패션디자인은 헵번의 청순함과 어우러져 상류층의 오트 쿠튀르 이미지를 영화 속에 전달하였다. 이후 영화 속에서 의상은 스타의 지위를 부여받게 되었으며 쿠튀리에들은 자기 브랜드를 홍보하고 새로운 디자인을 제시하기 위해 영화를 적극적으로 이용하였다. 이때부터 영화의상이 더 이상 내러티브나 캐릭터에 종속되지 않고 독자적인 분야로 발전하는 기틀이 마련되었다.

유명 패션디자이너와 영화 스튜디오 간의 합작으로 이루어지는 형태를 '프로모 코스튜밍promo costuming'이라 하는데, 이는 패션디자이너가 전체 의상 컬렉션을 제공하여 영화 제작자에게 재정적인 도움을 주는 방식이다.[3)] 프로모 코스튜밍을 통해 이브 생로랑, 랄프 로렌, 조르조 아르마니, 니노 세루티 등의 디자이너들은 평범해 보이는 스타일로 스펙터클하지 않아도 과시적 수단이 될 수 있음을 보여 주었다.

특히 랄프 로렌은 영화의상 협찬을 통해 브랜드의 인지도를 높이고 브랜드 가치를 상승시킴과 동시에 새로운 스타일을 창조하고 유행시켰다. 〈위대한 개츠비〉1974에서는 고전적 우아함과 현대적 아름다움을 갖춘 폴로 브랜드를 주인공에게 착용시켜 개츠비 룩을 탄생시켰다. 〈애니 홀Annie Hall〉1977에서는 전문직 종사자이자 엘리트 여성인 다이안 키튼이 폴로의 매니시 룩을 착용하고 출연하여 브랜드의 주 고객층을 확대하는 데 도움을 주었다.

2 | 스타일리스트와 영화의상

할리우드 황금기의 맞춤복 영화의상은 제2차 세계대전 이후 기성복으로 일반화되었고, 뮤지컬 영화 〈웨스트 사이드 스토리〉1961는 기성복으로 아카데미 영화의상상을 수상한 최초의 영화가 되었다. 이후 영화의상을 자체제작하거나 협업과 협찬을 통한 기성복 사용이 병행되고 있는데, 최근에는 스타일리스트Stylist들이 영화 및 드라마 제작 단계부터 개입하는 일이 빈번해지고 있다.

스타일리스트는 클라이언트가 요구한 조건에 맞게 그를 꾸며 주는 역할을 하는데, 이를 위해 직접 옷을 만들기도 하고, 어울리는 핏과 개성 있는 룩을 위해 리폼을 하거나 디자이너에게 의뢰하여 맞춤 제작을 한다. 그들은 광고, 캣워크, 뮤직비디오, 레드카펫 등 다양한 분야에서 효과적인 아이템의 조합과 룩으로 적절한 이미지를 제시한다.[4]

'스타일리스트'라는 단어는 1930년대부터 잡지에 사용되었으나 2000년대 들어 주목받기 시작하였다. 대중문화에서 시각적으로 이미지를 표현하는 일이 중요해지면서 셀레브리티들이 패션을 창의적인 표현의 도구로 사용하는 스타일리스트들과 긴밀하게 작업하고 있다.

퍼트리샤 필드Patricia Field는 드라마 〈섹스 앤 더 시티Sex and the City〉, 영화 〈악마는 프라다를 입는다〉의 의상 담당자로, 디자이너 브랜드 등 하이패션을 대중적으로 알려 TV에 등장하는 패션을 완전히 바꾸어 놓은 스타일리스트이다. 그녀는 자신이 가진 개성을 캐릭터에 그대로 반영하고, 디자이너 라벨과 빈티지를 믹스 앤 매치하여 극 중 인물들의 스타일을 전 세계 여성들이 따라 하고 싶게 만들었다.[5]

에릭 다만Eric Daman은 6시즌에 걸친 TV 드라마 〈가십 걸Gossip Girl〉2007~2012에서 업타운 걸 패션을 선보이며 주인공 세레나Serena, 블레이크 라이블리 분에게 자유분방한 럭셔리 스타일을, 블레어Blair, 레이턴 미스터 분에게 우아하고 단정한 상속녀 스타일로 미국 뉴욕 상류층 패션을 전한 스타일리스트이다.

국내 TV 프로그램의 경우 특정 스타일리스트를 기용하지는 않으나 2010년 이후

PPL,Product Placement 광고를 통한 브랜드의 노출이 허용되면서 방송 중 상품을 소품으로 사용하는 일이 빈번해지고 있다. 주인공을 맡은 배우의 스타일리스트가 개인적으로 협찬을 받거나, 제작사에서 주인공의 직업 환경, 드라마 속의 배경, 상황에 맞는 상품 협찬과 제작 지원을 받는다. PPL은 시청자들의 잠재의식을 자극하여 소비패턴에까지 영향력을 미치는 효과가 있는 것으로 평가되나, 극중 스토리의 몰입에 방해되지 않는 자연스러운 제시가 이루어질 수 있도록 프로그램 제작 단계에서부터 통합적으로 접근하는 마케팅 활동이 필요한 상황이다.[6)]

3 | TV 드라마 및 영화의상의 예, 〈섹스 앤 더 시티〉

미국 HBO 드라마 〈섹스 앤 더 시티〉는 1998년 방영 이래 즉각적으로 히트를 치고, 시즌 6까지 이어지면서 타 방송사를 압도한 프로그램이다. 각종 상을 휩쓸면서 아시아, 오세아니아, 유럽 전역과 캐나다에서 전 세계적인 인기를 얻게 되었다.[7)]

원작은 작가 캔디스 부시넬Candace Bushnell의 1996년 동명 소설로서, 뉴욕 맨해튼을 배경으로 개성적인 30대 커리어우먼의 생활을 그린 내용이다. 등장인물은 섹스 칼럼니스트 캐리Carrie, 홍보회사 이사 서맨사Samantha, 변호사 미란다Miranda, 예술품 딜러 샬럿Charlotte 등 4명의 미혼 여성이다. 각각의 에피소드는 캐리가 다음 회 칼럼을 쓰기 위해 자료를 모으면서 친구들과 함께 성 경험과 데이트 경험에 대해 견해를 피력하는 것으로 시작된다. 이에 현대 여성상과 싱글 여성의 성, 섹슈얼리티와 관계, 패션트렌드에 대한 도발적인 주제들을 다루었다. 미혼의 독신 여성들이 대도시에서 수많은 사람과 부딪히며 자신의 자유와 개성을 보호하고 타인과의 관계를 설정해 나가는 모습을 그리면서 그들의 사랑과 취미, 소비성향을 표출하였다.

이 드라마는 뉴욕 스타일의 삶과 패션을 대변하는 것으로 평가되었다. 제작자인 대런 스타Darren Star는 이 드라마 자체에 예술영화적 미적 가치와 고급 브랜드로서의 정체성을 부여하려고 했고, 기획의도부터 "패션이 정말로 중요해지기를 바랐다."[8]며 드라마에 최신 유행의 고급 디자이너 이미지를 덧입혀 소비자들이 부러워할 만한 라이프스타일을 구축하도록 연출하였다.

의상을 맡은 스타일리스트 퍼트리샤 필드Patricia Field는 영화 〈악마는 프라다를 입는다〉, TV 드라마 〈어글리 베티〉 시리즈물의 의상을 담당한 인물로, 이 드라마로 에미상을 비롯한 여러 의상상과 여론의 관심을 받았다. 그녀는 배우, 캐릭터, 의상이 정삼각형을 이루는 각각의 꼭짓점이 된다고 믿는다.[9] 즉 드라마의상은 캐릭터와 연기를 보조하는 것만이 아니라 화려한 볼거리를 제공하는 패션이 된다는 것이다. 따라서 〈섹스 앤 더 시티〉에는 압도될 정도로 많은 의상이 제공되며, 주인공들의 화려한 등장이 두드러지는 장면에서 시선을 모아, 패션이 독립적인 존재감을 가지면서 때로는 내러티브의 흐름을 분산시키며 저지하고 조율하게 된다.

1998년의 첫 에피소드에서는 전형적인 의상 코드를 통해 캐릭터를 확립하였다. 세라 제시카 파커가 연기한 캐리는 표범무늬 원피스에 빈티지 반지를 끼고 나와 까다로운 성격의 로맨틱 드라마 여주인공임을 나타내고, 미란다는 빳빳한 옷을 입어 법률사무소의 변호사임을 드러내는 것이다. 이후 내러티브의 전개에 따라 등장인물들은 패션을 통해 발전하고 구분되며, 패션에 독립된 중요성을 부여하게 된다.[10]

캐리는 디자이너 의상과 구두에 대한 과시적 소비와, 다양한 의상과 액세서리의 과감한 매치로 개인의 표현으로서의 패션을 자유롭게 즐기는 여성으로 등장한다. 핑크 타이츠와 흰색의 짧은 투투 드레스로 시선을 잡아끌며 까다로운 스타일과 로맨틱함을 강조하였다. 믹스 앤 매치에 있어서 노출이 심한 슬리브리스 원피스 같은 디자이너 의상, 그리고 짧은 핫팬츠, 튜브 스타일의 탑 같은 빈티지 아이템을 선택한다. 액세서리로는 에르메스의 말발굽 목걸이, 극 중 이름을 알파벳으로 제작한 목걸이, 디오르Dior의 사과 마크 목걸이와 같이 독특한 것을 선호하며 디자이너 브랜드 구두에 대해 집착적인 관심을 보여 지미 추Jimmy Choo와 마놀로 블라닉Manolo Blahnik이 부각되었다.

의상에 있어서 반대되는 스타일을 표현한 것은 샬럿으로, 재키 스타일Jackie Style로 대변되는 고전적이고 보수적인 미국 동부 상류층 여성 패션을 선택하였다. 극 중 순진한 로맨티스트로 꿈 같은 사랑을 기대하는 예술품 딜러로 등장한다. 여성스러운 물방울무늬 원피스에 클래식한 샤넬 퀼트 숄더백을 매치하거나, 트렌치코트와 핑크 핸드백, 모자의 귀족적인 스타일, 보우로 악센트를 준 체크무늬 원피스와 다이아몬드 팔찌 등 로맨틱한 스타일과 작고 귀여운 액세서리가 특징적인 단아하고 우아한 패션을 선보인다.

서맨사는 깊게 파인 네크라인으로 에로틱한 노출을 직접적으로 나타낸다. 일과 자유분방한 성관계를 즐기는 홍보직 관련 여성으로, 주로 1970년대와 1980년대에 대한 오마주를 표현하는 의상으로 등장한다. 낮에는 전형적인 슈트와 펜슬 타이트스커트, 실크 블라우스의 사무복, 밤에는 부드러운 실크나 저지의 드레스를 선보인다. 화려한 컬러와 촉감 좋은 재질의 섹시하고 과감한 스타일로 평범함을 거부하는 드라마틱한 패션과 액세서리를 선호한다.

냉소적이고 지적인 변호사이며 미혼모인 미란다는 직업적 성향을 드러내는 패션을 주로 보여 준다. 화려하지 않은 수수한 컬러와 편안한 의상에 짧은 빨간 머리의 개성 있는 스타일을 보여 준다. 팬츠 슈트에 스트라이프 셔츠의 모던한 스타일이나 깔끔한 커리어우먼의 전형적인 차림새가 대표적이며, 아르마니의 지적인 파스텔톤 슈트와 가죽을 장식한 다크 브라운 컬러 드레스 등의 미니멀 스타일에 독특한 소품으로 포인트를 준다.

2003년부터 HBO는 각 에피소드를 방영한 후 드라마에 나온 명품 드레스와 인기 있는 아이템을 웹사이트상에서 경매하기 시작하였다. 극 중 브래드쇼가 들고 나왔던 유일한 품목이라는 인식에서 소비자들은 중고임에도 기꺼이 원가의 몇십 배에 달하는 금액을 지불하였다. 파커는 패션아이콘으로서 뉴욕 스타일을 대변하게 된다. 펜디Fendi의 바게트 백, 에르메스의 말발굽 목걸이, 선명한 레드 컬러의 마놀로 블라닉 하이힐 등은 이 드라마가 유행시킨 대표적인 아이템이다.

마놀로 블라닉은 구두계의 미켈란젤로라 불릴 정도로 섹시하고 기능적인 구두를 직접 만드는 장인으로, 다리가 길어 보이는 하이힐을 디자인한다. 그는 끝이 날카로운 아찔한 굽에 보석이 달린 얇은 가죽끈으로 발목을 감싸는 환상적인 형태로 매력적이면서도 도도한 도시적 모더니티와 여성성을 표현한다.

2008년과 2010년에는 동명의 영화와 2013년 프리퀄 시리즈물이 제작되었다. 영화 1편에서는 300벌의 앙상블이 사용되어 비비안 웨스트우드의 웨딩드레스와 H. 스턴H. Stern의 주얼리 등이 부각되었고, 2편에서는 아부다비로의 여행과 룩을 통해 네 주인공들의 삶과 패션을 그렸다. 속편이 더 제작되리라는 뉴스보도에서 나타나듯이, 〈섹스 앤 더 시티〉는 스토리 속 인물보다 그 옷을 보도록 의도한 드라마로서 시즌 엔딩 후에도 관객들에게 어필하고 있다.

영화의 패션 이미지와 스타일

1 | 여성 이미지와 스타일

영화에서 팜 파탈femme fatale은 신비한 매력으로 남성을 성적으로 종속시키거나 불행으로 이끄는 여성을 의미한다. 19세기 낭만주의 문학작품에서 남성을 죽음이나 죽음에 가까운 고통으로 몰고 가는 압도적인 매력과 관능적 힘을 지닌 악녀 혹은 요부를 의미한다. 1950년대 후반 프랑스의 영화잡지 〈카이에 뒤 시네마Cahier du Cinema〉의 평론가들은 미국 영화들을 분류하며 복잡하고 반전이 거듭되는 장르를 필름 누아르라고 정의하고 여기서 상황을 이끌어가는 운명의 여인을 팜 파탈이라 칭하면서 이 용어가 대중화되었다.

영화 속에서 팜 파탈은 음탕한 악녀로서 게걸스럽게 색을 탐하는 여성이나 냉혹하고 잔인하며 흡혈귀처럼 남성의 정액과 피를 빨아 생명을 이어가는 사악한 여자이다. 범죄를 저지르며 진실성이 의심되는 여성으로서 배우자와 가정이라는 가부장적 질서를 파괴하는 인물로 부정적으로 그려진다.

〈길다Gilda〉1946, 감독 찰스 비더, 의상 진 루이스의 전형적인 팜 파탈인 길다리타 헤이워스 분는 이브닝드레스와 실내복, 댄싱드레스의 화려함과 사치스러움으로 에로틱한 분위기를 자아낸다. 몸매가 드러나는 라인에 스트랩리스 네크라인과 슬릿을 사용하고, 블랙, 화이트, 밝은 단색 색상에 가볍고 반투명한 소재나 실크, 매끄러운 새틴, 풍성한 깃털과 모피가 디자인 요소가 된다.

〈타짜〉2006의 정 마담김혜수 분 또한 실루엣을 그대로 드러내는 피티드 라인에 가슴을 깊이 판 네크라인이나 홀터넥, 블랙이나 레드의 원색, 광택 있는 소재나 시스루로 관능성을 강조한 전형적인 팜 파탈의 이미지를 보여 준다. 과감한 포즈와 화려한 액세서리, 담배의 소품을 사용하여 육감적인 글래머를 강조한다.

영화 속 나쁜 여자들은 길게 풀어헤친 머리에 노출이 심한 의상, 진한 아이라인과 립스틱의 메이크업으로 섹슈얼리티를 강조하고 강한 여성을 이미지화한다.[11] 반면 단정한 금발에 완벽한 메이크업을 한 필름 누아르의 팜 파탈은 정숙한 여성 속의 의외성을 보여 준다.

〈이중 배상Double Indemnity〉1944, 감독 빌리 와인더, 의상 에디트 헤드의 금발 미녀 필리스바바라 스탠윅 분는 교묘한 성적 어필로 남자들을 살인하게 만드는 팜 파탈이다. 리본과 러플, 주름장식의 디테일에 무릎길이의 단순한 스커트, 클래식한 재킷으로 남성적 요소를 삽입하고, 화이트나 어두운 단색, 울 저지, 비스코스의 부드러운 소재로 어둡지만 매혹적인 캐릭터를 표현하였다.[12]

〈친절한 금자씨〉2005, 감독 박찬욱, 의상 조상경의 금자이영애 분는 친절한 미소 속에 복수를 준비하는 다중적이고 강인한 팜 파탈이다. 영화의상은 세련된 복고 스타일로, 복수를 계획하거나 행동할 때는 물방울 시폰 원피스와 검정 선글라스, 더블브레스티드의 블루 코트와 진한 메이크업, 광택 있는 가죽 소재의 타이트 코트를 착용하고 순수한 본성을 강조할 때는 아이보리 원피스 잠옷, 앞부분 체크무늬 장식의 흰색 제빵사 유니폼을 착용하여 선과 악의 공존을 상징적으로 표현하였다.[13]

특히 10대 소녀가 가정을 붕괴시키며 파멸로 이끄는 성적 매력을 가진 경우 롤리타로 구분되기도 한다. 〈롤리타Lolita〉1962, 감독 스탠리 큐브릭, 의상 진 코핀는 러시아계 미국 작가 블라디미르 나보코프Vladmir Nabokov의 원작 소설로 중년 남성 험버트와 14세 소녀 롤리타의 비윤리적인 사랑을 그렸다. 여기서 롤리타수 라이온 분는 순수한 이미지와 요부의 이중적 팜 파탈로 등장한다. 발레리나 스타일로 소녀적 감성에 신비하고 몽환적인 이미지를 연출하거나 틴에이저 스타일로 순수함을 강조하는 한편, 관능적 노출과 뇌쇄적인 눈빛으로 비키니를 착용하고 스틸레토힐과 풍성한 스커트로 내재된 욕망의 분출을 유도한다.[14] 이러한 롤리타 이미지는 패션에서 디자이너 카스텔바작이나 모스키노, 벳

시 존슨의 소녀취향적 스타일로 표현되었으며 일본의 10대 소녀 하위문화스타일로 이어지고 있다.

팜 파탈은 여성 권위의 신장과 포스트모더니즘의 영향으로 여성 시각이 반영되면서 새로운 긍정적 도상으로 바뀌고 있다. 즉 과거의 남성 시각이 창조한 부정적 도상에서부터 변화하여, 남성 권력에 대항하는 정체성의 주체로 떠오르게 되었다. 영화의 상으로서의 팜 파탈의 의상 또한 경제력 있는 여성들의 욕구를 충족시켜 줄 도구로 다양하게 나타나고 있다.[15)]

〈디스클로저Disclosure〉1994, 감독 배리 레빈슨에서 여성 직장 상사로서 직원 톰을 유혹하는 메레디스데미 무어 분는 간부사원의 위치를 드러내는 비즈니스 슈트에 이어링, 스타킹을 신지 않은 맨다리와 하이힐로 남성을 유혹한다. 간결한 흰 블라우스와 줄무늬 슈트에서 남성적인 권위를 담으며 여성적인 매력을 겸비한 현대적인 팜 파탈이 된다.[16)]

또한 핀업걸pin-up girl은 흔히 섹스 심벌의 이미지를 가진 모델이나 글래머 여배우들을 뜻하는 말로, 이들이 신문이나 잡지, 석판화, 엽서 등 다양한 매체를 통해 알려져서 그 사진을 벽에 걸어놓은 경우에서 명칭이 생겨난 것으로 보인다. 그들은 육감적인 가슴과 잘록한 허리, 긴 다리를 강조하며 유머러스하고 백치미 넘치는 성욕 과잉의 관능적인 포즈로 촬영된다. 허리를 묶는 슬리브리스 셔츠, 미니 플레어 원피스로 신체 라인을 강조하고 원색 혹은 발랄한 도트무늬나 꽃무늬 패턴이 선호되며 굽 높은 스트랩 슈즈나 헤어밴드 등을 액세서리로 활용한다.[17)]

1940년대 인기있던 여배우 베티 그레이블Betty Grable은 대표적인 핀업걸로, 짧은 셔츠에 핫팬츠, 허리를 강조한 벨트 차림으로 뒤돌아서서 어깨 너머를 돌아보던 그녀의 흑백 핀업사진은 제2차 대전 당시 많은 미군들의 사물함에 붙어 있었다고 한다. 메릴린 먼로 또한 1950년대 핀업걸로 기성복이나 실용적 소재의 중산계층의 의복에 낙천적인 표정을 짓는 전형적인 여성 스타일로 육감적인 몸매를 강조하여 남성 시각에 어필하도록 연출되었다.

한편 글래머glamour는 마법을 뜻하는 스코틀랜드 고어 'gremarye'를 어원으로 하는 말로 우아함과 사치스러움, 화려함과 아름다움을 마법과 같은 방식으로 발휘하여 보는 사람들을 현혹시키거나 끌리게 하는 매력을 의미한다. 그 기원은 19세기 귀족계층의 엘레강스와 럭셔리, 고급창부 코르티잔들이 지닌 매력에서 출발한 것으로 알려져 있다.[18] 1930년대 할리우드에서 스타들은 글래머의 럭셔리와 섹스어필로 관객들을 매료시켰다. 배우의 신체적 매력을 클로즈업으로 강조하고 값비싼 모피와 호화스런 세트로 관객의 흥미를 끌고 유혹한다.[19] 모랭Morin은 요부, 애인, 숫처녀의 일종의 조합에 의해 글래머가 탄생하였다면서 음란한 여성의 옷차림으로 요부와 같은 섹스어필을 갖고 있지만 영화 말미에 순수한 영혼을 지니고 있음이 드러난다고 하였다.[20]

〈백만장자와 결혼하는 법How to Marry a Millionaire〉1953, 감독 진 네글레스코은 당시 최고의 핀업걸 메릴린 먼로, 베티 그레이블과 로렌 바콜이 출연했던 영화로, 스트랩리스 레드 원피스 수영복을 입은 먼로와 핫팬츠 차림의 그레이블, 플레어스커트 차림의 바콜이 인상깊은 글래머의 매력을 보여 준 영화였다.

영화 〈하녀〉2010, 감독 임상수에서 상류층 대저택의 하녀로 주인의 유혹을 받아들이는 은이전도연 분는 신체 곡선을 강조하는 블라우스와 타이트스커트의 흑백 메이드복을 입고 청소를 할 때도 하이힐을 신는 모습으로 청순 글래머의 에로틱한 분위기를 보여준다.[21]

2 | 남성 이미지와 스타일

1930년대와 40년대 영화의상에 있어서 패션에 대한 관심이 남성답지 않은 행동이라는 일반적 견해에 따라, 유능함과 남자다움을 슈트의 의복 유형으로 표현하였다. 슈트는 남성성을 나타내는 대표적인 아이템이며 수수한 유니폼으로서 케리 그랜트Cary Grant와 클라크 게이블Clark Gable 등의 이상적인 남성 이미지로 나타났다. 셔츠, 바지, 재킷, 중절모 등이 기본으로 색상과 직물에서 약간의 차이를 나타내는 것이 보통이다.[22]

1950년대 말부터 나타난 반항아 말런 브랜도와 제임스 딘의 패션은 가죽 재킷과 진, 면 티셔츠로 나타났다. 신체를 드러내는 티셔츠는 근육질의 몸매를 드러내고, 타이를 매거나 단추를 잠그지 않은 차림으로 기성세대의 사회적 인습에 저항하였다.

뉴 맨New Man이라는 이름의 새로운 남성상은 패션을 인식하고 소비하는 나르시시즘적인 이미지이다. 리처드 기어 주연의 〈아메리칸 지골로American Gigolo〉1980는 디자이너 조르조 아르마니의 영화의상이 협찬된 첫 영화로 엘리트 매춘부 남성이라는 미묘한 에로티시즘과 도회적 감각을 세련된 스타일로 창조하였다. 아르마니는 남성을 위한 비구조적인 재킷을 소개하고 캐주얼하게 입도록 스타일의 혁신을 이루었다. 이로써 남성들은 엄격하게 보이기보다 젊고 매력적이며 미묘하게 여성적으로 보일 기회를 갖게 되면서 새로운 정체성을 갖게 된다.[23)]

아르마니는 패션산업과 영화를 연계하여 마케팅에 활용하였는데, 이후로도 100편 이상의 영화의상을 담당하였다. 〈언터처블Untouchables〉1987에서는 1920년대 시카고 갱단을 배경으로 한 패션으로 복고 열풍을 일으켰으며, 〈가타카Gattaca〉1997에서는 차가운 느낌의 미래 의상을 선보이며 새로운 이미지를 대중들에게 각인시켰다.[24)]

뉴 맨에 대한 반향으로 폭력적일 정도로 강인하고 마초적인 남성성은 아널드 슈워제네거, 실베스터 스탤론처럼 절대적인 힘을 가지고 상의를 벗은 남성의 육체, 부츠, 진 등의 영화의상으로 나타난다.

레드카펫 패션

영화배우들의 레드카펫 패션은 아카데미 시상식이나 그 외 주요 시상식장, 영화 시사회, 기타 중요행사의 레드카펫에 스타들이 착용하고 나오는 패션을 의미한다. 흔히 오스카 스타일이라고도 하며, 스타들은 극 중 역할에서 벗어나 자신의 개성을 보여 주는 기회가 된다.[25] 스타가 중심이 되는 영화제와 같은 대규모 미디어 이벤트는 할리우드의 스타 시스템과 결합하여 다양한 스타일의 패션과 문화상품의 소비를 촉진시키는 장치들로 이용된다.

지난 75년간 오스카 시상식에서 유명 여배우들의 럭셔리하고 글래머러스한 패션 스타일은 동경의 대상이 되어 왔다. 특히 1980년대 이후부터는 베르사체, 아르마니, 발렌티노, 샤넬, 베라 왕, 나르시소 로드리게즈, 프라다, 디오르 등 유명 디자이너의 패션으로 전개되면서 이를 홍보하고 스타일을 전파시키는 또 다른 형식의 패션쇼장으로 변화되었다.

한국 여배우들의 경우 1990년대 말부터 이브닝드레스 형태의 시상식 패션이 착용되기 시작하였으며 2004년 대종상 시상식에 베스트드레서상이 신설되면서 과감하고 관능적인 드레스가 다양하게 시도되었다. 청룡영화제, 대종상 영화제, 백상예술대상 시상식의 레드카펫에서 스포트라이트를 받고 이슈가 될 수 있는 포토존이 관행화되면서 영화제 레드카펫이 시간과 노력을 투자하는 열망이 당연시되는 장이 되었다. 최근 레드카펫 패션에서 특징적으로 나타나는 과시적 노출은, 여성의 노출이 시대적 미의식의 반영이나 여성성의 강조, 나르시시즘적 과시인 동시에 유희적 요소 및 이미지 재형성의 전략의 일환으로 채택되기 때문인 것으로 보인다.[26]

1
1920년대의 리틀 블랙 드레스를 재해석한 디자인(2010).

레드카펫 패션에서는 리틀 블랙 드레스와 빅 화이트 드레스가 대표적인 아이템으로 나타나며, 여기에 코스튬 주얼리를 액세서리로서 코디하는 것이 보통이다.

1 | 리틀 블랙 드레스

리틀 블랙 드레스little black dress는 원래 샤넬이 디자인한 검정색의 심플한 드레스이다. 1920년대의 기능주의와 실용주의적 시대정신에 기초하여 디자인한 새로운 스타일로, 장식을 제거한 단순하고 비장식적인 미적 이상을 창조한 것이다. 이는 기존 패션의 복잡한 라인과 구성에서 벗어나 기본적인 라인이나 형태로 환원된 구성방식을 통해 착용자의 얼굴과 카리스마에 모든 주의를 집중시킨다. 샤넬은 리틀 블랙 드레스에 절제된 형태의 검정색 재킷을 매치시키고 진주목걸이와 흰색 장갑을 코디함으로써 새로운 스타일을 창조하였고 이는 고급 취향의 여성들을 위한 일종의 유니폼이 되었다.

1961년 지방시는 영화 〈티파니에서 아침을Breakfast At Tiffany's〉의 의상에 리틀 블랙 드레스와 글래머적 요소를 가미하여 극 중 오드리 헵번의 캐릭터를 부각시켰다. 이 의상은 시대를 불문하고 빈번히 카피되어 하이웨이스트나 로우 플라운스의 블랙 시프트 드레스에 값비싼 보석 이어링, 선글라스, 깊이 눌러쓴 모자, 긴 장갑과 코트, 슈즈와 함께 연출되거나 발목 길이의 블랙 쉬스 이브닝드레스로 글리터한 보석과 높은 나비매듭 리본으로 장식한 헤어스타일과 조화되었다.

2 | 빅 화이트 드레스

할리우드 글래머는 1930년대에 바이어스 재단으로 제작된 빅 화이트 드레스big white dress에서 집약되어 나타난다. 이는 당시 파리에서 유행하던 비오네의 디자인을 대중화한 것으로서, 몸을 따라 흐르는 라인과 광택 소재의 흰 이브닝드레스에서 반복적으로 사용되는 형태이다.

진 할로Jean Harlow는 코르셋과 같은 속옷을 착용하지 않고 자연스러운 신체의 라인을 따라 흐르는 흰색 새틴으로 제작된 가운에 은빛 여우 모피를 매치시켜 럭셔리하고 글래머러스한 이미지를 배가시켰다. 메릴린 먼로의 홀터넥 드레스 역시 흰색의 플리츠 드레스로 이러한 빅 화이트 드레스의 변형이라 할 수 있다.

3 | 코스튬 주얼리

코스튬 주얼리costume jewelry는 밝고 다양한 색채의 화려한 이미테이션imitation 보석으로서 착용자의 다양한 개성 표현에 용이하다. 진품 보석과는 달리 적당히 저렴한 가격과 단명하는 유행주기에 적당하다는 특성 때문에 특히 미국인의 라이프스타일과 잘 어울리는 것으로 평가된다.[27)]

원래 쿠튀리에인 폴 푸아레Paul Poiret에 의해 고안된 것이었으나 대중적으로 널리 보급된 것은 샤넬이 리틀 블랙 드레스와 함께 사용하고 난 이후이다. 샤넬은 많은 양의 모조 보석을 이용한 코스튬 주얼리와 팔 윗부분에 착용하는 노예 팔찌를 시티 웨어city wear와 함께 코디하였다.

새로운 패션의 창조와 유행 전파에서 할리우드 영화의 영향력이 증대되면서 영화 스타들의 의상과 액세서리는 즉시 모방되어 판매되었다. 특히 코스튬 주얼리는 장식이 배제된 의복을 돋보이게 하는 액세서리로 사용되면서 폭발적인 인기를 끌었다.

참고 문헌

1) Sarah Berry(2000). *Screen Style: Fashion and Femininity in 1930s Hollywood*, Minneapolis: University of Minnesota Press. p.15.

2) Maria Costantino(1997). *Men' s Fashion in the Twentieth Century*, NY: Quite Specific Media Group, p.50.

3) Regine Englemeier & Peter W. Englemeier(1997). op.cit., p.20.

4) Luanne McLean & 장라윤(2013). *Contemporary Fashion Stylists*(세계의 패션 스타일리스트), 이상미 역, 서울: 투플러스북스, pp.8-11.

5) Ibid., pp.12-17.

6) 이성한 (2016). "'태양의 후예' 신드롬으로 본 드라마 간접광고(PPL)". 『조형미디어학』 19(2), 223-229.

7) http://en.wikipedia.org/wiki/Sex_and_the_City

8) Kim Akass & Janet McCabe(2008). *섹스 앤 더 시티 제대로 읽기*(Reading Sex and the City), 홍정은 역, 서울: 에디션더블유.

9) http://www.youtube.com/watch?v=1wG4thnlql0

10) 이지현, 정은숙(2004). "TV 드라마 의상에 나타난 스타일에 관한 연구-드라마 Sex and the City를 중심으로", 《복식》 54(2), pp.25-38.

11) 정세희(2000). "영화의상에 나타난 젠더 정체성". 숙명여자대학교 석사학위논문, p.46.

12) 김혜정(2011). "필름 누아르에 나타난 팜 파탈의 복식유형 연구", 《패션비즈니스학회지》 15(4), pp.1-15.

13) 장미영, 조규화(2008). "영화 〈친절한 금자씨〉의 복식과 상징성에 관한 연구 -주인공 복식을 중심으로", 《패션비즈니스학회지》 12(1), pp.16-29.

14) 김혜정, 이상례(2009). "스탠리 큐브릭의 영화 〈로리타(1962)〉에 나타난 의상의 상징성에 관한 연구", 《패션비즈니스학회지》 13(1), pp.152-166.

15) 권수현(2005). "팜 파탈의 도상 연구-영화의상을 중심으로", 《영화연구》 27, pp.7-34.

16) 정세희(2000). op.cit., p.49.

17) 이현지, 양은진(2013). "국내 여가수의 핀업걸 이미지 연구", 《한국미용예술학회지》 7(2), pp.57-66.

18) Réka C. V. Buckley & Stephen Gundle(2000). "Fashion and glamour", in Nicola White & Ian Griffiths, eds., *Fashion Business: Theory, Practice, Image*, Oxford, UK: Berg, pp.37-54.

19) 한수연, 양숙희(2006). "현대패션에 표현된 글래머 룩에 관한 연구(제1보)", 《한국의류학회지》 30(8), pp.1289-1290.

20) Edgar Morin(1957/1992). *Star*(스타: 스타를 통해 본 대중문화론), 이상률 역. 서울: 문예, pp.21-53.

21) 정한솔(2013). "1990년대 후반 이후 한국영화 여성 의상에 나타난 섹슈얼리티 이미지", 서울대학교 석사학위논문, pp.68-72.

22) 정세희, 양숙희(2002). "1990년대 영화의상에 나타난 젠더 정체성(I): 남성성, 여성성을 중심으로", 대한가정학회지 40(5), pp.63-78.

23) Aurora Fiorentini(2010). "Armani, Giorgio". in Valerie Steele, ed., *The Berg Companion to Fashion*, Oxford and NY: Berg, pp.25-27.

24) 남후선, 김순영(2005). 《영화로 보는 복식사》, 서울: 경춘사, p.104.

25) Reeve Chace(2003). *The Complete Book of Oscar Fashion: Variety' s 75 Years of Glamour on the Red Carpet*, NY: Reed Press.

26) 손지원, 김민자(2011). "한국 여배우의 레드카펫 패션에 나타난 노출의 의미", 《복식》 61(6), pp.146-159.

27) Gerda Buxbaum(2005). *Icons of Fashion*, NY: Prestel. pp.56-57.

8 영화의 패션아이콘

20세기 전반 패션아이콘

1 | 그레타 가르보

그레타 가르보Greta Garbo, 1905~1990는 스웨덴 출신의 할리우드 여배우로, 예측불가능하고 신비하며 이국적인 캐릭터로 은막을 사로잡으며 아카데미 여우주연상을 3회 수상한 바 있다.

1924년 스웨덴 영화에 조연으로 출연한 것을 보고 MGM의 루이스 B. 메이어Louis B. Mayer가 할리우드로 스카우트하여 국제적인 스타가 되었다. 원래 172cm의 키에 넓은 어깨, 가슴과 힙이 크지 않은 체형, 곱슬머리, 고르지 않은 치열을 지녔던 그녀는 MGM에서 다이어트와 치열교정, 성형수술, 헤어스타일링 및 메이크업을 거쳐 이미지메이킹 되었으며 소프트포커스의 흑백사진에서 진가를 발휘하는 흰 피부와 아름다운 눈동자, 긴 속눈썹으로 치명적이고 유혹적인 매력을 지닌 요부를 연기하였다.[1] 그녀는 이전의 열정적이고 불멸의 요부 역할을 했던 배우들과는 달리 도발적이면서도 관객들의 동정을 얻어내는 페르소나를 지녔다. 벨벳, 담비코트, 라메 등 화려한 소재의 영화의상을 주로 입었다.

1930년 이후에는 유성영화에 출연하였는데 〈마타 하리Mata Hari〉1931, 〈그랜드 호텔Grand Hotel〉1932, 〈크리스티나 여왕Queen Christina〉1933, 〈안나 카레니나Anna Karenina〉1935, 〈카미유Camille〉1936, 〈니노치카Ninotchika〉1939에서 관객을 사로잡으면서도 범접하기 어렵고 마치 지상의 존재가 아닌 듯한 이미지로 활동하였다. 현대물에서의 패션 스타일은 오버사이즈 울 트렌치코트나 남성용 실크 파자마, 흰 남성복 슈트 등 시대를 앞선 남성복 여성

스타일과 모자를 활용하였다. 섹시한 스파이 역할을 했던 영화 〈마타 하리〉 영화의상을 바탕으로 한 그레타 가르보 룩은 중간 길이의 스커트에 트렌치코트를 걸친 모습으로, 1930~1940년대 룩의 전형이 되었다. 또한 그녀가 즐겨 썼던 카플린 모자는 얼굴에 그림자가 질 정도의 넓은 챙으로 구성되어 세련됨과 퇴폐적인 감각을 잘 반영했으며 일명 가르보 해트라고 불린다.

우리나라에서 동백꽃 아가씨란 이름으로 개봉되었던 영화 〈카미유〉1936에서 MGM 스튜디오 디자이너 에이드리언은 가르보의 동작에 따라 풍성하고 사치스럽게 보이는 영화의상을 제작하였다. 19세기 말을 배경으로 한 이 시대극 영화에서 가르보의 속옷까지도 손바느질 작업으로 제작되었다고 항간에 알려질 정도였으며, 그 호화로움은 전설적이었다.

7
그레타 가르보가 요부 역할을 한 영화 〈마타 하리〉 속 한 장면. 라몬 노바로와 함께.

바르트에 따르면 가르보는 스틸 사진과 영화가 인간의 얼굴을 정지된 상태에서 포착하여 관객들을 깊은 황홀경에 빠뜨렸던 시대, 즉 영화가 본질적인 미美로부터 실존을 끌어내기 시작했을 때의 원형으로서의 얼굴이다.[2] 유일하고 진정하여 관념적인 이데아적 존재로서, 절대적이고 완벽한 여신 이미지이다. 비인간적이고 비현실적이어서 신격화되고 숭배되는 대상이며 모방이나 흉내 내기를 허용하지 않는다. 영화 속 역할과 가르보 본인의 정체성이 구분되지 않는 스타 이미지이다.

전형적인 아메리칸 걸 이미지로의 변신을 시도하였으나 혹평을 받은 영화 〈두 얼굴의 여인Two-faced Woman〉1941을 마지막으로, 35세에 은퇴한 후에는 뉴욕의 아파트에 칩거하면서 결혼하거나 아이를 가지지 않은 채 50년간 홀로 고립되고 비밀스러운 삶을 살았다.[3)]

2 | 마를렌느 디트리히

마를렌느 디트리히Marlene Dietrich, 1901~1992는 1920년대 독일에서 연극무대 및 무성영화에 출연하다가 〈블루 에인절Blue Angel〉1929에서 현학적인 교수를 유혹하여 몰락시키는 카바레 가수 역으로 명성을 얻었다. 이후 그레타 가르보의 라이벌로서 할리우드 파라마운트 사와 계약하여 〈모로코Morocco〉1930, 〈금발의 비너스Blonde Venus〉1932, 〈상하이 익스프레스Shanghai Express〉1932, 〈진홍의 여왕Scarlet Empress〉1935, 〈욕망Desire〉1936에서 팜 파탈 역할의 이국적인 글래머로 국제적인 스타덤에 올랐다.

제2차 세계대전 중에는 엔터테이너로서 나치에 반대하여 군 위문공연을 했으며 1950년대에서 1970년대까지 쇼 연기자로서 순회공연을 하는 등 가르보와는 달리 계속적으로 직업과 캐릭터를 바꾸어가며 70대까지 인기인으로 활약하였다. 자유로운 사고방식과 보헤미안 생활방식으로 양성애자임을 숨기지 않았다. 안드로지너스 룩과 양성애는 디트리히의 이미지로서, "나는 스스로를 위해 옷을 입는다. 이미지나 패션을 위해서도 아니고, 대중이나 남성에게 보이기 위해서가 아니다."라고 말한 바 있다.

1930년대 파라마운트 사에서 그녀의 의상을 맡은 디자이너는 트래비스 밴튼Travis Banton, 1894~1958으로, 완성한 세련됨과 우아함으로 그녀의 글래머러스한 매력을 돋보이게 하였다. 파리에서 구입한 비즈에, 고급 모피를 칼라와 커프스에 장식한 로맨틱한 의상을 제작했으며, 사치스런 소재를 사용하여 이국적이고도 럭셔리한 감각을 강조하였다. 바이어스 컷에 대한 이해와 디자인상의 절묘한 균형감각으로 여성의 신체를 따라 흐르는 부드럽고 관능적인 선을 표현하였다.

영화 속에서 자주 매춘부나 악역의 팜 파탈을 연기했던 디트리히는 성적 매력을 앞세워 남성을 굴복시키는 강한 남성적 힘을 소유해야 했는데, 포멀한 매니시 스타일이 이러한 남성적인 힘과 관능적 이미지를 동시에 표현해 주었다.[4] 여성의 정체성을 지닌 매력과 로맨틱함은 잃지 않으면서 남성 권위의 전통과 성 역할에 도전한 패션아이콘으로 평가된다. 〈모로코〉에서는 남성복 슈트를 입고 여성과 키스하는 장면을 연출하였으며, 〈진홍의 여왕〉에서는 러시아 여왕 역을 맡고 군인의 유니폼을 착용하는 대담한 시도를 보여 주기도 하였다.

마를렌느 디트리히 룩은 그녀가 영화 속에서 착용한 복고풍의 바지 슈트 형태를 지칭한다. 당시 디트리히는 공적인 석상에서의 바지 착용이 허용된 유일한 여성 할리우드 스타였으며, 남성복 디자인을 여성복에 적용한 매니시 스타일의 기초가 되었다. 디트리히 룩의 바지 형태를 의미하는 마를렌느 팬츠는 클래식한 남성 정장 바지를 차용한 형태로, 허리를 강조하고 폭 넓은 바지의 직선적인 라인을 통해 오히려 여성적인 몸매를 극대화하였기 때문에 지속적인 인기를 누리고 있다. 디트리히 룩의 영향으로 여성복에서의 남성복 스타일은 1975년의 스리 세트 슈트three set suit의 유행, 1980년대의 남성복 스타일, 1990년대 말 재킷과 바지, 넥타이의 완벽한 여성 정장 스타일로 이어지게 된다.[5]

3 | 클라크 게이블

클라크 게이블Clark Gable, 1901~1960은 1930년대에서 1950년대까지 60여 편의 영화에 주연으로 등장한 대표적인 남성 할리우드 글래머 배우이다. 눈가에 주름을 잡으며 띠는 미소와 완벽한 몸매로 여성을 사로잡고 마음에 상처를 주는 하트브레이커로서의 성적 매력의 이미지를 보여 주었다.

1939년 〈바람과 함께 사라지다Gone with the Wind〉의 레트 버틀러Rhett Butler 역으로 세계적인 명성을 얻었으며 〈어느 날 밤에 생긴 일〉1934로 아카데미 남우주연상을 받았다. 박스 오피스에서의 티켓 구매 유도가 뛰어난 스타로서 스튜디오의 안정적인 수입을 보장하였다. 당대 최고의 여배우였던 조안 크로퍼드와 진 할로, 라나 터너, 노마 시어러, 에바 가드너 등과 함께 작업하였다.

패션스타일은 포켓 행커치프를 꽂은 말끔한 슈트 형태가 대표적이었다. 1930년대 할리우드 여배우들의 영화의상은 스튜디오에서 맞춤 제작되었으나 남자 배우들은 시대극을 제외한 현대물의 의상을 직접 마련해야 했으며 런던 새빌로의 특정 재단사와 계약하는 경우도 있었다. 이에 클라크 게이블과 같은 남성 스타들의 영화의상은 당대 패션에 즉각적으로 영향받아 제작되고 팬들에게 모방될 수 있었다.[6]

비비언 리와 함께 남북전쟁 당시 미국 남부지방의 화려한 스펙터클을 보여 준 영화 〈바람과 함께 사라지다〉에서 그의 의상은 격조 있는 남성적 분위기의 프록코트와 밝은색의 베스트 형태에서 도시적이고 세련된 감각의 실크 해트와 클래식한 이미지의 전통적 포멀 슈트까지 다양한 정장 형태를 보이고 있다.[7] 여기서의 슈트는 1940년대 흑인 및 멕시코계 청년들의 하위문화 스타일인 주트슈트의 원조로 알려져 있기도 하다.[8]

제2차 세계대전 당시 전쟁영화에서 군복을 깔끔하게 갖춰 입은 스마트한 모습으로 절제된 강건함을 갖춘 남성상을 보여 주며 가죽 비행 재킷과 밀리터리 룩의 유행을 선도하기도 했다.[9] 부인이었던 캐롤 롬바드가 비행기 사고로 사망하자 입대하여 공군 소령으로 비행기 조종을 했으며 퇴역 후 다시 영화계에서 활동했다.

클라크 게이블은 남성성을 대표하는 배우로서 부드러운 면과 강인하고 거친 면모를 함께 갖춘 매력에 훤칠한 키와 말끔한 외모, 넉살 좋은 성격으로 남성과 여성에게 두루 인기를 모으며 할리우드의 왕이라 불린 인물이다.

20세기 후반 패션아이콘

1 | 오드리 헵번

오드리 헵번Audrey Hepburn, 1929~1993은 벨기에 태생으로 할리우드 황금기에 활약한 영화배우이며 패션아이콘이다. 단아하고 세련된 스타일의 의상으로 가녀린 몸매와 완벽한 자세를 강조하고, 커다란 사슴 같은 눈과 저항할 수 없는 미소의 장난꾸러기 같은 얼굴로 1950년대 엘레강스를 대표하였다. 육감적인 스타들이 활동하던 당시 납작한 가슴과 짙은 눈썹의 청순한 발레리나 소녀로 젊은 여성의 모방 대상이 되었다.

바르트는 오드리 헵번이 대중소비 시대에 구체적인 우상으로서 개성과 고유한 독특함을 지닌 매력적인 존재라고 하였다.[10] 헵번의 마른 체형은 1950년대에서 1960년대 젊은 세대 중심의 미니 스타일에 어울리는 것이었고 소녀 같은 순수함을 패션으로 구체화하였다.

그녀가 입어 유행시킨 패션스타일은 〈로마의 휴일Roman Holiday〉1953의 셔츠와 무릎을 덮는 플레어스커트, 숏 컷 헤어스타일, 〈사브리나Sabrina〉1954의 사브리나 팬츠와 발레용 플랫 슈즈, 지적인 느낌의 셔츠나 풀오버 스웨터, 〈전쟁과 평화War and Peace〉1956의 나타샤 룩, 〈티파니에서 아침을〉1961의 리틀 블랙 드레스 등을 들 수 있다.

위베르 드 지방시와의 컬래버레이션으로 그녀는 헵번만의 스타일을 창조할 수 있었으며 디자이너에게 영감의 원천이며 최상의 모델 겸 홍보사절이 되어 환상의 콤비를 이루었다.[11] 〈사브리나〉에서 파리에서 돌아온 헵번이 입은 자수장식의 스트랩리스 드레스, 디너 때의 바토 네크라인 블랙 리넨 이브닝드레스, 회사로 찾아가는 장면의 7부 바지인 사브리나 팬츠는 지방시 쿠튀르의 작품으로 극찬받은 의상이다.

2
영화 〈마이 페어 레이디〉에서 헵번이 입었던 드레스.

패션계를 배경으로 한 내용의 〈퍼니 페이스Funny Face〉1957에서는 젊은 감각으로 쿠튀르를 소화하는 유러피안 엘레강스 룩을 선보였다. 당시 프랑스 쿠튀르의 다양한 실루엣의 라인을 패션화보 촬영장면을 통해 보여 주었고 부드러운 직선 실루엣의 롱 드레스, 타이트스커트나 플레어스커트 형태의 슈트로 당시 유행주기의 가속화를 도운 것으로 보인다.

〈티파니에서 아침을〉에서는 고급소재에 여성스러운 미니멀 의상, 완벽한 코디네이션으로 주인공 홀리를 표현하였다. 그녀의 리틀 블랙 드레스는 1920년대 리틀 블랙 드레스 디자인에 글래머러스한 이미지가 첨가된 것이다. 이것은 언제 어느 장소에서나 잘 어울리는 형태의 심플한 슬리브리스 드레스로, 헵번 특유의 올린 머리형과 진주 목걸이, 긴 담뱃대와 긴 장갑과 함께 코디되어 새로운 스타일로 정착되었다.

세실 비튼이 의상을 맡은 뮤지컬 시대극 〈마이 페어 레이디My Fair Lady〉1964에서는 세기말 룩을 담은 흰 레이스 드레스와 큰 챙모자, 블랙 앤 화이트의 리본 장식으로 화사하면서도 우아하였다.

헵번의 메이크업은 자연스러운 내추럴 피부 표현에 큰 눈을 동그랗게 강조한 아이메이크업을 특징으로 하며 눈썹을 진하게 표현하고 입술은 연한 핑크로 표현하는 것이 보통이다. 또한 헤어는 단아한 이미지의 숏 헤어와 포니테일, 그리고 백코밍 형태의 업스타일로 세련되고 도시적으로 표현되었다. 구두는 살바토레 페라가모Salvatore Ferragamo가 맞춤 제작한 것으로 깔끔한 라인과 단순한 스타일을 살렸다.

말년에는 유니세프UNICEF의 홍보대사로서 아프리카, 남아메리카, 아시아 아동을 위한 구호와 모금에 헌신하며 봉사활동으로 감동을 주었다.

2 | 메릴린 먼로

메릴린 먼로Marylin Monroe, 1926~1962는 캘리포니아 로스앤젤레스 출신으로 모델로 활동하다가 1946년 20세기폭스 사와 계약하고 1950년대와 60년대 영화의 섹스 심벌이자 글래머 스타로서 대표적인 핀업걸이 되었다.

그녀는 〈이브의 모든 것All about Eve〉1950으로 주목받기 시작하여 멜로드라마 필름 누아르인 〈나이아가라Niagara〉1953에서 유혹적인 백치미의 금발 여성 페르소나를 갖게 되었다. 이후 〈신사는 금발을 좋아해Gentlemen Prefer Blondes〉1953, 〈백만장자와 결혼하는 법How to Marry a Millionaire〉1953, 〈7년 만의 외출The Seven Year Itch〉1955 등 코믹한 역할을 주로 연기하였다. 이미지의 전형화를 피하기 위해 드라마틱한 캐릭터의 〈버스 정류장Bus Stop〉1956에 출연하고 연기력에 대한 찬사를 받았으며 〈왕자와 무희The Prince and the Showgirl〉1957, 〈뜨거운 것이 좋아Some Like it Hot〉1959로 상업적인 성공을 거두었다. 사생활 면에서는 성적 문란과 이혼, 스캔들로 얼룩진 생활을 했으며 37세에 약물중독에 인한 의문의 죽음을 맞이하였고 자살인지 여부는 아직도 논란의 대상이 되고 있다.

3
섹스 심벌이자 글래머 스타였던 메릴린 먼로의 모습을 한 조형물.

메릴린 먼로는 타이트한 스타일의 의상과 로우 네크라인low neckline을 선호하였으며 언더웨어를 착용하지 않아 신체의 관능적인 매력을 과시하였다. 신체에 밀착된 길고 섹시한 시스 드레스sheath dress는 스파게티 스트랩 혹은 베어숄더, 깊은 다이아몬드 형태의 네크라인에 가슴 부분에 주름을 넣어 곡선미를 강조하였다. 금발로 염색한 머리, 고개를 젖히며 웃는 얼굴과 입술을 강조한 메이크업, 그리고 힙을 흔들며 걷는 특유의 걸음걸이는 섹시함의 대명사였다.

먼로 스타일은 영화 〈7년 만의 외출〉의 지하철 통풍구 위에서 바람에 날리는 홀터넥 드레스로 대표될 수 있다. 아우어글래스 실루엣의 여성스러움은 잘록한 허리와 풍성한 볼륨의 스커트의 아코디언 플리츠로 강조되었고 스트랩 슈즈의 힐이 매치되었다. 이 의상은 현재까지 재현되고 있는 빅 화이트 드레스의 원형 중 하나이며, 핼러윈 커스튬으로도 착용된다. 또한 〈뜨거운 것이 좋아〉의 비즈 드레스는 투명 소재로 디자인되어 화면에서 지나치게 선정적으로 보이지 않도록 감독이 조명의 강도를 조절해야만 했다.[12] 케네디 대통령의 생일 축하연에 입었던 시스루 스킨 컬러 라인스톤 드레스는 눈부신 조명 아래 오직 메릴린 먼로만이 입을 수 있는 룩을 보여 주었다.

순진무구하고 멍청한 금발 미인을 연기하기 위하여 파스텔톤 컬러와 귀여운 장식 요소의 의상이 사용되기도 했다. 커다란 리본이나 드로스트링의 디테일이 사용된 핑크 드레스로, 스스로는 성적 매력을 의식하지 못하는 어설픈 행동의 사랑스러운 역할을 연기하였다. 일상생활에서는 면 소재의 기성복이나 백화점에서 구입한 스웨터, 셔츠, 진으로 대중적이고 수수한 캐주얼 룩을 보여 주었다. 이는 모자 없이 헝클어지고 자연스러운 헤어와 저렴한 플라스틱 플랫폼 슈즈로 코디되었다.[13]

앤디 워홀Andy Warhol은 먼로 사후 복제된 아이콘의 이미지로 당대의 삶을 형상화하는 팝아트 실크 스크린 작품을 제작하였다. 하나이면서도 다양한 정체성을 가지는 할리우드 스타 메릴린 먼로의 이미지는 대중적인 친화력을 가지고 글래머 배우의 대명사로 복제되면서 끝없이 재현되고 있다. 상품화된 섹스 심벌로서의 피상적인 이미지는 영원한 현재성을 지니며 유형으로 고정된 포스트모던 스타 이미지이다.[14]

3 | 그레이스 켈리

아름답고 세련된 사교계 여성의 레이디라이크 이미지의 그레이스 켈리Grace Kelly, 1929~1982는 원래 필라델피아의 부유층 자녀로서 금발머리와 파란 눈, 섬세한 체형으로 선망의 대상이 되었다. 스캔들이나 노골적인 육체적 어필로 대중에게 다가서기보다 숙녀다운 특유의 고상함을 지녀 성공을 거둔 여성이다.

모델과 TV에서 활약하다가 MGM과 계약한 후 〈하이 눈High Noon〉1952, 〈모감보Mogambo〉1953, 〈회상 속의 여인The Country Girl〉1954, 〈이창The Rear Window〉1954, 〈나는 결백하다To Catch a Thief〉1955, 〈상류 사회High Society〉1956 등의 영화에서 여배우로 인기를 끌었다. 앨프리드 히치콕Alfred Hitchcock 감독과 작업하면서 차가운 금발 미인의 우아함과 은은한 성적 매력을 발휘하는 연기를 맡았다.

26세의 나이에 은퇴하고 모나코의 황태자인 레니에Rainier 대공과 결혼하였으며 왕비로서 1남 2녀를 낳고 자선사업에 몰두하였다. 그녀의 결혼식은 700명의 유명 인사들과 연예계 인물들이 참석하여 TV 생방송으로 3,000만 명이 시청하였으며 웨딩드레스는 MGM의 영화의상 디자이너인 헬렌 로즈Helen Rose가 디자인하고 36명의 재봉사가 6주간 작업하여 제작한 것이었다.

영화배우로서 그레이스 켈리는 도회적 세련미와 우아함의 룩을 보여 주었다. 단정한 머리와 메이크업, 1950년대 스타일의 셔츠 드레스와 테일러드슈트, 낮은 굽의 구두와 진주목걸이, 모자와 장갑으로 차갑고 우아하며 절제된 스타일을 보여 주었다. 〈이창〉에서 가슴이 V자로 파인 타이트한 블랙 탑과 화이트 튤과 시폰의 넓게 퍼진 스커트는 고급스럽고도 우아하였다. 이는 신체 노출을 통해 정숙함 속에 숨어있는 성적 매력을 은근히 부각시키는 의상이기도 하다. 캐주얼 룩 또한 럭셔리하여 흰색 챙모자와 앞부분이 오픈된 개더스커트의 비치웨어, 밝은 색상의 경쾌한 랩 드레스, 갈색톤으로 통일한 실크 블라우스와 팬츠, 벨트로 상류층의 감각을 보여 주었다.[15]

켈리 백Kelly Bag은 캐롤라인 공주를 임신했을 당시 배를 감추기 위해서 든 가죽 가방으로 사다리꼴 모양에 2개의 스트랩과 자물쇠로 여밈장식이 되어 있는 디자인이다.

켈리는 히치콕 감독의 〈나는 결백하다〉에서 이를 사용하기 시작하였으며 파파라치 사진에 자주 등장하여 그녀를 패션아이콘으로 돋보이게 하는 아이템이 되었다. 에르메스 브랜드의 장인이 18~25시간 수작업하여 완성하므로 고가인 데도 불구하고 최근에도 주문제작하는 고객들이 줄지어 기다리는 잇백It Bag의 하나이다.

4 | 말런 브랜도

말런 브랜도Marlon Brando, 1924~2004는 영화 연기에 메소드 연기를 통한 리얼리즘을 도입하여 영향력을 발휘한 미국 배우이다. 메소드 연기American Acting Method란 스타니슬랍스키Stanislavsky, 1863~1938가 정립한 과학적이고 체계적인 연기훈련법으로 브랜도는 〈욕망이라는 이름의 전차A Streetcar Named Desire〉1951의 노동계층 청년 스탠리 역에서 메소드 연기법을 통한 실존인물과 같은 내적 감정과 정서기억으로 문화적 아이콘으로 떠올랐다.[16] 그는 〈위험한 질주The Wild One〉1953의 모토사이클 갱 리더로 팝 컬처의 대표적 인물이 되었으며 〈워터프론트On the Waterfront〉1954로 아카데미 주연상을 받았다.

징 박힌 바이커 가죽 재킷과 티셔츠, 접어 올린 진과 가죽 부츠로 제임스 딘James Dean과 함께 1950년대 배드 보이bad boy 이미지를 대표하였으며 영화 시사회에도 진을 입고 참석하는 반항적 행동으로 금기에 도전하였다. 티셔츠는 근육을 돋보이게 하며 청바지는 피티드 스타일로 딱 달라붙지는 않으며 성적 매력을 강조한다. 그의 페르소나는 반항하는 젊은 세대와 동일시되어 10대들은 그를 모방하여 옷 입고 말하고 행동하였다.

1960년대 초 감독으로 활동하다가 성공하지 못하고 1970년대에 재기하여 〈대부The Godfather〉1972, 〈파리에서의 마지막 탱고Last Tango in Paris〉1972, 〈지옥의 묵시록Apocalypse Now〉1979에서 인상 깊은 연기를 선보였다. 마피아 두목 비토Vito로 출연했던 〈대부〉에서는 턱시도를 차려입은 갱스터 룩을 선보였는데 이것은 영화의상 디자이너 안나 힐 존스톤Anna Hill Johnstone이 디자인한 것이다. 결혼식 장면의 붉은 장미를 꽂은 블랙 슈트는 턱시도용 와이셔츠와 보우타이에 광택과 보석 단추 장식으로 고급스러우면서도 마피아 두목으로서의 신비로움과 힘을 표현한 것이었다.[17]

5 | 숀 코너리

숀 코너리Sean Connery, 1930~는 스코틀랜드 출신 영화배우이며 프로듀서이다. 1962년부터 1983년까지 7차례에 걸쳐 007 시리즈물에 제임스 본드 역으로 출연하였다. 007 시리즈는 영국 작가 이언 플레밍Ian Fleming의 원작을 바탕으로 한 것으로, 영국과 미국을 중심으로 세계 안보를 지키려는 스파이 007의 모험을 다룬 첩보영화이며 1962년부터 2006년까지 총 21편이 제작되었다.

제1대 제임스 본드로 1960년대에 〈007 살인번호Dr. No〉1962, 〈007 위기일발From Russia with Love〉1963, 〈007 골드핑거Goldfinger〉1964, 〈007 선더볼Thunderball〉1965, 〈007 두 번 산다You Only Live Twice〉1967에 출연한 코너리는 수려한 외모에 남자다운 와일드한 행동을 갖춘 세련된 신사로 원작에 가깝게 연출되었다. 토런스 영Terence Young 감독은 그에게 입는 법, 먹는 법, 걷는 법까지 모두 가르쳐서 영화 속 인물에게 맞는 우아한 스타일을 갖추도록 훈련하여 제임스 본드로 탄생시켰다.

어떤 위기 상황에도 흐트러지지 않는 단정한 헤어스타일과 옷차림, 남성적 매력으로 여성을 대하는 자신감 있는 영웅적 이미지로 패션스타일은 차분한 톤의 영국 정통 싱글 브레스티드 슈트, 화이트 드레스셔츠와 어두운 계열 색상의 넥타이를 착용하며 중절모와 베스트를 갖춰 입는다. 냉철하고 강인하며 품위 있는 엘리트 남성상이며 스포츠를 즐기고 페어플레이를 강조하는 성숙한 마초 맨 이미지이다.[18)]

이외에도 〈언터처블Untouchables〉1987, 〈인디아나 존스와 최후의 성전Indiana Jones and the Last Crusade〉1989, 〈붉은 10월The Hunt for Red October〉1990, 〈더 록The Rock〉1996 등에 출연하였으며 잡지 〈피플People〉은 그를 20세기 최고로 섹시한 남성으로 선정한 바 있다.

6 | 파라 포셋

파라 포셋Farrah Fawcett, 1947~2009은 미국 ABC 방송국 인기 TV 시리즈 〈미녀 삼총사Charle's Angels〉1976~1981에서 재클린 스미스, 케이트 잭슨과 함께 주연을 맡아 최고의 인기를 누렸다. 〈미녀 삼총사〉는 찰리라는 탐정을 위해 일하는 미녀 3명을 다룬 내용으로 당시로써는 획기적인 여성들의 몸싸움과 활약상 속에 신체적 매력을 드러내었다. 출연한 주인공 3명이 모두 스타가 되었으나 포셋의 인기는 압도적인 현상을 보였다.

같은 해 촬영된 레드 수영복 포스터는 늘씬한 몸매를 자랑하며 2,000만 장에 이르는 경이적인 판매고를 올렸다. 촬영 당시 거울을 보지도 않은 채 스스로 헤어와 메이크업을 하고 흐트러진 금발에 레몬 주스를 뿌려 강조하였다고 한다. 그녀는 선탠한 피부와 건강한 팔 근육에 큰 입 가득한 미소를 담고 자연스럽게 포즈를 취하였다. 그녀의 수영복은 스피도Speedo 사의 라이크라 제품으로 스미스소니언 박물관에 미국 생활사 사적으로 보관·전시될 만큼 문화적 아이콘으로서의 지위를 인정받고 있다.

바람에 휘날리는 사자 머리를 연상시키는 헤어스타일 파라 플릭Farrah Flick은 최초의 셀레브리티 머스트헤브 헤어스타일로 인기를 끌었으며 1970년대 미국 여성들 사이에서 모방의 대상이었다. 그녀는 1시즌을 마치고 〈미녀 삼총사〉에서 하차하였으나 버튼다운 셔츠에 하이웨이스트의 데님 플레어 진을 입은 패션스타일이나 보잉 선글라스와 카우보이모자를 착용한 모습은 화제가 되었다.

이후 뮤지컬 배우 및 영화배우로 활약하면서 가끔씩 누드 촬영을 했으며 1997년 50세의 나이에 〈플레이보이〉 지면에 등장하여 최고의 판매 부수를 기록하기도 했다.

7 | 리처드 기어

리처드 기어Richard Gere, 1949~는 미국 배우로 에로틱 드라마 영화 〈미스터 굿바를 찾아서Looking for Mr. Goodbar〉1977로 주목받고 〈아메리칸 지골로American Gigolo〉1980에서 섹스 심벌로 인정받게 된다. 이후 〈사관과 신사An Officer and a Gentleman〉1982, 〈귀여운 여인Pretty Woman〉1990, 〈시카고Chicago〉2002에 출연하였다.

〈아메리칸 지골로〉는 폴 슈레이더Paul Schrader 감독 작품으로, 나르시시즘적인 남창으로 값비싼 자동차와 코카인, 의류를 즐기는 인물 줄리언Julian과 그와 성적으로 연관된 여성 및 주변 인물의 이야기이다. 주인공 줄리언은 조르조 아르마니의 셔츠와 슈트를 옷장 가득 채우고 외출 시 컬러를 조합하며 준비하는 과정을 비추기도 했다. 줄리아 로버츠와 함께 출연한 로맨틱 코미디 영화 〈귀여운 여인〉에서는 우연히 만난 창녀와 사랑에 빠지는 비즈니스맨을 연기하면서 행커치프를 꽂은 단정하고 고급스러운 슈트를 입고 로데오 드라이브에서 여자친구의 옷을 골라 주는 낭만적이고 능력 있는 모습으로 여성들의 마음을 설레게 하였다.

8 | 샤론 스톤

샤론 스톤Sharon Stone, 1958~은 어려서부터 지적능력을 인정받아 5살에 2학년으로 초등학교에 입학하고 15살에 장학금으로 대학에 입학하였으며 19살에 아일린 포드Eileen Ford의 모델로 일하다가 연기를 시작하였다. 1980년 우디 앨런의 영화에 출연하면서 데뷔하고 〈토털 리콜Total Recall〉1990로 주목받은 후 34살에 〈플레이보이〉에서 포즈를 취하기도 했다. 에로틱 스릴러 영화 〈원초적 본능Basic Instinct〉1992의 차가운 팜 파탈 역으로 메릴린 먼로를 잇는 글래머 스타로 인정받고 1990년대 섹스 심벌이 되었다.

〈원초적 본능〉에서 경찰의 심문을 받으며 다리를 이리저리 꼬는 장면에서는 언더웨어를 입지 않은 모습으로 충격을 자아내었다. 금발을 단정하게 묶고 화이트 터틀넥 미니드레스와 코트를 입었으며 담배를 피워 문 모습이었다. 이는 할리우드 주류 영화로서는 전례 없는 노출과 폭력의 수위를 보인 영화였으며 성적 매력으로 남성을 침대로 유인한 뒤 얼음송곳으로 살인을 저지르는 잔혹한 여인을 그렸다.[19]

스톤은 패션을 중요시하여 1993년 파리에서는 발렌티노의 캣워크 쇼에 긴 트레인이 달린 미니 웨딩드레스를 입고 디자이너와 함께 등장하기도 했다. 스타일이란 스스로에 대해 생각하는 바를 반영하는 것이라는 사고방식을 지니고, 패션을 착용하는 상황보다 태도를 중시하는 독립적인 패션철학을 가지고 있다.

〈카지노Casino〉로 여우주연상 후보에 올랐던 1996년 아카데미 시상식에서 스톤은 아르마니의 벨벳 코트에 중저가 브랜드인 갭의 터틀넥 스웨터와 긴 길이의 블랙 실크 발렌티노 스커트를 옷장에서 골라 조합하여 입고 나타나 화제가 되었다. 또한 1998년 아카데미 시상식에는 남편의 화이트셔츠에 베라 왕 랩스커트, 잠자리 모양 핀 장식으로 등장하였고, 2002년에는 등이 파인 블랙 베르사체 드레스로 글래머를 표현하여 감탄을 자아냈다.[20] 그녀의 자신감 넘치는 태도는 패션 비평가들에게 양가적인 평가를 받아 베스트 드레서와 워스트 드레서로 동시에 선정된 경우도 있었다.

21세기 패션아이콘

1 | 세라 제시카 파커

세라 제시카 파커Sarah Jessica Parker, 1965~는 원래 브로드웨이 뮤지컬 배우로 아역부터 시작하였으며 〈섹스 앤 더 시티〉1998~2004 시리즈 및 동명 영화의 주연배우이며 프로듀서로서 활동하였다. 드라마에서 그녀는 내레이터이며 섹스 칼럼니스트로서, 어퍼 이스트 사이드에 살면서 독특한 패션감각을 가지고 멋진 클럽과 바, 레스토랑을 드나든다.

160cm의 키에 무용으로 다져진 몸매를 자랑하는 세라 제시카 파커는, 평소에도 셔츠를 허리 부분에 묶어 복부를 드러내거나 벨트로 강조하고 하이힐을 즐겨 신는다. 그녀는 과감하고 글래머러스한 액세서리와 핑크색을 선호하며 도시적인 스타일을 멋지게 소화하는 패셔니스타이다.

4
세라 제시카 파커가 2007년에 런칭한 향수 브랜드'코빗(Covet)'

시즌이 끝난 뒤 파커는 패션브랜드 갭GAP과 계약하고 2년간 광고 캠페인에 출연하였는데 캐리의 어반시크 패셔니스타 이미지와 갭이 추구하는 브랜드 방향이 어울리지 않는다는 평에도 불구하고 신선한 감각으로 성공을 거둔 바 있다. 2005년 향수 '러블리Lovely'를 출시하였고 2007년 디스카운트 스토어 체인 스티브 앤 베리즈Steve & Barry's와 함께 저가 패션라인 비튼Bitten을 런칭하였으며 2014년에는 노드스트롬Nordstrom의 구두 라인 SJP 컬렉션을 시작하여 패션시장에서의 영향력을 발휘하고 있다.

2 | 블레이크 라이블리

블레이크 라이블리Blake Lively, 1987~는 5ft 10cm의 큰 키에 늘씬한 금발 미녀로 11살부터 연기하기 시작하여 2007년에 잡지 모델로 활약하였으며 2007년에는 세실리 폰 지게사Cecily von Ziegesar의 원작소설을 바탕으로 한 CWTV 틴 드라마 시리즈 〈가십 걸Gossip Girl〉2007~2012의 잇 걸it girl 세레나Serena 역을 맡았다. 잇 걸이란 1927년 클라라 보우 주연 영화 〈잇It〉에서 온 말로, 1990년대에 별다른 성취 없이 과도한 미디어 커버리지를 받는 아름답고 스타일리시하며 성적 매력을 지닌 젊은 여성을 말한다.

〈가십 걸〉은 뉴욕 맨해튼 어퍼 이스트사이드의 특권층 젊은이들의 삶을 그린 것으로 보딩스쿨에서의 소녀들과 소년들의 관계로부터 시작하여 6시즌을 거치면서 〈섹스 앤 더 시티〉 이후 뉴욕의 풍물을 가장 잘 보여 준 드라마 시리즈로 인정받았다. 비타민 워터Vitamin Water와 버라이즌 와이어리스Verizon Wireless는 이 드라마의 PPL로 상업적 효과를 거두었으며 젊은이들 사이에 SNS의 파급과 패션에 지대한 영향을 미쳤다.[21)]

5
직접 만든 컵케이크를 든 블레이크 라이블리(2011). 스프링클스는 라이블리가 즐겨 찾는 컵케이크 가게이다.

블레이크 라이블리는 드라마에서 여러 남성과 스캔들이 난무하는 자유분방한 캐릭터로서 긴 다리를 강조하며 화려하고 파격적인 스타일링과 과감한 노출의 상류층 패션을 보여 준다. 초창기에는 체크무늬 교복으로 명품 스쿨 룩을 보여 주었고, 관능적인 네크라인과 스키니 진으로 체형을 강조하여, 품위 있고 클래식한 블레어 역 레이턴 미스터Leighton Meester의 러블리 패션과 차별화를 보였다. 디자이너 안나 수이Anna Sui는 2009년 이 드라마에서 영감을 얻은 라인을 발표하였다.

라이블리는 2011년 〈타임〉이 선정한 '세계에서 가장 영향력 있는 100인100 Influential People'에 선정되었고, 〈피플〉은 2012년에 그녀를 그 연령대에서 가장 아름다운 인물로 뽑았다. 향수 구찌 프리미에르Gucci Premiere와 화장품 브랜드 로레알L'Oreal의 얼굴로서 메이크업 캠페인을 벌였으며 계속해서 영화에 출연하고 있다.

라이블리는 케이크 굽기나 인테리어에 관심을 가지고 요리와 살림에 신경 쓰는 주부로도 유명한데, 뉴욕 시 유명 레스토랑의 패스트리 담당 요리사로 일하면서 레스토랑 운영에 관심을 표한 바 있다. 2012년에는 라이언 레이놀즈Ryan Reynolds와 결혼하면서 그녀의 웨딩 음식과 뉴욕 교외의 신혼집 인테리어 데커레이션이 관심의 대상이 되었다. 그녀는 패션만이 아닌 라이프스타일 리더로서 인정받고 있다. 그녀가 선택한 수공예 아이템만 대상으로 하는 디지털 매거진 및 e-커머스 웹사이트 '프리저브Preserve'를 운영하고 있다.

우리나라 패션아이콘

1 | 김혜수

김혜수1970~는 대한민국 영화배우로, 중학교 2학년 때 태권도를 콘셉트로 한 CF모델로 시작하여 일찍부터 영화 및 드라마에서 성숙한 외모로 주목받았다. 1990년대에는 장르를 넘나들며 개성 있는 연기를 펼쳤으며, 2006년에는 영화 〈타짜〉에서 도박판의 화려한 정 마담이라는 요염한 요부 역할로 등장하여 다시금 주목받았다. 글래머러스한 몸매를 강조한 블랙 원피스, 깊게 파인 네크라인과 랩스커트에 "나 이대 나온 여자야."라는 명대사로 화제를 모았다.

김혜수는 과감한 노출과 솔직한 언행으로 섹시한 건강미인의 이미지를 갖고 있다. 각종 시상식에 등장한 드레스 스타일은 심플한 라인에 네크라인이 파격적으로 깊게 파이거나 비대칭으로, 등 부분, 가슴 부분에 대담한 슬릿과 커팅을 시도하여 글래머러스하고 관능적인 스타일을 연출하고 있다. 색상은 블랙을 선호하며 피부색과의 대비로 노출을 극대화하고 시스루나 라이크라 소재를 사용하고 때로는 골드나 레드를 매치한다.[22)]

최근 화제작인 영화 〈관상〉2013에서 기생 연홍 역, 〈도둑들〉2012의 금고털이 팹시 역으로 계속해서 당차고 성적 매력이 넘치는 역할을 맡고 있으며 TV 드라마 〈직장의 신〉2013에서 실력 있는 계약직 직원 미스 김으로 활약하였다. 〈스타일〉2009에서는 패션지 기자 역할을 맡아 비대칭 네크라인의 대담한 명품의상을 독특하고 개성 있게 코디하여 극 중 강한 성격의 캐릭터를 패션으로 표현하며 "엣지 있게"라는 유행어를 확신시키기도 하였다. 그녀는 도발적이고 자신감 넘치는 성적 매력으로 시대를 넘나드는 배역을 연기하는 패션아이콘이라 할 수 있다.

2 | 전지현

전지현1981~은 1997년 하이틴 잡지의 표지모델로 데뷔하여 청순하고도 완벽한 비율의 몸매를 자랑한다. 1999년 삼성 마이젯 프린터 광고에서 가죽바지와 캣슈트를 입고 역동적인 테크노댄스를 선보여 인기를 얻으며 자유로움과 능동성을 추구하는 X세대의 대표 주자가 되었다.[23]

로맨틱 코미디 영화 〈엽기적인 그녀〉2001에서는 20대의 생동감 넘치는 발랄함과 엽기적인 성향의 이중적 성격을 지닌 캐릭터를 연기하여 중국 등 여러 나라에서 한류붐을 일으킨 주역이 되었다. 영화 속에서 주로 활동적이고 심플한 캐주얼 스타일을 착용하였고 슬림한 실루엣과 여성스러운 소재에 디테일이 많지 않은 심플한 아이템을 착용하였다.

이후 해외로 진출해 상업적으로 부진하다가 영화 〈도둑들〉2012에서 예니콜 역으로 재기에 성공하였다. 블랙의 타이트한 탑과 레깅스, 다리가 드러나는 핫팬츠와 미니 원피스, 레오파드 패턴의 트렌치코트를 착용하여 외모와 체형을 매력적으로 부각시켰다. 이후 〈별에서 온 그대〉2013의 한류스타 천송이 역을 맡으면서 국내외에서 경이적인 시청률 및 다운로드 횟수를 기록하였다. 스타일리스트 정윤기가 맡은 그녀의 드라마 의상은 귀여운 홈웨어와 시크하고 화려한 외출복으로 다양하게 구성되어 완판을 기록하였다.

그녀는 내추럴하고 투명한 피부톤에 돋보이는 입술의 메이크업, 결이 좋은 긴 머리를 고수하며 섹시하고 세련된 이미지로 하이패션트렌드를 소화해 내는 패션아이콘이다.

3 | 장동건

미남의 대명사로 불리는 장동건1972~은 MBC 드라마 〈마지막 승부〉1994에서 신세대 스타로 떠오른 후 영화 〈친구〉2001, 〈태극기 휘날리며〉2004에서 연기력을 인정받고 한류 열풍의 중심에 있는 배우이다.

〈마지막 승부〉 당시 농구 팬츠와 레드 오리털 점퍼의 유행을 불러일으켰고 CF 및 패션화보에서 선 굵은 외모로 인기몰이를 했으며 2000년대 들어서는 영화제 시상식에서 여배우들의 드레스와 함께 턱시도를 입기 시작한 레드카펫 패션 선도의 주역이기도 하다. 부인이며 패셔니스타로 알려진 고소영과 2010년에 결혼한 후 1남 1녀를 두면서 셀레브리티 커플로서 우리나라 패션 및 유아용품의 트렌드를 선도하고 있다.

SBS 드라마 〈신사의 품격〉2012에서는 꽃중년 트렌드를 선도하며 정장에 럭셔리한 느낌을 도회적으로 믹스 앤 매치mix & match하는 어반시크 룩을 선보였다. 꽃중년은 40살 안팎의 나이에 패션, 몸매, 매너, 경제력을 갖춘 멋진 중년 남성을 가리킨다. 이들은 권위적이고 외모에 관심 없던 과거의 중년 남성과는 달리 패션이나 미용 등 자신을 가꾸는 분야에 시간과 경제력을 투자하고 기호에 따른 취미나 라이프스타일을 즐기는 데 투자하여 소비주체로 부상하고 있다.[24] 장동건은 일반 중년의 기본적인 아이템을 활용하면서 성공한 중년 남성의 이미지에 걸맞게 코디하여 자유로움과 이지적인 느낌을 강조하였다. 또한 청바지에 빈티지한 티셔츠를 입는 스타일링으로 40대 이상 장년층의 청바지 유행을 선도한 바 있다.

참고 문헌

1) Annette Tapert(1998). *The Power of Glamour*, NY: Crown Publishers, pp.206-207.

2) Roland Barthes(1972). "The Face of Garbo", in A. Lavers(Trans.), *Mythologies*. NY: Hill & Wang, pp.56-57 를 유선영(2000). "호모-이미지-플래스티쿠스: TV 스타패션의 징후", 《언론과 사회》 27, p.24에서 재인용.

3) 이덕희(1992). 《신화 속의 여배우 그레타 가르보: 그 신비의 베일을 벗긴다》, 서울: 예하.

4) 정소영, 조규화(2006). "1930년대 할리우드 스타 마를렌느 디트리히 패션 스타일 연구", 《한국패션비즈니스학회지》 10(5), pp.1-16.

5) http://www.samsungdesign.net/Databank/Encyclopedias/FashionDictionary

6) Maria Costantino(1997). *Men's Fashion in the Twentieth Century: From Frock Coats to Intelligent Fibres*, NY: Quite Specifiz Media Group., p.55.

7) 이화영(2002). "영화의상의 표현성에 관한 연구 - 영화 〈바람과 함께 사라지다〉의 등장인물을 중심으로", 동국대학교 박사학위논문.

8) Holly Alford(2009). "The Zoot Suit: its History and Influence" in Peter McNeil & Vicke Karaminas. eds., *The Men's Fashion Reader*, Oxford and NY: Berg, pp.353-359.

9) David Bond(1992). *Glamour in Fashion*, Middlesex, Great Britain: Guinness Publishing, p.79.

10) Roland Barthes(1972). pp.56-57, 유선영(2000). op.cit., p.24에서 재인용.

11) 이재연(2009). "디자이너 지방시의 영화의상에 관한 연구-오드리 헵번 주연 영화를 중심으로", 이화여자대학교 석사학위논문.

12) Regine Englemeier & Peter W. Englemeier(1997). op.cit., p.240.

13) David Bond(1992), op.cit., pp.100-101.

14) Frederic Jameson(1991). *Postmodernism, or the Cultural Logic of Late Capitalism*, Durham: Duke University Press, pp.10-11. 유선영, op.cit., pp.24-25에서 재인용.

15) 정소영(2005). op.cit., pp.136-138.

16) 박민정(2013). "1950년대 할리우드 영화에서 나타난 영화연기 스타일 분석 연구 -아메리칸 액팅 메소드를 중심으로", 한양대학교 석사학위논문.

17) 김현우(2007). "영화 〈대부 I〉 의상디자인의 감성표현요소에 관한 연구", 홍익대학교 석사학위논문.

18) 장성은(2009). "007 시리즈 영화의상의 시대별 이미지 연출에 관한 연구", 《복식》 59(1), pp.106-118.

19) http://en.wikipedia.org/wiki/Basic_Instinct

20) Bettina Zilkha(2004). *Ultimate Style: the Best of the Best Dressed List*, NY: Assouline, pp.152-155.

21) http://en.wikipedia.org/wiki/Gossip_Girl

22) 강은지, 이정민(2009). "영화시상식에 나타난 패션스타일에 관한 연구 - 청룡영화상(1999-2007) 김혜수 스타일을 중심으로", 《한국메이크업디자인학회지》 6(1), pp.91-100.

23) 조흡(2000). "전지현의 테크노 댄스와 카니발", 《인물과 사상》 27, pp.173-183.

24) 윤나리, 양은진, 진용미(2012). "TV 드라마 속 '꽃중년' 캐릭터의 패션과 헤어스타일 분석 - 드라마 〈신사의 품격〉(2012)을 중심으로", 《한국미용예술학회지》 6(4), pp.297-308.

9 팝뮤직과 패션

팝뮤직의 발전

팝뮤직은 1940년대 이후 등장한 TV와 비디오, DVD 등으로 인해 20세기 후반 대중에게 확산되었다. 멀리tele 있는 것을 본다vision는 의미의 TV는 20세기의 문화에 가장 큰 영향을 미친 매체로 엄청난 사랑과 증오를 동시에 받아온 중요한 매스미디어 중 하나이다. TV는 사적으로 소비되는 영상의 형태로서 일상생활의 매체이며, 생방송을 통해 멀리 떨어져 있는 곳에서 벌어지는 일을 실제 그곳에 가서 보는 것처럼 느끼게 만든다. TV 덕분에 세계는 진정한 의미의 지구촌global village이 되었으며 동시에 동일한 정보를 접하고 공동의 기억을 갖게 되었다. TV는 우리의 기억과 경험의 재료를 제공해 주는 친숙한 매체로서 강력한 사회문화적 영향력을 미치며, 더불어 마그네틱테이프를 이용해 TV 영상을 기록하고 보관하는 비디오의 확산과 캠코더는 개인의 일상을 동영상으로 채우는 여가 활동 보급의 매개체가 되었다.

1950년대의 TV. TV는 패션 커뮤니케이션 매체로서 팝뮤직과 스포츠, 혹은 드라마를 통해 패션을 전달한다.

20세기 초 재즈Jazz는 연주가들의 독창성과 섬세한 기교, 즉흥성으로 1920년대 젊은 세대를 사로잡았다. 음악적으로는 미국 흑인음악과 유럽 백인음악의 만남으로, 타자에 해당하는 흑인의 리듬감과 스타일을 혼합한 것이다. 카페나 나이트클럽에서 역동적인 리듬과 기악 연주에 맞추어 열광적으로 춤추는 플래퍼flapper들은 재즈 시대를 대표하는 여성들이었다. 미니 드레스와 소년 같은 단발, 모던한 사고방식을 지닌 젊은 여성들은 전통에 대한 거부와 반항, 자유로운 행동과 성적 매력의 추구, 현세적이고 향락적인 경향을 보였다.[1)]

2
1985년 재즈 공연. 재즈음악은 1920년대에 플래퍼 스타일과 함께 젊은이들을 사로잡았다.

라디오 방송국은 1920년대부터 방송을 시작하여 1930년대 이후 정보와 선전에 파급력이 있는 매체가 되었고, 20세기 후반 들어 TV가 보급되었다. 1954년 미국에서는 7명 중 1명이 개인 TV를 소유하게 되었고 TV 광고는 대중소비시대에 시청자를 자극하는 촉매로서 파급력을 가지게 되었다.

대중 미디어 문화는 뮤지션들의 음악과 패션의 전파로 다양한 외모와 행동, 스타일에 대한 모델을 제공하였다. 오디오를 통해 청각적으로만 인지되던 가수들이 TV 매체, 뮤직비디오가 등장한 이후 시각적으로도 어필하게 되어 엘비스 프레슬리Elvis Presley나 비틀스Beatles 같은 패셔너블한 뮤지션들이 등장하였고 이들의 음악과 스타일은 전 세계의 젊은이들을 흥분시켰다. 특히 TV 프로그램 〈에드 설리번 쇼The Ed Sullivan Show〉와 〈아메리칸 밴드스탠드American Bandstand〉, 〈소울 트레인Soul Train〉은 10대의 음악과 패션의 취향 및 기호를 이끌었으며 이후 팝과 록 패션스타일의 기준이 되었다.[2)]

1950년대 로큰롤rock'n roll은 제2차 세계대전 이후 달라진 미국 사회를 배경으로 흑인음악인 리듬 앤 블루스rhythm & blues와 남부 힐빌리로부터 파생된 컨트리 앤 웨스턴country & western 등 당시 다양한 음악적 요소들을 결합하여 생겨난 음악으로 20세기 초반부터 사용되어 온 용어이다. 로큰롤은 록rock에서 파생되었고 강하게 악센트를 주는 투비트 재즈two-beat jazz로부터 발달된 것으로, 1950년대에는 젊은 세대의 문화를 대변하는 용어로 그 의미가 확대되어 사용되었다. 틴에이저teenager라는 집단의 탄생과 젊은 세대의 문화 형성도 로큰롤과 함께 시작되었다. 로큰롤은 젊은 세대를 위한 세계를

3
지미 헨드릭스를 표현한 그라피티 아트. 헨드릭스는 젊은이들의 반항의 표상이었다.

창조하였고 이들을 위한 패션 또한 선도하였다.

로큰롤이 탄생했던 1950년대 미국은 풍요와 번영의 시대로, 제2차 세계대전 종결 이후 경제적 발전에 따른 생활의 편리와 행복을 만끽하던 시대였다. 그러나 당시 풍족한 교외 생활에 불만을 가진 10대들은 영화 관람이나 레코드 구입 등의 소비로 독자적인 문화를 형성하였다. 일상생활의 권태와 기성세대에 반발하는 틴에이저는 로큰롤 가수들, 영화 속 주인공들의 패션을 음악과 함께 수용하였다. 1950년대 로큰롤은 이후 여러 장르의 대중음악들로 이어지면서 각 시대의 젊은 세대 문화를 대변하였고, 1950년대 이후 영 패션은 록 음악과 밀접한 관계를 지니고 급속히 전파되었다.

1960~1970년대 록스타들 또한 당대 젊은이들의 두발, 의복, 행동 스타일의 변화에 영향을 미쳤고 그들의 반항적인 무대 매너는 사회적 반란의 상징이 되었다. 비틀스,

롤링 스톤즈The Rolling Stones, 제퍼슨 에어플레인The Jefferson Airplane 같은 그룹과 재니스 조플린Janis Joplin, 지미 헨드릭스Jimmy Hendrix 같은 음악인들은 기성세대와 사회에 대한 문화적 저항과 새로운 패션스타일, 일탈적 행동, 반항적 태도를 전유하였다. 1960년대의 록 문화와 장발, 사회적 반란, 반항적 패션스타일은 1970년대로 이어져서 헤비메탈, 펑크, 뉴웨이브 음악의 뮤지션들에서도 계속되었다.

이들의 음악은 스트리트 패션street fashion과도 맥락을 같이 한다. 스트리트 패션은 젊은이들이 자신만의 문화를 표현하기 위해 취하는 거리의 패션으로서 1940년대 이후 서구사회에서 가시화되었다. 청년문화가 형성되면서 소수인종이나 하위계급의 음악과 문화에 관심을 기울이기 시작하였고, 전통적이고 관습적인 가치를 전복하려 시도하였다. 이러한 현상은 젊은 세대를 중심으로 한 음악, 패션 등의 대중문화로 이어지게 된다.

대중음악은 춤과 율동, 감각적 측면에서 젊은이들에게 어필하여 청년문화의 언어가 되며, 패션 또한 청년문화의 표현 수단이 된다. 팝 가수들의 음악과 패션의 영향력은 상당히 크며 이는 TV를 비롯한 매스미디어가 교두보 역할을 하였다고 볼 수 있다.

1 | 뮤직비디오

뮤직비디오는 음악과 영상으로 이루어진 대중예술의 한 장르로서, 오늘날 대중음악을 전파시키는 영향력 있는 매체 가운데 하나이다. 뮤직비디오는 음악을 바탕으로 한 시각적인 이미지나 영상을 보여 주는 비사고적이고 감각적인 성격이 강한 문화로서, 지속적인 것보다는 찰나적인 것에 매력을 느끼는 현대의 젊은이들에게 중요한 문화상품이 되고 있다.

일반적으로 뮤직비디오는 뮤지션이 새로운 곡을 발표하면서 판촉을 위해 만드는 프로모션용 뮤직비디오 클립을 지칭한다. 뮤직비디오 클립이란 노래 한 곡의 길이에 따라 구성해 놓은 5~10분짜리 뮤직비디오로 싱글 음반과 유사한 개념이다. 이 클립들은 TV를 비롯한 여러 시각 매체를 통해 음반의 판매 촉진을 위한 간접적인 홍보수단일 뿐 그 자체가 판매 대상은 아니다. 하지만 히트곡이 많은 인기 스타들은 히트곡 모음집을 출시하듯이 발표된 비디오 클립들을 다시 모아 앨범 형태의 뮤직비디오 모음집을 제작하여 시장에 내놓기도 한다.

원래 뮤직비디오는 1940년대 나이트클럽과 레스토랑에 있는 주크박스 위에 조그마한 스크린을 두어 노래를 들으면서 가수들의 모습을 볼 수 있게 한 데서 유래를 찾을 수 있는데, 이는 따로 제작한 뮤직비디오가 아니라 TV 프로그램의 재방영에 그친 것이었다.

뮤지션들의 공연 실황을 담은 비디오 제작은 1960년대 말 록스타들의 뮤직 페스티벌 기록 영화가 시초이며, 1969년 뉴욕 근교의 농장에서 벌어진 우드스톡Woodstock 페스티벌의 실황 비디오가 대표적이다. 이후 장시간 촬영, 최소의 편집을 고집하던 사실주의 경향에서 벗어나 예술적인 구도, 다중 영상, 다양한 종류의 음향 병치 등 표현주의 기술이 혼합되었고 이러한 전통은 연주자들의 라이브 무대를 생생하게 보여주는 비디오의 제작으로 이어졌다.[3)]

1980년대 초 심야 버라이어티 쇼에서 뮤직비디오가 방송되기 시작하였고 MTV의 탄생 이후 마이클 잭슨Michael Jackson의 〈스릴러Thriller〉1982 앨범이 큰 성공을 거두었다. 이 앨범에 수록된 노래 〈빌리 진Billie Jean〉, 〈비트 잇Beat It〉, 〈스릴러〉는 전 세계적으로 뮤직비디오의 존재를 알리게 된 작품들이다. 〈스릴러〉는 뮤직비디오의 예술성과 제작비를 높은 수준으로 끌어올린 작품으로 세련된 춤, 고급 세트, 짜임새 있는 스토리와 함께 앨범의 전체 제작 과정을 담아 기록적인 음반 판매고를 올렸다. 마이클 잭슨이 뮤직비디오로 일으킨 댄스 음악 붐은, 이후 왬Wham!, 마돈나Madonna, 재닛 잭슨Janet Jackson, 폴라 압둘Paula Abdul이 빚어낸 춤의 향연으로 전환되었다.

24시간 뮤직비디오만 틀어주는 상업 유선방송 MTV는[4)] 광고비만으로 운영되는 음악 전용 채널로서, 대중에게 접근이 용이하고 소구력이 크다는 TV 매체의 특징을 극대화하여 프로그램 전략으로 사용하고 있다. 현재 대중음악에 있어서 뮤직비디오의 제작은 필수적인 요소가 되었을 뿐만 아니라 패션과 메이크업의 경연장을 방불케 하는 시각적 치장이 음악적 평가를 규정하는 단계에까지 이르게 되었다.

뮤직비디오는 아이튠스itunes 및 유료 음원사이트의 안정적인 수익원인 동시에 유튜브Youtube를 통한 무료 공개로 일반대중을 향한 홍보의 수단으로 사용된다.

2 | 우리나라 팝뮤직

한국 록 음악은 미8군 쇼 무대에서 태동한 것으로 알려진다. 원래 미국의 팝 음악인 스윙재즈가 1920년대에 일본을 거쳐 우리나라에 전파되었는데, 제2차 세계대전 종전 이후 미군의 진주와 더불어 구락부club 문화로 다시 소개되었다. 전후 미8군 기지와 주변의 기지촌 클럽들은 한국 음악인들의 주요 활동무대였다.[5)]

이후 인기가수 윤복희의 미니스커트와 펄시스터즈의 판탈롱 스타일 등 해외 패션의 트렌드에 대한 관심이 반영된 새로운 스타일들이 도입되었으며, TV 수상기의 보급이 100만 대를 상회한 1972년 이후 젊은 계층들은 팝뮤직을 통해 접한 새로운 유행을 창조하고 전파하였다. 이른바 '고고장'은 청년문화와 밤문화를 아우르는 록 음악의 장면으로서, 그룹사운드가 출연하고 청년문화의 상징인 생맥주, 통기타와 함께 청바지가 유행하던 공간이었다.[6)]

청바지는 팝송과 함께 국내에 도입되어 1970년대 청년문화의 외적 표현수단이며 대학생의 유니폼 역할을 하였다. 이는 당시 미국에서처럼 반문화나 정치의식을 담은 것보다는 미국에 대한 선망의식에서 출발하여 소비지향적인 대중문화에 의해 주도된 패션이었다고 볼 수 있다.[7)] 이후 정치적 이유에서 주춤했던 한국 팝뮤직은 대학가요제, 언더그라운드의 모던 포크 음악으로 이어지다가 1980년대 김완선, 박남정 등의 댄스뮤직 붐으로 이어졌다. 이들은 각각 "한국의 마돈나", "한국의 마이클 잭슨"의 별칭을 언론으로부터 얻으며 미국 팝뮤직과 댄스, 패션스타일을 모방하였다.

1988년 서울올림픽 개최는 국제화와 개방의 흐름을 가져왔고, 이러한 혜택을 받은 풍요로움의 신세대에게 1990년대 서태지는 '문화대통령'이라는 칭호를 얻으며 관심의 초점이 된다.

이후에는 기획형 보이그룹 중심의 댄스음악이 소녀팬에게 신드롬을 일으켰다. HOT의 커다란 장갑과 코믹한 스타일과 가면, 염색한 헤어스타일은 키치 스타일로 팬들에게 절대적인 지지를 얻었고, 젝스키스와 신화는 깔끔하고 세련된 정장스타일을 연출하였으며 청소년 교복 광고모델을 맡기도 하였다. 이들 그룹 멤버들의 미소년 같은 얼굴은 남성 외모에 대한 기준을 바꿔 놓았으며 다채로운 헤어 염색과 샤기 컷 스타일, 피어싱, 문신, 메이크업 등은 청소년층에게 급속히 확산되었다. 한편 그룹 SES와 핑클 등 여가수 중심으로 결성된 여성 그룹들은 긴 생머리와 노출이 심하지 않은 패션스타일로 귀엽고 발랄한 소녀나 요정의 이미지를 제시하였다.

또한 소녀시대, 원더걸스, 2NE1 등의 걸그룹과 슈퍼주니어, 빅뱅, 비스트, 엑소EXO 등의 아이돌 그룹이 등장하여 국내외로 인기를 끌고 있으며 싸이Psy의 〈강남스타일〉 뮤직비디오가 유튜브 사상 최고 조회수를 기록하고 빌보드 차트 2위에 오르는 등 세계적인 관심을 받은 바 있다.

팝뮤직과 패션 프로모션

1960년대 영국의 음악적 혁명과 젊음의 문화는 카나비 스트리트와 킹스 로드를 중심으로 전개되었다. 〈타임〉에서 역동적인 도시로서의 런던에 주목하고 커버스토리로 다룬 1966년 4월의 기사에서 영국의 젊은 문화는 '스윙잉 런던Swinging London'이라는 이름으로 불렸다.[8] 비달 사순의 기하학적인 쇼트 컷 헤어와 메리 퀀트의 미니 스타일, 남성들의 장발과 아메리칸 스타일의 데님, 록커의 퍼펙토 가죽 재킷, 아메리칸 인디언 스타일까지 다양한 스타일이 시도되었다.

퀀트 이외에 이 시기 독창적인 디자인으로 주목받은 디자이너 폴 앤 터핀Foale & Tuffin, 존 베이츠John Bates, 테아 포터Thea Porter, 잔드라 로즈Zandra Rhodes, 오시 클라크Ossie Clark 등은 자신들의 작품을 사진 작업으로 편집하여 비틀스와 롤링스톤즈의 음반에 실어 소개하였다. 이는 영국적 전통과 전혀 다른 스타일을 선보인 이들의 드레스를 홍보하기에 적합한 마케팅 수단이었다.[9]

비비안 웨스트우드는 1970년대 펑크의 여왕으로서, 킹스 로드의 부티크 '렛 잇 록Let It Rock'에서 새디즘적인 스타일의 '섹스Sex'에 이르기까지 자극적이며 독특한 DIY 스타일을 선보였다. 편집 매장 시절 펑크 록 프로모터인 말콤 맥라렌과 동업자로 기존의 트렌드에 반발한 펑크 패션을 전개하였으며 하위문화를 상위문화로 진입시켰다. 1981년 해적 컬렉션은 뉴로맨티시즘의 물결을 몰고 온 파격적이고 신선한 컬렉션이었다.

1984년 맥라렌과 결별한 이후에는 역사주의 의상을 기반으로 한 포스트모더니즘 패션이라는 새로운 패러다임을 낳았다. 버슬bustle과 코르셋, 거창한 코스튬 주얼리와

4
리버풀의 비비안 웨스트우드 상점(2010). 팝뮤직을 배경으로 디자인을 시작한 웨스트우드는 오늘날 전 세계적인 브랜드로 성장하였다.

트레인을 유머러스하게 조합한 웨스트우드의 컬렉션은 도발적이고 과시적이며 영국을 대표하는 것이었다.

비비안 웨스트우드는 스스로 자기 브랜드와 하우스 뮤즈로서의 역할을 하였다. 부티크 디자이너 시절에는 젊은이 집단의 지지를 받았고, 부티크의 이름을 엉덩이에 써넣은 채 찍은 도발적인 사진으로 화제를 모았다. 하이패션디자이너로 성장한 후에는 패션에디터, 패션큐레이터 등에게 인정을 받았으며,[10] 엘리자베스 2세 여왕에게서 영국 귀족 작위를 수여받는 자리에 시스루 복장으로 등장하여 기존의 관습과 권위에 도전하는 기인 같은 행동으로 주목받기도 하였다.

이외에도 1980년대 장 폴 고티에는 마돈나와 협업한 콘 브라를 발표하였고, 1990

년대 마크 제이콥스는 대중문화, 중고의류, 팝 뮤직에서 영감을 받아 그런지 룩을 창시하였다. 그는 대담한 차용을 통한 전위적이면서 입기 쉬운 패션을 내놓고 패션 디자이너의 엔터테이너화라는 새로운 패러다임을 창조하였다.[11] 한편 알렉산더 맥퀸은 고스Goth 하위문화 및 고스 록에서 영감을 받은 디자인을 내놓기도 했다.

팝뮤직과 하위문화 패션

전후 세대 젊은이들은 그들 나름의 생활방식과 음악, 이를 바탕으로 연출된 스타일을 만들어냈다. 1950년대의 소비패턴과 패션의 형식을 주도하며 자유로운 거리의 스트리트 패션을 형성한 것이다.

영국의 테디보이와 모즈는 제2차 세계대전 이후 나타난 하위문화 스트리트 스타일이다. 테디보이Teddy Boy는 하류층 백인 청소년 집단으로서 영국의 계급제도에 대한 반항의식으로 상류층에 대한 동경에서 에드워드 왕조시대 복식을 모방하였으며 의식적으로 패션에 신경을 쓰면서 열등감을 드러내었다. 모즈Mods는 모더니스트의 준말로 테디보이와는 달리 절제되고 깔끔한 스타일로 어필하였다. 레저와 문화에 관심을 가지고 정신적 가치를 중요시하며 세련미와 고상한 취향을 추구하였다.

비트닉과 로큰롤 스타일은 1950년대 미국 젊은이들의 스타일이었다. 비트닉Beatnik은 작가 잭 케루악Jack Kerouac이 뉴욕의 언더그라운드 비주류 세력을 지칭한 비트 세대Beat Generation의 표상이다. 원래 뉴욕의 우울한 백인 중류계층으로서 문화적 이탈자인 이들은 블랙 터틀넥에 짙은 색안경을 쓰고 실존주의적 가치와 예술 취향을 접목하여 독창적인 문화 코드를 만들었다.

엘비스 프레슬리, 제임스 딘과 말런 브랜도로 대표되는 로커rocker 스타일은 모터사이클을 탄 거칠고 다듬어지지 않은 모습에 진과 검정 가죽 재킷으로, 젊은이들의 유니폼이 되었다.

비트닉과 로커에서 이어진 로큰롤 음악은 기존의 주류와 가치에 저항하는 흑인 영향의 반문화인 동시에 사치와 소비적인 성향을 지닌다. 1940년대 중반 흑인음악을 총칭하던 리듬 앤 블루스에서 영향을 받은 로큰롤은, 인종차별의 사회적 분위기 속에서 흑인으로 태어난 슬픔과 분노를 표현하며 인종문제에 대한 고뇌를 담은 흑인음악의 음악적 요소와 표현 양식을 차용하였다.

기존 가치에 대한 반문화적 경향은 기성세대에 반발하는 틴에이저 문화, 그리고 노동자계층 문화와 연관된다. 틴에이저는 부모의 권위나 라이프스타일에 반대하는 집단으로, 영화에서 10대의 반항을 연기한 말론 브랜도Marlon Brando와 제임스 딘James Dean을 우상화하였다. 이 영화들은 세대 간 격차와 갈등을 표현하였고 그 이미지들은 틴에이저 문화에 많은 영향을 주었다.

로큰롤 음악은 당시 미국에서 대중성이 강한 상품 유행과 소비문화와 연관된다. 즉 틴에이저들이 레코드, 영화, 댄스, 자동차 등 로큰롤 음악 관련 시장을 형성해서 기성세대의 사치와 소비를 모방하고 선호하는 경향을 보였다는 점이다. 즉 흑인문화나 반문화의 요소를 받아들이면서도 내재된 의미보다는 형식과 스타일의 상업화에 치중하였다.

이후 히피, 펑크, 고스와 같은 청소년의 하위문화는 미디어에 의해 소외되고 종속적이고 대안적인 문화로 규정되며 주류의 문화와 가시적으로 다른 의복과 장식을 사용해 왔다. 하위문화 스타일은 브리콜라주bricolage의 방식으로 기존의 의복 아이템을 찢거나 꾸미고 장식하고 변형하여 개성을 표현하는데, 펑크 이후 하위문화에서는 그 스타일의 반항적 의미를 사라지게 하거나 일반화하는 매스미디어에 의해 주류패션으로 상향전파되는 현상을 볼 수 있다.[12)]

댄스뮤직과 패션

1 | 뮤직비디오 의상

뮤직비디오 의상은 가수의 개성 표현은 물론, 유행을 창조하고 리드하며 새로운 방식의 감각적인 영상을 효과적으로 표현할 수 있도록 하는 시각적 수단이 된다. 기존에는 관습상·도덕상 수용되지 않았던 스타일이 대중적 인지도가 높은 가수가 착용함으로써 일상적인 의상 품목으로 받아들여지기도 하고, 가수를 추종하는 청소년은 물론 일반인들에게까지 모방되어 새로운 스타일의 유행으로 확산되기도 한다.

한 번 제작된 뮤직비디오는 일정 기간 지속적으로 반복 상영되기 때문에 음악과 가수, 그리고 패션의 연상 작용을 통해 가수의 이미지 형성에 결정적인 요인이 된다. 가수의 공연이나 TV 출연 시에 착장되는 일회적인 의상보다는 뮤직비디오에 연출된 의상이 더욱 중요한 역할을 담당하므로 제작 내용과 방향, 스타의 이미지와 유행 감각을 조화롭게 결합시켜 기획된다.

음악 장르는 뮤직비디오의 의상과 연관성을 가진다. 댄스 장르나 로큰롤, 팝, 힙합, 랩 등의 장르는 뮤지션의 자유롭고 격렬한 동작을 고려하여 신체의 움직임이 용이한 스포츠 캐주얼 스타일이 주로 착용된다. 팬츠 색과 어울리지 않는 흰 양말이나 신발 바닥, 화려한 장갑 등은 신체의 움직임을 눈에 띄게 하여 화려한 동작을 관객이 인식하게 만드는 장치라고 할 수 있다.

여성의 경우 탱크톱과 핫팬츠 또는 미니스커트처럼 신체 라인을 드러내는 섹시 캐주얼 스타일이나 속옷의 형태를 외부로 노출시킨 슬립 스타일의 드레스를 주로 착용한다. 신체를 직접 드러내거나 타이트하게 밀착된 의상은 춤추는 신체의 라인을 부각시키는 역할을 하기 때문에 여성 뮤지션들의 뮤직비디오에서 시청자들의 이목을 집중하고 섹시한 이미지를 강조하기 위해 사용된다.

2 | 클럽 패션

클럽club은 음악, 춤, 패션의 모든 요소를 포괄적으로 아우르는 문화의 한 구성요소로서 1980년대 후반 영국에서 청년 하위문화를 대표하는 집약체로 나타났다. 강력한 저항의식을 육체적 쾌락을 동반한 춤과 스타일로 표출하며 초기에는 정치색이 강한 일종의 사교모임으로 시작되었으나, 시대의 변화에 따라 비슷한 사상이나 음악, 의상, 스타일을 가진 젊은이들이 모여 관심사를 소통하는 비주류 문화의 자율공간으로 변모하였으며 새로운 트렌드를 시도하고 창출하며 접근하는 실험적이고 창의적인 문화공간으로 기능하고 있다.[13)]

하우스 음악은 신시사이저의 전자음향과 단순하고 빠른 4박자 리듬의 전자 댄스음악으로 테크노와 동일한 음악적 의미를 가진다. 샘플링에 기초하여 원본을 복사한 소리, 가공과정을 통한 리듬과 멜로디의 디지털 프로세스를 거치는 특징을 갖고 있다. 반복적이고 일률적인 사운드와 비트로 그루브groove의 리듬감의 음악을 믹스하는 DJ가 존재한다. 댄스는 규정적인 몸짓이나 동작이 없이 몰아의 경험으로 유한의 자기를 부정하고 뛰어넘어 새로운 자아를 만나는 트랜스적 동작이 많다.

5
클럽 공연(2008). 클럽은 음악과 춤, 패션이 아우러지는 문화적인 장소이다.

클러버들의 패션은 청년 하위문화를 대표하여 기성세대에 반하는 자유주의를 중요 가치로 삼으며 클럽의 특성에 따라 착용하는 의상 또한 달라진다. 힙합 클럽의 경우 유니섹스, 오버사이즈 스타일의 점퍼나 티셔츠, 청바지 등의 힙합스타일을 착용하나 하우스 클럽의 레이버raver들은 형형색색의 네온컬러를 주종으로 한 심플한 실루엣의 그래픽 티셔츠, 스키니 진, 운동화를 기본으로 한다. 격렬한 몸동작에 맞게 박시한 실루엣과 신축성이 뛰어난 소재를 사용하고, 네온컬러를 통해 무대 조명하의 시각적 효과를 의도하며 안경, 벨트, 팔찌, 모자, 머리장식 등의 액세서리로 장식한다. 직접 제작하거나 주문하여 실험적이고 자율적인 클럽문화의 특성을 반영한 의상을 착용하는 경우도 많다.

참고 문헌

1) 박혜원(1998). "플래퍼 패션 디자인 연구-미국 재즈시대를 중심으로", 이화여자대학교 박사학위논문, pp.7-34.

2) Tommy Hilfiger(1999). *Rock Style: How Fashion Moves to Music*, NY: Universe, p.9.

3) 김형곤(1992). 《새로운 영상매체: 뮤직비디오, 포스트모던시대의 비판언론학》, 서울: 한울, p.312.

4) 엄혁, 이유남, 강영희, 김복진, 백진숙(1993). 《TV: 가까이 보기, 멀리서 읽기》, 서울: 현실문화연구, pp.129-131.

5) 뉴스위크 한국판(2006). 《이것이 록이다-로큰롤 50년》, 서울: 중앙일보 시사미디어, pp.88-89.

6) 김필호(2005). "1960~1970년대 그룹사운드 록음악-한국 팝의 고고학", 《문화과학》 42, pp.211-228.

7) 박길순(1991). "한국 현대 여성복식의 발달에 미친 요인 분석-1945-1990년을 중심으로", 한양대학교 박사학위논문, pp.99-199.

8) Christopher Breward(2005). "Swinging London", p.81, in Gerda Buxbaum(ed), *Icons of Fashion: The 20th Century,* 2nd Ed., NY: Prestel Verlag.

9) 이재정, 박신미(2011). 《패션, 문화를 말하다》, 서울: 예경, p.194.

10) 이민선(2013). "패션 디자이너의 창의성 발현 요인 비교 연구 -칙센트미하이와 가드너의 관점을 중심으로", 서울대학교 박사학위논문, pp.3-4.

11) Ibid.

12) 임은혁(2013). "고스 하위문화 스타일의 미적 특성", 《패션비즈니스학회지》 17(2), pp.1-16.

13) 박한힘(2010). "클럽문화가 대중의상에 미친 영향 - 하우스 뮤직을 중심으로", 《한국패션디자인학회지》 10(1), pp.75-91.

10 팝뮤직의 패션아이콘

20세기 후반 패션아이콘

1 | 엘비스 프레슬리

1950년대 로큰롤 가수들은 TV라는 매체를 통해 대중들에게 알려진 대중음악의 첫 세대로서, 기성세대와 중산층에 거부감 없이 다가가기 위해 정장 스타일의 슈트를 착용하였다. 이후 그들은 소재와 장식의 변화, 세퍼레이츠 스타일로 색다른 감각과 개성을 표현하게 되었다.

엘비스 프레슬리Elvis Presley는 1935년 미시시피 주에서 태어나 1977년 멤피스에서 사망하기까지 로큰롤의 황제로 군림하였다. 그는 젊은 세대가 중심이 된 하위문화의 상징으로 여겨지면서 전후 젊은이들을 열광시켰다. 음악적으로는 가스펠, 블루스, 리듬 앤 블루스, 힐비리, 부기, 웨스턴 등 다양한 장르를 아우르는 재능을 가지고 있었고, 특히 록커빌리 리듬이 열광적인 재즈음악에 탁월한 감각을 지니고 있었다.

엘비스는 음악뿐 아니라 당시 젊은이들의 패션에도 지대한 영향을 미쳤다. 그가 애용하던 턴업 셔츠turned-up shirt는 노동자 계급에서 비롯된 패션으로 맨 위 단추가 열린 스포티한 스타일이었으며, 여기에 바지폭이 아래로 갈수록 좁

/
록의 황제로 기억되는 엘비스 프레슬리를 표현한 일러스트.

아지는 테이퍼드 팬츠tapered pants나 바짓단이 접힌 턴업 팬츠turned-up pants를 매치하였다. 그는 빛바랜 청바지와 칼라를 세워 입는 셔츠 스타일을 선호하였고 흑인들의 애호 색상인 블랙, 핑크, 레드, 퍼플, 화이트와 같은 강렬한 이미지의 색을 즐겨 사용하였다.

특히 포마드를 바른 헤어스타일은 흑인들이 곱슬머리를 펴기 위해 사용한 포마드를 모방한 것으로 록커빌리 컷의 기본이 되었다.[1] 그는 구레나룻과 함께 중간 길이의 기름 바른 새까만 머리, 클래식한 데님denim 셔츠와 티셔츠, 장식적인 웨스턴 벨트를 매치한 슬림한 진과 카우보이 부츠로 당시에는 획기적인 섹시미를 연출하였다. 골반을 흔드는 유명한 춤 동작은 이러한 엘비스 룩의 특성을 돋보이게 하고 깊은 인상을 주었다.

1970년대에 엘비스가 주로 착용하였던 흰색의 점프슈트jump-suit는 신축성 있는 폴리에스테르 소재를 이용하여 제작된 것으로 웨스턴풍의 징과 모조보석을 이용해 로데오 스타 이미지를 창조하였다. 이러한 타이트한 의복은 엘비스가 힙을 움직이거나 포즈를 취할 때 더욱 섹시하게 보였고 귀밑까지 올라오는 3~4인치 높이의 스탠딩 밴드 칼라standing band collar는 귀족적인 느낌을 갖게 하였다.

엘비스 프레슬리를 중심으로 한 로큰롤 패션스타일은 리듬 앤 블루스에서 영향을 받은 글리터, 현란한 색채, 화려한 장신구와 메이크업, 컨트리 앤 웨스턴에서 영향을 받은 포멀 웨어, 스포츠 재킷, 헤어스타일, 영화에서 영향받은 검은색 가죽 재킷과 청바지로 요약될 수 있다. 로큰롤 스타들은 반짝이는 소품을 많이 사용하였는데 유리, 거울조각, 세퀸, 비즈와 보석들의 요란스런 장식은 인상적인 이미지 연출로 스타들의 이미지를 부각시키는 데 많이 이용되었다. 검은색 가죽 재킷과 청바지는 영화의 영향을 많이 받은 로큰롤 패션스타일로, 1950년대 10대들 사이에서 징 장식이나 집단을 상징하는 그림 등을 첨가하여 착용되었다. 특히 어두침침하고 선동적인 음악적 특성을 표현한 가죽 재킷은 1970년대 말과 1980년대 초, 록 가수들의 필수 아이템이었다.

엘비스의 록큰롤 스타일은 베르사체2011 s/s, 발멩의 올리비에 루스테잉2012 resort, 이사

벨 마랑2013 s/s 등의 디자이너에 의해 리바이벌되고 있으며, 2015년에는 그의 탄생 80주년 기념 전시와 관련 행사에서 스타들이 그의 패션 스타일을 오마주 형식으로 따라하기도 했다.

2 | 비틀스

CBS-TV의 대표적인 게스트 쇼 프로그램 〈에드 설리번 쇼〉는 1964년 2월 9일 영국의 보컬 그룹 비틀스에 대해 특집방송을 하였고 이는 시청률 70%라는 경이적인 기록과 함께 미국에 비틀스 선풍을 일으키는 데에 결정적인 역할을 하였다.

비틀스는 1962년 〈러브 미 두Love Me Do〉로 데뷔한 후 미국에서까지 인기를 얻은 대표적인 팝 그룹이다. 그때까지의 감미롭고 부드러운 팝과는 대조되는 격렬한 비트와 와일드한 절규로 청중에게 신선한 충격을 주었고 미국, 영국을 비롯한 전 세계를 열광시켰다. 이들은 모든 음악 분야에서 선구자였고 대중음악을 예술로 승화시킨 최초의 그룹이었다.

초기 비틀스는 음악의 대대적인 인기와 에드워드 시대를 연상케 하는 단정한 복장 스타일, 모즈 룩mods look을 애용하였다. 1963년 비틀스를 처음 등용한 매니저는 깨끗한 이미지를 위해 가죽 재킷 대신 피에르 카르뎅의 칼라 없는 슈트를 착용하도록 했고 머리카락은 둥그렇게 잘라 머시룸 스타일mushroom style을 연출하였다. 1964년 슈트에 터틀넥turtle neck을 받쳐 입는 캐주얼 룩과 함께 비틀스 스타일은 남성들의 기본적인 모즈 룩으로 유행되었다.

모즈는 1966년 런던 카나비 스트리트Carnaby Street를 중심으로 나타났던 비트족 계보에 속하는 젊은 세대를 지칭하며 이들의 스타일인 모즈 룩은 1960년대 가장 두드러지는 남성복 스타일이 된다.

비틀스의 모즈 스타일은 미국의 청소년에게도 영향을 주었는데, 기름을 발라 뒤로 넘기는 1950년대식 헤어스타일이 신사적이라 생각하던 미국 고등학교에는 '비틀

2
히피족의 모습. 히피 스타일은 록 그룹 비틀스의 영향을 받았다(1993).

마니아'로 명명되는 학생들이 등장하면서 징벌의 대상이 되기도 했다. 당시 미국 코네티컷 주 사립학교 학생 중에는 앞머리를 쓸어내려 자른 비틀스형 머시룸 헤어스타일로 퇴학당했다는 기록도 찾아볼 수 있다.[2)]

비틀스 스타일은 무대에서의 격렬한 동작에도 머리 모양이 깔끔하게 유지되는 커트 헤어스타일과 칼라가 부착되지 않은 울 재킷에 통 좁은 바지, 고무 삼각대를 부착한 첼시 부츠로 대변되었고 1960년대 젊은 층에게 폭발적인 인기를 얻으며 유행하였다. 이들의 스타일은 넓은 어깨와 넓은 가슴을 강조하는 1940년대와 1950년대의 남성적 육체미와는 다른 새로운 보디 컨셔스 스타일을 통해 표현되었다. 작고 타이트한 바지는 엉덩이와 넓적다리, 종아리를 확연히 드러내었으며, 바지 지퍼를 잠글 때에는 바닥에 드러누워야 할 정도로 타이트했기 때문에 공연 도중 바지의 봉제선이 터져 다음 날 신문 1면을 장식하는 일이 종종 발생하였다.

1960년대 중반부터 비틀스는 개인별로 각자의 스타일을 추구하며 다양한 칼라와 패턴을 선보였다. 1967년 시도한 플라워 차일드 스타일flower child style은 모즈의 깔끔한 모습과는 다른 자유로운 스타일로 1970년대 초반까지 모즈와 함께 유행했다. 이들은 서로 영향을 주고받으며 2가지 요소가 섞여 특이한 스타일이 나타나다가 후반에 들어서는 음악적 요소나 패션스타일에 있어서 히피의 영향을 많이 받았다.

비틀스는 젊은이들의 자유로운 의식과 삶의 방식을 대변하는 젊은이의 우상이었고, 그들을 추종하는 사람들은 어떤 규칙에도 얽매이지 않은 자유로운 방식으로 의상을 착용하였으며 히피 스타일의 긴 머리와 헐렁거리는 옷을 걸치고 거리를 누볐다. 이 시기의 비틀스는 존 레넌John Lennon의 긴 머리, 첼시 부츠, 장님용 안경, 깃발무늬 목수건을 패션화하면서 젊은 세대의 허무주의를 극대화하기도 하였다.[3)]

히피는 1960년대 후반 미국 젊은이들 사이에 나타난 반사회적 일탈 및 자연으로의 회귀를 주장하는 집단으로, 사회에서 일탈하여 생계를 위한 노동을 하지 않고 마약을 복용하며 비전통적인 의상을 착용하고 공동생활을 하였다. 또한 사이키델릭psychedelic한 해프닝에 동조하고 사랑, 평화, 자유를 주장하며 성 해방이나 자연으로의 복귀를 중요시하면서 보헤미안적인 생활과 동양적인 신비주의나 종교에 관심을 가졌다.

이들은 현대문명의 이기와 물질만능에 대한 저항과 반전에 관심을 가진 하위문화를 가지고, 머리에 꽃을 꽂고 보디 페인팅을 하고 웃고 춤추면서 인류 전체에 대한 사랑을 주장하였다. 눈에 띄는 긴 머리에 스트리킹을 하거나 마약을 상용하기도 했으며 중고 상점에서 산 빅토리아식 숄, 나팔바지인 벨버텀 팬츠bell bottom pants, 페이즐리 문양, 보울러 해트bowler hat, 프린지fringe 장식의 재킷, 웨스턴 부츠, 지팡이 등을 애용하였다. 또한 민속풍에 대한 관심으로 세계 여러 지역 민속의상의 요소를 패션스타일에 차용하였으며 여러 가지 옷을 겹쳐 착용하는 레이어드 룩을 연출하였다.

이들의 영향을 받은 히피 패션은 남녀의 성별을 구별할 수 없을 정도의 장발, 티셔츠와 간단한 면 블라우스, 고무·면·마 소재의 구두, 손으로 만든 액세서리 등을 통해 자연의 원초적 이미지를 드러내었다. 남녀 모두 머리에 헤드밴드를 하거나 구슬 목걸이를 여러 겹 늘어뜨리고 긴 케이프cape를 착용하였으며, 낡아서 헤진 듯한 빛바

3
히피 스타일로 장식된 자동차(2007).

랜 의상, 패치워크나 자수, 올을 풀어 너덜거리는 스타일의 의상을 착용하였다. 이러한 스타일들은 보편적인 청바지에서부터 에스닉, 노스탤지어, 사이키델릭, 최첨단의 미니와 힙스터, 전시대의 모즈와 비트족 스타일의 영향 등 모든 요소가 일정한 기준 없이 착용자의 개성에 따라 매치되어 나타났다.

히피의 약물문화는 환각적인 록 음악과 더불어 사이키델릭 록을 분출시켰다. 사이키델릭 록은 춤을 추며 즐기기보다는 듣고 느끼기 위한 음악으로 기존 록 뮤직과는 커다란 차이점이 있다. 이것은 마리화나나 LSD 등의 환각제 사용에서 얻어지는 이미지를 사운드화하는 실험음악으로 나른한 멜로디, 흐느적거리며 미끄러지는 음, 코드 변화의 부재, 비음계적인 사운드 강조가 특징이다. 그레이트풀 헤드Grateful Head, 제퍼슨 에어플레인, 퀵실버 메신저 서비스Quicksilver Messenger Service 등이 대표적인 사이키델릭 록 뮤지션이며 이들이 연출한 사이키델릭 룩은 기계와 인공적인 것에 집착하는 미래지향적 이미지였다.[4]

이외에도 1960년대 후반의 지미 헨드릭스의 아프로afro 헤어스타일, 현란한 보석 장식, 헤드밴드, 부적, 반다나bandanna, 부츠, 동양풍의 장식 등은 히피 스타일을 대중에게 전파하는 데 많은 영향을 주었다. 지미 헨드릭스는 브로케이드brocade 베스트, 새틴, 긴 칼라의 셔츠, 재킷과 스카프를 다채롭게 믹스하여 착용하였는데, 실크 시폰의 페이즐리 블라우스에 가죽 베스트를 매치시키고 은도금과 터키석 장식의 수제 벨트에 코듀로이 팬츠와 화이트 부츠를 매치하거나, 벨벳 브로케이드 재킷에 실크 페이즐리 스카프를 코디하고, 벨벳 벨버텀 팬츠에 에드워드 왕조풍Edwardian 스타일의 셔츠를 시도하기도 했다.

최근에 이르러 비틀즈의 패션 스타일은 토미 힐피거2015 s/s를 비롯한 디자이너들의 컬렉션에 나타나고 있으며, 특히 비틀즈 멤버였던 폴 매카트니의 딸 스텔라 매카트니가 디자이너로 활동하면서 그 음악의 주요 배경이 된 장소에서 컬렉션2017 s/s을 개최하기도 했다.

3 | 롤링 스톤즈

팝 패션은 1960년대 초반 날렵한 형태의 모즈 룩에서부터 후반의 섹시한 판타지 드레싱으로 유행을 선도하였다. 팝 그룹의 리드 싱어들은 커다란 칼라의 셔츠블라우스와 엉덩이를 압박하는 가죽 또는 새틴 소재의 바지를 착용하고 동성애 취향의 과장된 몸짓으로 곡을 연주하였다.

믹 재거Mick Jagger, 키스 리처드Keith Richard, 브라이언 존스Brian Jones, 찰스 와츠Charles Watts, 빌 와이만Bill Wyman으로 구성된 롤링 스톤즈는 비틀스보다 더욱 기성세대에 반항하는 전복적인 이미지를 연출하였다. 퉁명스럽고 오만한 태도와 비관습적인 룩, 미국 흑인 음악을 포용한 롤링 스톤즈는 세대 간 저항을 상징하는 극단적인 반항과 일탈의 아이콘이 되었다. 이들 중 믹 재거와 키스 리처드는 패션에서 다양한 스타일의 변화를 시도하였다.

믹 재거는 섹스어필을 강조한 롤링 스톤즈 멤버 가운데에서도 가장 먼저 양성적인 이미지 연출을 시도한 인물이다. 그는 모로코, 인도 등의 민속풍과 빈티지 스타일을 변화무쌍하게 실험하였고 스카프, 벨트, 모자 등의 액세서리도 대담하게 사용하였으며 특히 무대에서 믹 재거가 신었던 카페지오 재즈 옥스퍼드capezio jazz oxford는 1970년대에 크게 유행하였다. 그는 멤버인 브라이언 존스가 사망하였을 때 무대에서 퍼시 비시 셸리Percy Bysshe Shelly의 시를 읽으면서 여성의 속옷 같은 스목 드레스smock dress를 착용하였는데 이는 영국 로큰롤 무대 역사상 최초의 여성적인 제스처가 연출된 것이었다. 이후 그는 프릴과 러플, 플리츠를 이용한 화려한 의상으로 양성적 이미지 연출을 지속적으로 시도하였다.

반면 키스 리처드는 과장된 남성적 이미지를 보여 주었다. 체인과 보석장식이 드러나도록 셔츠 앞을 풀어헤치고 레오파드 프린트와 가죽을 선호하였으며, 커다란 고리형 귀걸이와 흐트러진 머리, 커다란 벨트와 부츠를 착용하고 스카프를 둘러 해적 룩pirate look을 창조하였다. 또 다른 멤버인 찰스 와츠는 영국 신사의 상징인 새빌 로우의 슈트를 착용하여 클래식한 남성의 모습을 드러내었고, 나중에 그룹에 합류한 기타리스트 로니 우드Ronnie Wood는 밝은색과 가죽을 이용한 대담한 룩으로 롤링 스톤즈 전체의 모습을 완성하였다.

롤링 스톤즈 특유의 입술과 붉은 혓바닥의 모티프는 패션 아이템에서 현재도 자주 등장하며, 벨기에 디자이너 비렌동크2013 f/w는 위에서 설명한 믹 재거의 스목 드레스를 가죽으로 재해석해 내놓은 바 있다.

4 | 섹스 피스톨즈

1976년 영국의 로큰롤 그룹인 섹스 피스톨즈Sex Pistols를 시작으로 나타난 펑크 록 그룹들은 기존 사회의 우상인 소수의 부르주아적 가수에 대한 반항과 영국의 경제 불황으로 야기된 부정적인 사회현상을 직접적으로 표현하기 위해 기존 음악과는 전혀 다른 특징을 드러내어 사회에 충격을 주었다.

펑크 음악은 아방가르드적인 음악성을 가지고 기성 록의 리듬을 부정하고 새롭고 실험적인 음악적 요소를 시도하였는데, '음악적 무정부 상태'로 기성 음악의 모든 것을 부정하였으며 개인주의적이고 공격적인 특징을 지닌다.

섹스 피스톨즈는 전대미문의 괴상한 음악과 패션, 언동으로 유명하였으며 사회의 낙오자가 되어버린 젊은이들로부터 압도적인 지지를 받았다. 이들은 다색으로 염색된 기이한 형태나 스킨헤드의 헤어스타일을 하였고, 지퍼를 엉뚱한 장소에 달거나 핀, 면도날 등을 액세서리로 활용하며 저가의 쓸모없는 것들을 패션 디자인에 활용하였다. 리드싱어 조니 로튼Johnny Rotten, 1956~은 나치 모양이 장식된 티셔츠를 착용하고 혐오스러운 행동과 음란한 언행으로 분노를 표출하고 대중을 선동하였다.

펑크 음악을 선호한 펑크족들은 검은색 가죽 재킷, 찢어진 청바지, 요란한 머리모양과 현란한 색채를 즐겨 사용하였고, 속박과 구속을 상징하는 체인과 안전핀을 신체에 꽂고 피어싱piercing을 하는 등 의도적으로 기괴하고 충격적인 외모를 연출하는 펑크 스타일을 추구하였다. 이들은 록커즈와 스킨헤드, 사이키델릭 등 기존의 스트리트 스타일 집단의 다양한 근원에서 영감을 풍부하게 차용하면서 독자적인 새로운 스타일을 창조하였다.

펑크 록 음악에서 파생된 펑크 룩은 모든 종류의 극단적인 스타일을 추구하는 것으로, 지나친 메이크업, 의상, 머리염색, 그리고 일탈적인 행동까지 포함한다. 이는 마조히즘적인 성향의 오토바이 폭주족 복장으로부터 시작되었는데, 바짓가랑이를 사슬로 연결하고 안전핀을 귀와 코에 꿰어 반항적이고도 공격적인 이미지를 표출하였으며, 닭볏 같은 모히칸 헤어스타일mohican hairstyle에 공포감을 자아내는 메이크업, 폭력적 이미지의 액세서리, 더럽고 혐오스러운 복장 등 문명파괴적인 양상과 허무주의, 히스테리, 폭력 등의 메시지를 패션에 표현하였다. 또한 가죽 재킷에 금속 핀과 장식 못으로 장식하는 등 극단적인 과장을 즐겼는데, 펑크 록 가수들은 가죽을 이용한 새롭고 다양한 패션스타일을 창조하여 대중에게 전파시켰다.

이후 헤비메탈 패션스타일은 펑크 패션에서 많은 요소를 도입하여, 장식 못이나 금속 조각으로 가죽 재킷을 장식했고, 꼭 맞는 가죽 바지를 입거나 청바지를 찢고 구멍을 내서 착용하였다. 1972년 그룹 키스Kiss의 의상은 래리 라거스피Larry Lagaspi가 디자인한 것으로 여러 가지 색을 패치워크 또는 퀼팅 처리하여 인공적이고 기계적인 거칠고 강렬한 느낌을 전달하였다. 또한 오지 오스본Ozzy Osbourne은 1976년 공연 때 의복 전체에 거울 조각, 유리 조각, 비즈, 스팽글 등을 장식하여 화려하면서도 거친 헤비메탈 음악의 강한 느낌을 패션스타일을 통해 강조하였다.

이외에도 펑크 스타일은 쿠튀르적인 감각과 조합되어 지속적인 패션의 영감으로 자리하고 있다.

5 | 데이비드 보위

글램 록glam rock은 1971~1972년경 영국에서 시도되었던 실험적 음악 장르로서,[5] 동성애와 양성애를 테마로 한 노래와 의상으로 관심을 끌었던 데이비드 보위David Bowie, 1947~2016로 대표된다.

그는 음악과 패션 간의 관계를 완전히 변화시킨 인물로 앤디 워홀의 영향을 받아 앤드로지니androgyny와 데카당스decadence, 초현실주의의 이미지를 시각적으로 나타내었다.[6] 보위가 연출한 SF적 판타지는 당시 남성들이 밝은 색채와 화려하고 대담한 프린트를 과감하게 시도하였던 공작혁명peacock revolution보다 발전된 스타일로 무대에서의 환상적이고 스펙터클한 시각적 경험을 관객에게 선사하였다.

1972년 공연에서는 짙은 화장과 귀걸이, 팔찌, 크리스털 목걸이, 모조보석으로 된 브로치, 스팽글이 달린 트위드 스웨터tweed sweater와 레오파드 프린트의 스트레치 진에 앞뒤 굽이 있는 빨간색 플랫폼 부츠platform boots를 신고 빨간색의 헤어 염색을 시도함으로써 과장되고 혁명적인 패션의 악마적 매력을 선보였다.

이처럼 글램 록에서 나온 글램 룩glam look은 자기정체성과 변환에 대한 사고를 토대

4
데이비드 보위의 음반(1973).

로 글래머러스라는 환상적 분위기의 외모를 중시하는 양성애적인 록 스타일의 팝 에이지 룩pop-age look이라 할 수 있다. 펑크스타일보다 쾌락적이고 캠프적인 스타일로서, 전통적인 남성적 이미지와는 거리가 먼 것이 특징이다.

머리는 파마를 해서 커다란 컬을 만들어 헬멧 모양으로 커팅하였고 검은색으로 염색하고 부분적으로 밝은색의 하이라이트를 넣거나 글리터glitter로 장식하였다. 얼굴은 아이라이너와 블러셔, 립글로스 등을 이용해 여성 뮤지션들보다도 더 진한 메이크업을 연출하였다.

우주에 대한 관심으로 당시 유행하던 은색이나 광택 소재를 사용한 것에서 시작된 이러한 글리터 패션은 셔츠를 착용하지 않고 신체에 달라붙는 탱크톱tank top에 화려한 목걸이와 보석이 달린 십자가를 장식하거나, 하이힐, 플랫폼 또는 무릎길이의 부츠

안에 밀착되는 바지를 착용함으로써 다리의 형태를 매우 강조하였다. 이들이 착용한 굽 높은 플랫폼 슈즈의 인기는 남녀 모두에게 지속되어 몇 년 동안 굽이 높지 않은 신발은 찾아보기가 힘들 정도였다.

글램 룩은 부조화된 이미지의 브리콜라주bricolage, 섹슈얼리티와 젠더에 대한 전복을 시도한 앤드로지너스한 스타일, 극적으로 과장된 화장을 통한 기괴한 과시와 작위적인 허위성을 특징으로 하였다. 또한 바이섹슈얼리티, 앤드로지니, 트랜스베스티즘 등의 성적 일탈을 드러내며 세퀸과 메탈 컬러, 플랫폼 슈즈의 부절제한 요소를 조합하여 도발적이고 퇴폐적인 미래를 표방하였다.

데이빗 보위의 패션은 모델 케이트 모스, 장 폴 고티에2013 s/s 등에 의해 오마주되고 있으며, 2016년 타계하면서 그의 음악이 여러 패션 컬렉션의 음악으로 사용되었다. 구찌의 알렉산드로 미켈레2016 f/w는 슬림핏과 넓은 라펠의 수트, 밝은 색상을 사용하고 패턴과 자수 디테일로 보위의 1970년대 의상을 호화롭고 안드로지너스하게 해석하였다.

6 | 마이클 잭슨

마이클 잭슨Michael Jackson, 1958~2009은 흔히 팝의 황제King of Pop로 불리며 음악, 댄스, 패션으로 세계 대중문화에 지대한 영향을 준 인물이다. 원래 잭슨 패밀리의 여덟 번째로 태어나 형제들이 결성한 잭슨 파이브 멤버로서 9살에 음악 활동을 시작하였고 1971년 솔로 활동을 시작했다. 1980년대 MTV와 함께 히트곡의 뮤직비디오로 대중음악계의 대표적인 인물이 되었다.

1982년 발매한 앨범 〈스릴러〉는 R&B, 락, 펑크, 댄스의 장르를 섭렵한 앨범으로 전 세계에서 가장 많이 팔려 기네스북에 오른 앨범이다. 수록곡 9곡 중 7곡이 빌보드 탑 100에 올랐다. 그 뮤직비디오들은 인종차별의 벽을 허무는 데 일조하였고, 미디어에서의 예술형식과 앨범 홍보 방식을 바꾸어놓았다. 무대와 비디오 퍼포먼스에 따른 로

봇 춤, 문워크와 같은 댄스기법을 대중화시켰으며 이후 힙합, 팝, 록, R&B 음악에 영향을 미쳤다. 〈비트 잇〉으로 반마약운동1984을 주도하고 〈위 아 더 월드We are the World〉1985로 아프리카 구호 활동을 펼쳤으며 〈배드Bad〉1987, 〈댄저러스Dangerous〉1991 등으로 혁신적인 음악을 전개하였다.[7)]

패션에 있어서는 화려한 스팽글과 금장 어깨 장식이 달리고 파워 숄더로 강조한 나폴레옹 시대풍 레드 예복이나 블랙 밀리터리 재킷을 즐겨 입었으며 여기에 발목 길이의 크롭트 팬츠를 매치한 뉴로맨틱스 스타일이 대표적이다. 그는 베르사체 브랜드를 선호하였으며, 춤동작을 강조하는 흰 양말과 다이아몬드장식 장갑, 페도라 모자, 선글라스와 완장 등 디테일한 아이템을 활용하였다. 화려한 트로피 재킷와 화이트 티셔츠, 화이트 재킷, 와일드한 레더 팬츠, 라이더 재킷 또한 그가 즐겨 입은 아이템이었다.

5
1980년대 팝 아이콘 마이클 잭슨을 표현한 일러스트.

성형을 통한 그의 외양 변화는 많은 논란을 일으킨 바 있으며, 사생활에서 아동 성추행에 대한 추문이 이어졌으나 2009년 약물중독으로 인한 심장마비로 사망한 후에도 유작 앨범의 발매가 이어지고 있다.

그의 패션 또한 가수 리한나와 모델 아기네스 딘 등의 패션에 영감을 주었고, 발멩의 크리스토프 데카르넹2009 s/s, 모자 디자이너 필립 트레이시의 컬렉션2013 f/w에도 소재로 등장하고 있다.

7 | 마돈나

마돈나Madonna, 1958~는 1980년대 대단히 영향력 있는 대중문화의 도상이자 논쟁의 중심이 된 인물로서, 팬들에게는 최고의 팝 패션아이콘이며 스타일에 있어서는 패션리더이자 유행창조자이다. 마돈나는 섹슈얼리티, 성별, 인종, 계급이라는 민감한 문제를 부각시켜 도발적이고 도전적인 이미지를 창조한다.

마돈나의 초기 뮤직비디오와 콘서트 공연은 전통적인 패션 경계를 넘어섰고 공공연한 성적 행동과 자극을 통해 '적절한' 여성적 행동이라는 경계를 파괴하였다. 등장 당시부터 마돈나는 문화산업이 유통시킨 이미지들 가운데 가장 난폭한 여성 도상 중 하나였는데, 패션과 생활방식에서의 반항, 비순응, 개성, 실험적 태도를 옹호하였다. 마돈나는 끊임없이 이미지와 정체성을 변화시키면서 대중들이 자신의 패션과 스타일을 창조하고 실험하도록 유도하였다.

1990년대 이후 오락 프로그램은 점차 의미가 연결되지 않는 영상과 동작, 그리고 순간순간 뒤바뀌는 화면들로 특징 지워지는 이른바 MTV 스타일을 모방하기 시작하였다. 줄거리는 배제하고 이미지만 중시하는 MTV식 연출방식이 네트워크 TV까지 침투한 가운데, ABC-TV는 1990년 12월 팝스타 마돈나의 뮤직비디오를 방영하여 폭발적 인기를 얻는 동시에 거센 비판에 직면하였다. 이 뮤직비디오는 변태적인 성애를 노골적으로 표현하였다는 이유로 시청자 보호를 위해 MTV에서조차 방영을 거부하였다.

마돈나는 패션 전략과 육체 이미지를 통해 정체성을 확립하였고 동시에 자신의 이미지를 상품화하였다. 초기의 마돈나는 찢어진 청바지와 부스스한 금발을 검은 리본으로 묶고 십자가 귀걸이, 팔찌 등의 장신구로 마돈나 패션을 유행시켰으며, 이후 배꼽을 드러낸 셔츠에 볼레로 재킷, 검은 레이스 장갑, 무릎까지 오는 몸에 밀착되는 타이츠, 그리고 겉옷으로서의 속옷 스타일을 유행시켰다. 특히 브래지어 모양의 스판덱스 소재 탱크톱을 착용하거나 콘 브래지어와 코르셋의 무대의상을 통해 에로티시즘을 강조하였다.

6
팝스타 마돈나는 TV와 뮤직비디오를 통해 자신의 음악과 패션스타일을 전달한다.

또한 존 갈리아노John Galliano나 장 폴 고티에 같은 디자이너와 작업하면서 글래머러스하고 섹시한 다양한 룩을 탐구하는 등 음악만큼이나 새로운 패션스타일의 창조 작업에 몰두하였다. 1980년대 패션을 주도한 아방가르드 디자이너 장 폴 고티에는 다른 의복 위에 브라를 착용하는 패션을 헤드라인으로 만들어 언더웨어 룩을 창조하였으며 브래지어와 코르셋이 연결된 뷔스티에bustier 탑을 전 세계적으로 유행시켰다.

마돈나는 자기 이미지의 상품화와 판매에 뛰어난 팝 슈퍼스타로서, 〈Boy Toy〉, 〈Material Girl〉, 〈Blonde Ambition〉 등 뮤직 비디오와 영화, 콘서트를 통해 이미지를 지속적으로 변화시켰다. 헤어스타일은 지저분한 금발에서 백금발, 검은색, 갈색, 빨간색 등 다양한 색상으로 변화되었고, 초기의 부드럽고 감각적인 몸매에서 육감적이고 늘씬한 몸매, 단단한 근육질의 섹스 머신sex machine, 미래의 테크노 바디techno body로 지속적인 변화를 꾀하고 있다. 레이디 가가, 리한나 등은 패션에 있어서 마돈나에서 영감을 받았음을 공공연히 인정하는 뮤지션들이다.

8 | 너바나

너바나Nirvana는 1990년대에 미국 시애틀을 중심으로 리드싱어 커트 코베인Kurt Cobain, 1967~1994에 의해 결성된 밴드로, 기존의 달콤한 록 뮤직에 타협하지 않는 남다름으로 젊은이들의 우상이 되었다. 이들의 음악을 그런지 록grunge rock이라 부르는데, 여기서 그런지는 미국 청소년층이 지저분하다는 의미의 'grungy'를 변형하여 만들어낸 신조어 'grunge', 즉 무엇이든 더럽고 혐오감을 주는 지저분한 것을 일컫는 말에서 파생된 용어이다.

현실에 대해 냉소적이고 실용적인 가치관을 지닌 이들의 문화는 1960년대 히피문화와 관련되는데, 이들 그룹은 중고 상품에서 구입한 다듬어지지 않은 스타일의 안티패션을 시도하였고 잘라낸 진과 커다란 스웨터, 플란넬 셔츠로 1990년대 초 백인 청소년들의 패션트렌드로 계승되었다.

그런지는 무성sexless을 지향하며 의식적으로 지저분한 스타일을 추구하며 성별이 뚜렷하지 않은 유니섹스 모드로 나타난다. 또한 신체의 형태나 사이즈에

7
너바나의 음반.

적합한 것인지 개의치 않으며 형태가 없는 스타일을 선호하였다. 즉 트렌드와는 상관없는 비유행적인 스타일처럼 보이지만 사실은 이렇게 보이도록 주의 깊게 연출된 스타일이다.[8)]

그런지 룩은 세기말 패션 전환기에 있어서의 젊은 스트리트 패션의 일종으로 1980년대 엘리트주의에 대한 반동으로 시작되었으며 도시적인 보헤미아니즘bohemianism에 근원하고 있다. 그 특징은 레이어드와 투박한 울, 고급 벨벳, 비스코스 레이온과 같은 소재의 사용, 복고적인 형태의 꽃무늬, 럼버잭 플레이드와 패치워크의 혼합에 있으며,[9)] 환경을 고려한 재료의 사용과 중고의류의 재활용으로 에콜로지 경향을 드러냄과 동시에 찢어진 데님 진의 착용을 통해 해체주의적 경향을 나타낸다.

그런지 룩의 특징 중 하나인 패치워크는 리사이클링recycling이 주요 패션트렌드로 부상하면서 각광받았다. 현대 산업사회의 지나친 물질만능주의와 자연 파괴에 회의를 느낀 현대인들이 옛것에 대한 향수를 느끼면서 내추럴과 복고풍의 패션에 관심이 집중되었는데, 1990년대의 패치워크는 단순한 조각 잇기가 아니라 다양한 요소가 결합되어 나타난 패션 현상으로, 이질적인 소재의 믹스 앤 매치를 통해 다양한 스타일의 변화를 보여 주었다.

마크 제이콥스Marc Jacobs와 같은 디자이너들은 그런지 스타일을 하이패션에 적극적으로 도입하였다.[10)] 믹스 앤 매치, 레이어링, 미완성적인 마무리, 낡음, 찢어짐, 구멍 남, 복고, 재활용, 킨더호어kinderwhore*, 냉소적인 낙서, 여장, 지저분하고 헝클어진 착장법과 헤어스타일과 같은 그런지의 조형성은 2000년대에도 다양하게 나타나고 있다.

이브 생 로랑의 에디 슬리먼2013 f/w은 커트 코베인의 그런지 룩에서 영감을 얻은 컬렉션을 발표하였으며, 브랜드 로우의 디자이너인 애슐리 올슨은 너바나라는 이름의 향수를 출시2007하기도 하였다.

---

* 어린 창녀라는 뜻으로, 특히 뮤지션 코트니 러브의 소녀와 창녀의 이미지를 넘나드는 키치적인 옷차림에 붙은 이름이다.

9 | 힙합 뮤지션들

힙합은 1970년대 초 DJ에 의해 음악적 장르로서 탄생하였다. DJ인 할리우드가 '힙, 합'hip, hop이라는 가사를 주로 사용하면서 힙합 음악, 힙합 문화라는 용어가 생겨났다. 힙합은 음악, 춤, 패션 등을 포괄하는 문화로서 일반적으로 DJ, 비보이B-boy, 랩 등을 요소로 한다. 클럽에서 DJ들은 가사가 없는 비트만 계속해서 틀어주면서 사람들이 무대 중앙에 나와 춤을 출 시간을 갖도록 하였으며, 이때 현란한 춤을 과시하는 비보이들이 브레이크 댄스를 추며 힙합 패션스타일을 보여 주었다.

힙합 탄생 후 간주 부분에 흥을 돋우기 위하여 소리를 지르던 정도였던 랩은 1978년 슈거힐 갱Sugerhill Gang의 〈래퍼스 딜라이트Rapper's Delight〉 레코드 발매로 본격적으로 발전하였고, 1980년대에는 흑인 인권운동과 관련된 정치적 성향의 가사로 시선을 모았다. 1990년대 들어서는 자유스럽고 즉흥적인 형태의 춤을 선보였으며 댄스 랩, 갱스터 랩 등 다양한 스타일의 랩으로 발전하였다.

비보이들이 착용하는 힙합 스타일은 편하고 실용적이며 다양한 코디가 가능하다. 신체보다 큰 치수의 바지에 후드 티셔츠, 폴로 셔츠 등을 착용하고 그 위에 니트 스웨터나 조끼를 입는 것이 일반적이며 추울 때는 박스형 점퍼나 후드 점퍼를 코디한다. 커다란 사이즈를 선호하는 특성은 소속된 사회와 가정, 학교의 구속과 억압에서 벗어나고자 하는 성향을 드러낸 것으로, 일반적인 의복의 착장법을 무시하고 개성 추구와 자기표

8
힙합 뮤지션 Ice-T를 표현한 일러스트.

현을 중시한다.

소외된 흑인 스타일로부터 출발한 힙합 스타일은 이후 디자이너 브랜드나 유명 스포츠웨어의 디자인 영감으로 작용하고 있다. 토미 힐피거Tommy Hilfiger와 같은 디자이너 로고의 의상 또는 나이키Nike, 아디다스Adidas, 리복Reebok의 트랙 슈트track suit를 착용하거나 커다란 금장식을 한 힙합 가수들은 노동자나 평범한 사람이 아닌 성공한 사람처럼 보였다. 1980년대 런 디엠씨Run DMC와 L.L. Cool J는 이러한 스타일을 선도한 뮤지션들로 운동선수와 뮤지션 간 패션스타일의 관련성을 형성하게 하는 계기를 마련하였다.[11] 힙합 스타일은 특히 백인 청소년들에게 영향을 미쳐, 거꾸로 야구 모자를 쓰거나 운동복이나 배기 진을 착용한 백인 청소년들의 모습이 거리에서 쉽게 눈에 띄게 되었다.

2000년대 이후 힙합은 다문화적 혼성을 이루며 다양한 장르의 생성으로 분화되고 있으며 패션에서 프레피 룩과 접목되어 제한 없는 상상력으로 즐거움과 유희를 추구한다. 슬림핏의 캐주얼하고 양성적인 이미지의 힙합 패션은 카니에 웨스트, 제이지, 패렐 윌리엄스 등의 뮤지션의 스타일로 표현되고 있다.[12]

10 | 서태지와 아이들

우리나라의 경우 1992년 서태지1972~와 아이들의 등장은 듣는 음악에서 보는 음악으로 음악의 소비 형태를 변화시켰다. 서태지는 기성세대와 신세대 모두에게 관심 밖이었던 신세대 문제를 하나의 사회현상으로 인식하고 이를 음악으로 표출하였으며 기성세대들에게 신세대의 존재를 강하게 부각시켰다.

신세대란 인구통계상 1970년대 출생의 세대로서 풍요로움과 산업화의 수혜를 받고 자란 세대를 의미하는데, 이들은 문화 부분의 범지구화에 반응하며 신소비문화의 패션리더 역할을 했다. 압구정동은 투명한 쇼윈도로 그 안의 '현란한 젊음'이 잘 보이는 소비 지향의 해방구였으며 '오렌지족', '야타족'이라는 식의 명칭으로 비난하는 여론도 거셌다.[13]

서태지와 아이들은 빠른 랩과 자유스러운 분위기의 의상, 격렬하고 파워풀한 무대 매너로 인해 기성세대의 정서와 맞지 않는 퇴폐적인 뮤지션이라고 비판받았으나 신세대에게는 기성세대의 구속에서 벗어난 새롭고 파격적인 문화를 느끼게 하였다. 그들의 음악은 한국어 랩을 구사하는 〈난 알아요〉에서 알 수 있듯이, 반복되는 단조로운 리듬에 다양한 장르의 음악이 섞여 있는 리믹스 음악으로서 이질적이고 새로운 것들을 자유롭게 결합시키는 데 주저함이 없는 신세대의 감성을 그대로 반영하였다.

서태지 신드롬은 서태지로부터 시작되는 일련의 패션 유행현상으로 설명될 수 있는데, 〈난 알아요〉 때 입었던 태그tag가 달린 모자와 7부 바지 패션으로부터 〈컴백홈 Come Back Home〉의 스노보드 패션에 이르기까지, 서태지의 패션스타일은 젊은 세대에게 커다란 반향을 불러일으켰다.

당시 듀오 또는 트리오 가수들의 똑같은 차림과는 달리 각 멤버가 서로 상이한 의상을 입었으며 무릎 아래까지 오는 헐렁한 반바지와 헐렁한 티셔츠의 레이어드 룩과 함께 발목을 덮는 삭스, 모자, 목걸이 등의 액세서리 착용은 당시 압구정동 중심의 신세대 패션에 많은 영향을 미쳤다. 이러한 다양한 아이템을 결합한 믹스 앤 매치와 레이어드 룩은 패션스타일에 있어 당시 최고의 히트상품이었다.

이후 실험성과 자율성이 강조된 파격적인 의상이 시도되었는데, 2집 발표와 더불어 선보인 히피 스타일의 옷차림과 자메이칸 드레드록 헤어스타일, 3집에서 〈발해를 꿈꾸며〉를 부를 때 착용했던 타탄체크tartan check 스커트 등은 쉽게 모방하기에는 다소 부담스러우나 눈으로 즐길 수 있는 패션이었다. 4집에서의 스노보드 패션은 냉소적인 랩 창법과 함께 서태지의 최대 무기인 젊음과 도전정신, 카리스마를 마음껏 표현한 스타일이었다.

서태지 패션은 미국 하위문화 스타일의 복제품이라고 비판받기도 한다. 그러나 기성세대나 사회에 대한 반항과 일탈을 노래하고 자유를 추구하는 이들의 감성은 기존 세력에 대한 저항 의지를 공공연히 드러내는 서구의 하위문화 스타일을 채택함으로써 기성세대와는 차별화된 신세대 대중문화를 수면 위로 부상시켰다. 이로써 신세대들은 문화와 스타일에서 주요 소비자군으로 변모하게 된다.

21세기 패션아이콘

1 | 그웬 스테파니

그웬 스테파니Gwen Stefani, 1969~는 그룹 노 다웃No Doubt의 보컬 출신으로 다양한 장르의 음악을 넘나들며 활동하는 미국의 싱어송라이터이자 패션디자이너이다. 2004~2005년에 왕성한 음악 활동으로 역동적이고 독특한 고음의 목소리로 주목받고 세계적으로 엄청난 음반 판매고를 올렸다. 데뷔 당시 스타일은 마돈나에서 영향을 받았으며 붉은색 립스틱과 플래티넘 블론드의 할리우드 스타일을 제시하였다.

가족들이 봉제 일에 종사하여 어려서부터 어머니가 직접 지은 옷을 입고 자란 스테파니는 원색이나 파격적인 프린트가 있는 펑키한 의상을 선호한다. 일본에 관심이 많으며 에스닉한 스타일을 즐겨 입기도 한다. 그녀의 백댄서들은 하라주쿠의 고딕 롤리타Gothic Lolita에서 영감을 받은 의상을 입고 다니며, 자신도 크리스티앙 디오르와 일본풍을 조합한 스타일을 입는다고 말한 바 있다.[14]

9
그웬 스테파니의 브랜드 '하라주쿠 러버즈'의 운동화(2008).

프린트 아이템을 적절히 레이어드하고 매니시한 테일러드 재킷과 배기팬츠, 또는 스키니팬츠를 시크하게 매치하는 스테파니의 스타일은, 밀리터리풍이나 원색의 액세서리

그리고 워커힐이나 부츠, 스트랩 샌들이 사용되며 선명한 레드 립스틱으로 강조된다.

그웬 스테파니가 2003년 런칭한 브랜드 L.A.M.B.은 그녀가 평소 좋아하는 단어들이며 2004년 발표한 솔로 앨범의 제목 《Love, Angel, Music, Baby》의 앞글자로 명명된 브랜드이다. 이는 평소의 펑키한 스타일을 표현한 것으로, 팬 연령층을 고려할 때 고가의 상품군으로 구성되어 있으나 소량생산으로 꾸준한 인기를 끌고 있으며, 일본에서 영감을 받은 브랜드 〈하라주쿠 러버즈Harajuku Lovers〉 또한 2005년에 런칭하였다.[15] 그녀는 록밴드 출신의 남편과 두 아들과 함께 록 시크의 패밀리 룩을 선보이며 패션 아이콘이며 패션디자이너로서의 행보를 이어가고 있다.

2 | 비욘세 놀스

비욘세 놀스Beyonce Knowles, 1981~는 미국 텍사스 출신의 R&B 가수이자 배우로 흔히 '비욘세'라고 불린다. 1990년대 말 걸그룹 데스티니스 차일드의 리드싱어로 데뷔하였으며 2003년에 솔로로 데뷔하고 현재까지 각종 수상과 음반 기록을 경신하며 왕성한 활동을 하고 있다. 음악의 주제는 사랑과 인간관계, 그리고 여성의 성에 대해 다루는 페미니스트이며 가창력과 역동적인 안무로 무대를 사로잡는다.[16] 마이클 잭슨과 다이애나 로스의 영향을 받았으며 무대 위에서 파워풀하고 대담한 퍼포먼스를 벌일 때에는 섹시하고 도발적인 모습을 보여 주는 자기 내면의 또 다른 자아가 있다고 주장한다.

그녀가 2005년에 런칭한 브랜드 〈하우스 오브 데레온House of Dereon〉은 그녀의 섹시하고 건강한 이미지를 콘셉트로 한 의류 브랜드이다. 이 브랜드는 의상실을 하던 외할머니와 현재 비욘세의 스타일리스트 일을 하는 어머니 티나, 그리고 비욘세의 패션 감각과 이미지를 믹스하고 있다.[17] 스포츠웨어, 데님과 모피 아우터, 핸드백을 판매하기도 했다. SNS를 통한 비욘세와 그 가족들의 근황, 화려한 룩은 지속적인 패션계의 관심을 얻고 있다.

3 | 레이디 가가

미국의 여성 싱어송라이터이며 행위예술가인 레이디 가가Lady Gaga, 1986~는 1986년생으로 작곡과 행위예술에 대한 재능을 일찍부터 인정받았으며 가수로서의 한정된 틀을 뛰어넘어 예술적 경지의 퍼포먼스를 실현하는 인물이다. 퀸의 노래 〈라디오 가가Radio Gaga〉에서 자기 이름을 따왔을 정도로 퀸을 숭배하며 프레디 머큐리의 양성성과 무대매너를 지표로 삼는다. 그녀의 음악은 유럽의 고전적인 1980년대와 1990년대 에코 클래식, 유로 팝에 기반을 두고 최첨단 일렉트로닉 효과와 화려하고 드라마틱한 퍼포먼스, 보컬 성향으로 알려져 있다.[18]

그녀는 화려한 섹슈얼리티와 자신감으로 모든 성적 경계를 무너뜨리는 하이퍼모더니즘 패션을 추구하며, 파격적인 시각적 자극을 기초로 난해한 감성을 선사한다. 음악과 비주얼은 제작 단계부터 함께 고려되는 중요한 요소이며 과장된 무대매너와 패션을 통해 특유의 방식으로 표현된다.[19] 은색 랍스터 머리장식과 원피스, 엉덩이가 보이는 메탈 모자이크 미니 드레스, 다이어트 콜라 캔을 머리에 말아 넣은 헤어스타일, 2010년 MTV 시상식 때의 생고기로 만든 드레스는 논란과 화제를 낳은 그녀의 여러 패션 중 일부이다. 2008년에는 라텍스 점프슈트와 오리가미 드레스로 화제를 모았고, 2009년에는 박쥐 형태의 의상과 거울 드레스로 미래주의를 표현하였다. 2010년에는 생고기와 채소, 죄수복 등을 테마로 하였으며, 2011년에는 콘돔을 사용하거나 스테인드글라스를 드레스에 적용하고 신체를 변형하여 그로테스크한 이미지를 극대화시켰다.

마돈나와 퀸과 같은 이전 가수들의 이미지를 차용하기도 하고 팝아트적인 대중주의로 재현하기도 하며, 시간과 공간을 해체하여 의도적으로 파격적인 퍼포먼스를 선보이기도 한다. 하드코어적 관능미와 미래주의, 아방가르드를 다의적으로 중첩하기도 하고 각종 컬래버레이션과 첨단 기술의 접목으로 다양하고 복합적인 패션스타일을 제시하였다. 특히 레이디 가가는 펑크, 고스, 차브, 글램 등 팝스타들에 의해 생성되거나 파급된 다양한 하위문화들을 차용하여 녹여내고 있다.[20]

그녀의 패션과 무대세트, 음향, 안무를 담당하는 창작팀 하우스 오브 가가Haus of Gaga는 앤디 워홀의 팩토리Factory를 모델로 한 것으로 비주얼 이미지를 담당한다. 대표적 콘셉트인 아방가르드와 퓨처리즘 표현을 위해 플라스틱, 디지털 기기, 거울, 조명기구 등 실험적인 소재를 사용하고 몰딩과 커빙, 펀칭 등의 기법으로 극적인 표현을 시도한다. 예술과 패션, 음악의 경계를 넘나들고 융합하여 새로운 스타일로 재창조하는 스타일 아이콘으로 평가된다.[21]

4 | K-Pop 걸그룹: 소녀시대, 원더걸스, 2NE1

1990년대 중반 한류 바람을 타고 한국 대중문화가 주변 아시아 국가에 영향을 끼치면서 소녀시대, 원더걸스, 2NE1 같은 한국 K-pop 스타들의 음악과 패션이 세계적인 인지도를 얻는 데 일조하였다.

소녀시대는 2007년 데뷔한 9인조 여성 그룹으로 각 멤버의 개성에 맞는 섹시한 이미지와 완벽한 군무에 맞는 스타일을 선보인다. 노골적인 노출과 도발적인 선정성보다는 새틴, 시폰, 레이스, 모피, 가죽을 사용하여 우아하고 세련된 여성성을 강조하며 순수와 섹슈얼리티를 적절하게 혼합하여 활용한다.[22] 미니스커트나 핫팬츠를 매치한 슈트나 여성미 넘치는 마린 룩으로 블랙 앤 화이트 스타일을 추구하기도 하고, 원색의 스키니 팬츠로 경쾌한 역동성을 표현하기도 한다. 이들의 완벽한 몸매와 퍼포먼스, 패션은 현시대의 이상적인 이미지를 구성하는 것으로 여겨진다.[23]

4인조 걸그룹 원더걸스Wonder Girls는 2009년 레트로 펑키 팝 음악인 〈텔 미Tell me〉와 미국 투어 활동 때 착용했던 1960년대 레트로 스타일의 의상과 헤어스타일로 인지도를 높였다. 밑위가 긴 하의, 도트 프린팅, 화려한 패턴이 반복되거나 글리터 소재를 사용한 짧은 미니드레스에 복고풍의 머리, 컬러풀한 타이츠를 조합하여 여성스럽고도 화려한 스타일이었다.

2NE1은 기존의 걸그룹과는 다른 독특한 개성으로 2017년 해체되기까지 대담하

고 키치한 패션을 선보였다 데뷔 초기 멤버 산다라박은 사과머리와 정수리 부분까지 하나로 높이 묶어 세운 야자수 머리에 비비드한 컬러감의 과장된 프린트 티셔츠, 얼룩말무늬 레깅스를 매치하여 장난스러운 유머와 스포티하고 테크니컬한 감성을 조합하였다.[24] 리더인 씨엘은 록 시크 스타일을 추구하며, 박봄은 각선미를 살리는 미니스커트를, 공민지는 펑키하고 스포티한 분위기의 레깅스를 주로 착용한다. 콜라주 형식의 믹스 앤 매치 스트리트 패션스타일이 이들을 대표한다고 할 수 있다.

디자이너 제러미 스콧Jeremy Scott은 2NE1의 키치패션을 디자인하면서 각 멤버들의 개성에 키치적 감성을 다양하게 연출하도록 하였다. 기발한 상상력이 돋보이는 유머러스한 표현은 형광색과 그라피티, 과장되고 산만한 프린트로 현란하게 구성된다. 스포츠 브랜드 아디다스로 출시된 이와 같은 패션은 K-pop 스타들의 영향력을 한층 높인 것으로 평가된다.

5 | 지드래곤

지드래곤G-Dragon, 1988~의 본명은 권지용이며 YG엔터테인먼트 소속이다. 빅뱅Big Bang의 멤버인 그는 랩 가수이자 작곡가, 프로듀서이며 패션디자이너로도 활동하고 있다. 빅뱅의 히트곡 다수를 작곡했으며 2009년에는 솔로로 데뷔하며 엄청난 성공을 거두었고 2010년에는 빅뱅의 멤버 탑TOP과의 컬래버레이션 앨범으로 상승세를 이어갔다. 이미지에 대한 관리와 창의성, 패션산업에 대한 공헌으로 동료 및 팬들에게 칭송의 대상이 되었다.

지드래곤은 슬림한 몸매에 완벽한 신체비율을 지니고 남성복과 여성복의 경계를 무너뜨리며 절묘하게 믹스 앤 매치하는 센스를 발휘한다. 패션업계의 여러 인물에게 영감을 주는 스타일 아이콘으로 지목되어 각종 잡지 및 패션계의 인정을 받고 있다. 앨범 《하트브레이커Heartbreaker》2009 발매 당시 보여 주었던 금발과 빅뱅 활동 때 착용했던 삼각형 스카프는 청소년들에게 인기를 끌었으며, 앨범을 발매할 때마다 음악 및 패션의 모든 스타일을 변화시켜 새로움을 준다.[24] 흔히 해외 공연을 위해 출국하거나

10
지드래곤의 모습을 표현한 그라피티 아트(2012).

귀국하는 모습을 촬영하는 것을 의미하는 '공항패션'에서 그는 최고의 패셔니스타로서 포털을 장식한다. 독특하고 눈에 띄며 파격적인 아이템을 자신만의 색깔로 시크하게 입어내며 멋지게 소화하는 능력을 보여 준다.[26)]

2014년 1월 영국의 〈가디언〉은 생 로랑 패션쇼를 프런트 로에서 감상하고 있는 지드래곤과 태양의 사진을 싣고서 이들을 진정한 글로벌 스타로 지목했다. 파리 컬렉션 참석을 위해 출국한 이들은 샤넬의 카를 라거펠트, 톰 포드, 릭 오언스 등 세계적인 디자이너와 전 파리 〈보그〉 에디터 카린 로이펠트와의 만남을 인스타그램으로 전했다. 명품 브랜드와 각종 패션지에서도 이들의 모습을 SNS로 전하고 기사화하였다.[27)] 2016년 SPA 브랜드 에잇세컨즈와 협업하여 남성복과 여성복의 경계를 넘나드는 젠더리스 패션을 출시하였으며 디자이너 지은과 함께 브랜드 피스마이너스원을 런칭하였다.

참고 문헌

1) 현대인과 패션 편찬위원회(2000). 《현대인과 패션》, 대구: 경북대학교 출판부, pp.109-110.

2) 조오순, 남윤숙, 박혜원, 오인영, 박은정(2005). 《함께 알아보는 패션 그리고 뷰티 이야기》, 서울: 경춘사, p.166.

3) 현대인과 패션 편찬위원회(2000). op.cit., p.111.

4) Ibid., p.112.

5) 유송옥, 이은영, 황선진(1996). 《복식문화》, 서울: 교학사, p.289.

6) Tommy Hilfiger(1999). *Rock Style: How Fashion Moves to Music*, NY: Universe, pp.70-71.

7) http://en.wikipedia.org/wiki/Michael_Jackson

8) Tommy Hilfiger(1999). op.cit., p.139.

9) 이선재(1998). 《의상학의 이해》, 서울: 교문사, p.177.

10) 정유경, 금기숙(2005). "1990년대와 2000년대 그런지 패션에 관한 연구", 《한국의류학회지》 29(3), p.453.

11) Tommy Hilfiger(1999). op cit., p.128.

12) 김 윤, 이연희 (2015). "프리프합(Prep-hop) 패션의 디자인 특성", 『복식』 65(4), 61-75.

13) 김형민(2014). "압구정서 '야~타!' 외치던 오렌지족, 지금은…", 《한겨레신문》 토요판, 2014. 3. 28.

14) http://ko.wikipedia.org/wiki/%EA%B7%B8%EC%9B%AC_%EC%8A%A4%ED%85%8C%ED%8C%8C%EB%8B%88

15) 이지은(2008). "스타 이미지를 활용한 패션 디자인 개발", 이화여자대학교 석사학위논문, p.29.

16) http://ko.wikipedia.org/wiki/%EB%B9%84%EC%9A%98%EC%84%B8_%EB%86%80%EC%8A%A4

17) 이지은(2008). op.cit., p.30.

18) 김유경(2011). "레이디 가가의 하이브리드 패션스타일 특성에 대한 연구", 《한국디자인문화학회지》 17(3), pp.144-153.

19) Ibid., pp.149-150.

20) 최원석, 한기창(2011). "영상 미디어에 등장한 레이디 가가의 패션 스타일 분석과 패션 이미지 연구 - 하위문화 형성을 중심으로", 《한국디자인문화학회지》 17(4), pp.644-659.

21) 김향자, 권미정(2012). "레이디 가가 패션에 나타난 알레고리 연구(제1보)", 《한국의류산업학회지》 14(2), pp.519-531.

22) 박희지(2012). "K-Pop 특성과 K-Pop 아이돌의 패션 이미지", 서울대학교 석사학위논문, p.42.

23) 김윤(2012). "K-pop 스타의 패션에 관한 연구", 《한국패션디자인학회지》 12(2), pp.17-37.

24) 나현신, 장애란(2012). "K-pop 스타 패션에 나타난 키치의 조형적 특성 연구", 《디자인지식저널》 24, pp.61-71.

25) http://en.wikipedia.org/wiki/G-Dragon

26) 유지혜(2014). "'섹션'이 꼽은 공항패션 선두주자는 '지드래곤'", MBN, http://star.mbn.co.kr/view.php?no=1128457&year=2014

27) 송초롱 (2014). "영 가디언, 지드레곤 태양 파리 패션 위크 등장에 '진짜 글로벌 스타'", MBN 2014/01/22. http://star.mbn.co.kr/view.php?no=116344&year=2014

11 스포츠와 패션

스포츠의상

1 | 스포츠와 영상문화

스포츠는 엄격한 규칙이 존재하는 경쟁적 신체활동으로서 동지애, 응원, 그 외의 여흥이 합쳐진 총체적인 활동을 통해 시청자와 관람객들을 팀의 일원으로 소속시키며 선수들의 경험을 공유하는 문화적 요소를 지닌다. 19세기 중반 영국에서 발전하여 학생들의 통제와 일체감 형성, 건강 관리 및 건전한 시민 양성을 위해 확산되었고,[1] 스포츠 관람을 위한 활동도 장려되었다.

특히 컬러텔레비전의 등장은 스포츠 경기를 전 세계적으로 연계시키는 이벤트로 전환시켰다. TV 중계를 위해 긴박감 있게 경기를 운영하고 규칙을 조율하며 팀 유니폼을 패션화하여 시청자의 눈을 즐겁게 한다. 스포츠는 여러 가지 변수가 존재하는 '각본 없는 드라마'로서 팀의 역량 차가 현격하더라도 그 결과를 단정하기 힘들어 시청자들의 관심의 대상이 된다. 특히 국가 대항의 스포츠 경기는 민족성을 고취시키고 단결을 꾀하는 계기가 되어 왔다.

스포츠의상과 영상매체와의 밀접한 관계는 영화를 통해 처음 형성되었는데, 1930년대와 1940년대의 할리우드에서는 여가용 파자마와 수영복을 착용한 여배우들의 모습을 통해 스포츠의상이 선보였다. 1960년대에는 신체에 밀착된 미래지향적인 비행 슈트를 기본으로 더욱 발전된 우주복 스타일의 캣슈트catsuit가 개발되었는데, 이것은 영국 텔레비전 프로그램 〈더 어벤저스The Avengers〉1965~1968의 여주인공 역을 맡았던 다이애나 리그Diana Rigg를 위해 신축성 있는 저지를 이용하여 디자인한 것이었다.

1950년대에 이르러서는 많은 사람이 테니스나 볼링, 풋볼, 크리켓, 스키, 펜싱, 골프 등 온갖 종류의 스포츠 활동에 몸담기 시작하였고 치어리딩 또한 스포츠 활동에 제약을 느낀 소녀들의 해방구가 되었다. 유니폼을 입은 10대 소녀들은 주름종이와 방수비닐로 만든 스커트, 학교 이름이나 응원구가 적힌 스웨터, 바비삭스와 슈즈, 폼폼을 든 모습이었다.

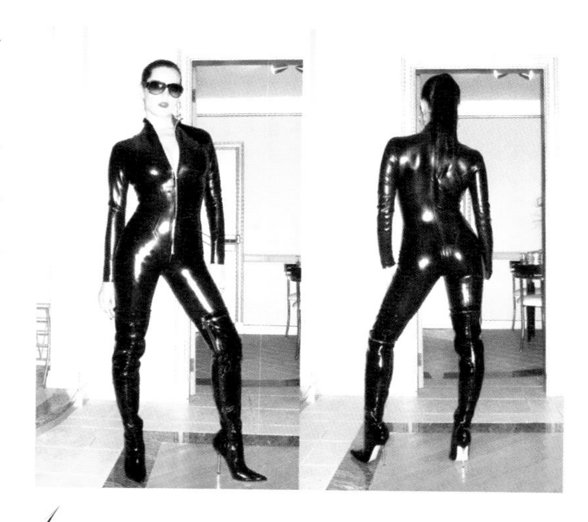

1

라텍스 재질의 블랙 캣슈트(2006). 이 슈트는 1960년대 우주복 스타일로 개발되어 TV 매체를 통해 전파되었다.

1970년대 컬러텔레비전 시대에는 1972년 뮌헨 올림픽의 화려한 개막식과 수영선수들의 다채로운 색상의 라이크라 수영복으로 시선을 끌었다. 이후 스포츠는 특정 선수뿐만이 아닌 일반 대중에게도 널리 확산되었고 이에 따라 스포츠의상에 대한 소비가 증가하였다.

2 | 다양한 스포츠의상

스포츠의상은 스포츠 활동을 위해 선수들이 입는 경기복, 운동복 등 기능적 측면이 중시된다. 땀 배출이 쉽고 튼튼하면서도 가벼운 소재를 사용하여 신체를 보호하고 몸의 움직임이 원활하게 이루어지도록 돕는다.

그러나 신체 보호와 같은 기능적 측면뿐만 아니라 착용자의 미적 욕구를 표현하거나 상대편과 분별시켜 주는 인지적 기능, 국가나 단체를 표현하는 상징적 기능도 스포츠의상에서 중요한 부분이다. 스포츠의상은 공격적인 요소와 미적인 요소를 혼합하여 디자인되는데, 특히 선수들의 의상은 상대편을 심리적으로 압박할 수 있는 색상과 디자인 요소를 이용한다. 스포츠의상은 공격적인 게임을 의미하는 팀 간 구별을 위한 색상, 패턴, 후원자의 로고를 통해 스포츠에 대한 흥미를 적극적으로 유발하며 화려함과 구경거리를 제공한다.

선수들의 의상은, 선호하는 선수와 동질감과 친근감을 느끼려는 팬들에게 동일한 형태의 레플리카replica를 구매하고 수집하게 하는 마케팅의 대상이 된다. 2005년 박지성이 맨체스터 유나이티드 선수로 활동했을 때 영국 언론에서 그를 두고 "아시아에서 티셔츠를 팔러 온 사나이"라고 폄하하기도 했을 정도로 각종 스포츠 유니폼은 마케팅의 대상이 되고 있다.[2] 유니폼은 팀의 정체성과 이미지를 효과적으로 전달하여 소비자에게 팀을 친숙하게 어필할 수 있다.

축구

축구는 본래 기원전부터 존재하였으나 17세기에 일상화되면서 1865년 규칙이 제정된 종목이다. 1970년 멕시코 월드컵이 위성을 통해 중계되면서 전 세계인들의 동시 시청이 가능해져 축구에 대한 관심이 폭발적으로 증가하였다. 2002년 한·일 월드컵은 국내 일반 대중에게 남녀노소를 가리지 않고 축구에 대한 관심을 끌게 만든 계기였으며 조기축구회의 활성화와 유소년 축구 교실의 설립 등 일반의 적극적인 참여가 이어지고 있다.

축구선수 유니폼은 기본적으로 축구복, 정강이받이, 스타킹, 축구화로 구성된다. 여기에 소속 팀의 상징을 색상과 로고를 통해 표현한다. 각 국가의 유니폼은 국가 이미지를 상징하며 각종 대중매체를 통해 전 세계인의 시선을 끌기 때문에 유명 스포츠웨어 브랜드에서는 앞다투어 축구선수 유니폼을 제작하고자 경쟁이 치열하다. 국가 이미지를 상징하기 위해 국기의 색을 그대로 반영하거나 국가를 상징하는 색상을 사용하는 것이 보통이다.

2014년 브라질 월드컵 당시 브라질 축구대표선수 유니폼은 나이키Nike가 제작한 것으로 옐로 바탕에 Y넥의 라인을 녹색으로 디자인한 상의에 블루 팬츠로 국기의 색

2
브라질 월드컵에서 아르헨티나를 꺾고 우승한 독일 국가대표팀(2014).

을 담고 자국의 폭발적인 축구 스타일을 표현하였다. 멕시코의 경우 녹색 바탕에 국가의 문장과 흰색의 지그재그 라인을 가슴에 장식하며, 아르헨티나 또한 국기색에 있는 하늘색 줄무늬를 사용하여 아디다스가 제작하였다.

국기색과 다른 색의 유니폼을 사용하는 나라로는 네덜란드, 이탈리아, 일본 등이 있다. 네덜란드의 축구대표 유니폼은 예전 국기의 색인 오렌지를 바탕으로 하고, 이탈리아 '아주리 군단' 유니폼은 청색을 주조로 한다. 일본은 청색 바탕에 흰색 라인이 들어가는 상의와 바지를 착용하고 신성시되는 3발 달린 까마귀 엠블럼emblem과 국기로 장식한다.

이전까지 청색 바탕에 백색과 적색의 조합으로 국기의 색을 그대로 반영하던 프랑스는 네이비 바탕에 흰 칼라를 단 형태로 2014년 새롭게 국가대표 유니폼을 정하였다. 평균 18개의 플라스틱병을 재활용한 친환경 소재로 만들어졌다는 나이키의 프랑스 대표 유니폼은 선수들의 땀을 배출시키는 드라이핏 기술에 3차원 보디스캔 기술이 사용된 것이며, 유니폼 양 옆선 주변의 레이저컷 기술로 통기성을 제공한다.[3]

퓨마에서 제작된 이탈리아 대표 유니폼은 슬림핏 라인과 테일러드 깃이 섬세하게 매치되며 이탈리아 전통적 문장과 이탈리아 축구연맹의 독특한 글씨체가 가미되었다. 유니폼 안감에 고탄력 실리콘 테이프를 접착하여 피부의 특정 부위에 마사지 효과를 주어 근육에 보다 효과적으로 에너지를 공급할 수 있는 혁신적인 기능성 소재를 사용하였다.[4]

한편 영국 축구대표선수 유니폼은 백색 바탕에 사자 3마리가 새겨진 방패 모양의 엠블럼을 함께 부착하며 원정경기 때는 레드 바탕을 사용한다. 독일의 경우도 백색 바탕에 가슴 부분에 넓은 V자 형태로 3단계의 레드 계열 문양을 넣고 어깨에서 소매 윗부분까지 3개의 검은 선을 넣었으며 별 3개를 달아 이제까지의 월드컵 우승 횟수를 상징하였다.

우리나라의 경우 붉은색의 유니폼을 사용하는데, 이는 1948년 런던 올림픽 때 태극문양에서 따온 붉은색 상의와 푸른색 하의를 착용한 것에서 시작되었으며 이후 붉은 색상이 축구 유니폼에 지속적으로 활용되고 있다. 2014년 월드컵에서는 어깨에 푸른 선을 넣고 차이나 칼라를 달았으며 유니폼 안쪽에 궁서체로 '투혼'이라는 글씨를 새기고 금색 자수로 'KOREA'란 글자를 넣은 디자인을 사용하였다.[5]

월드컵은 선수들만이 아니라 응원하는 사람들의 패션에도 영향을 미친다. 2002년 한·일 월드컵 당시 우리나라는 붉은 악마를 주축으로 하여 사회적 신드롬이라 불릴 만큼 열렬한 응원문화를 선보였다. 이는 온라인 커뮤니티 문화 확산의 예가 되었으며, 당시 붉은 악마의 'Be the Reds' 티셔츠는 1,000만 장 이상 판매된 것으로 추산된다. 더불어 태극기를 몸에 두르거나 장식하는 패션이 나타나고 보디페인팅이 유행하였다.

월드컵 이외에도 영국의 프리미어 리그를 비롯한 유럽과 남아메리카 명문 축구팀 선수들의 경기장 안팎의 패션은 TV 매체를 통해 방영됨으로써 스포츠의상의 유행을 선도하고 있다. 박지성, 기성용, 이청용, 손흥민 등이 소속된 해외 유명 축구팀 유니폼은 아동, 청소년들로부터 성인에 이르기까지 일상 패션에서 어렵지 않게 찾아볼 수 있는 아이템이다.

골프

골프는 박세리, 김미현, 박지은, 최경주 등을 선두로 한국 출신 골퍼들이 대거 미국 프로 골프계에서 활약함으로써 관심이 집중되었다. 1990년대 이후 골프웨어는 기능성과 패션성을 동시에 중시하는 경향이 생겨났으며, 2000년대 초반 비즈니스 캐주얼 정장 차림이 확산되면서 평상복으로 골프웨어를 착용하는 경우도 있다.

나이키는 타이거 우즈를 모델로 기용하여 스포츠계의 전설적 인물들을 대중에게 접근시키는 스포츠 마케팅 방식을 사용하였다. 백인의 엘리트 스포츠로 인식되던 골프계에서 타이거 우즈는 다인종·다문화적 혼종의 상징[6]으로서 미국의 미래로 인식되도록 광고 캠페인을 펼쳤다. 우즈는 헐렁한 스타일보다 근육질 몸매가 최대한 드러나는 슬림한 스타일을 주로 착용하는데, 보디 맵핑body mapping을 통해 스윙할 때의 몸과 옷의 움직임을 측정하여 디자인을 수정하였다. 그의 블랙 골프 슈즈와 대회 마지막 날 최종 라운드 때 착용하는 레드 상의는 '타이거 레드'라는 명칭으로 불릴 정도로 컬러 마케팅 효과를 보여 주었으며, 그의 이름을 딴 '타이거 우즈 컬렉션'은 나이키의 골프 브랜드를 전 세계적으로 홍보하는 데 기여하고 있다.

박세리 선수의 1998년 LPGA US 오픈 우승은 국내 스포츠업계에서 스포츠 스타를 이용한 마케팅을 본격적으로 시작하게 만든 계기가 되었다. 박세리 선수의 우승은 소속사 삼성과 골프웨어 지원사 아스트라Astra에 엄청난 경제적 이익을 가져다준 것으로 평가되었는데, 당시 1억 달러의 직접적인 광고효과뿐만 아니라 기업과 브랜드에 미친 시너지효과까지 포함하면 10억 달러 이상의 이익을 발생시킨 것으로 집계되었다.[7]

2000년대 중반에 이르면서 LPGA 무대에는 패션 경연장을 연상시킬 정도로 패션 감각이 뛰어난 선수들이 대거 등장하였다. 미셸 위는 골프계에서 처음으로 원피스를 착용하였는데, 이 의상은 183㎝의 늘씬한 몸매를 한층 돋보이게 하는 스타일로 다리가 길어 보이도록 하기 위해 아슬아슬할 정도의 짧은 스커트 형태로 구성되었다. 빅 벨트와 샹들리에 귀걸이, 명품 시계 등 화려한 액세서리와 달라붙는 티셔츠, 짧은 스커트가 특징인 미셸 위의 골프웨어는 나이키골프 본사 총괄 디렉터와 헤드 디자이너, 여성 전담 디자이너, 의류 제품 매니저, 스포츠 마케팅팀 등 직원 10여 명이 동원되어 탄생한 것이다.[8)] 최근에는 깃이 없는 Vs넥의 민소매 골프셔츠와 미니 플리츠스커트의 파격적인 노출로 논란의 대상이 되기도 했다.[9)]

우리나라에서 골프 웨어는 중장년층의 캐주얼한 일상복으로도 착용되는 등 대중적인 아이템으로, 골프 스타들의 인지도를 이용한 스포츠 마케팅이 활발히 이루어지는 분야이다.

농구

농구 분야에서 시카고 불즈를 대표하던 마이클 조던Michael Jordan은 1990년대 나이키 운동화를 세계적으로 유행시킨 일등공신이다. 당시 미국 NBA 최고의 농구스타였던 조던은 나이키 농구화를 신고 코트를 누비며 농구화 바람을 일으켰다. 득점할 때 체공시간이 유난히 긴 그의 특성에 맞추어 공기 속을 날아간다는 콘셉트의 운동화 '에어조던'은 엄청난 인기를 끌었다. 이어 힙합 뮤지션들도 헐렁한 청바지에 농구화를 코디하면서 농구화가 새로운 패션 코드로 자리 잡게 되었다. 당시 샤킬 오닐과 리복Reebok 운동화, 그랜트 힐Grant Hill과 필라FILA 운동화 또한 하나의 팀워크로 소비자에게 기억되고 있다.

2000년대 들어 특히 여성 프로 농구 유니폼은 밀착 형태와 형광염료 등의 화려한 원색으로 강렬한 인상을 주도록 변화하였다. 한국여자농구연맹 역시 관중에게 볼거리를 제공하고 경기력을 향상시킨다는 이유로 원피스 수영복 스타일의 타이트한 유니폼을 시범적으로 도입하였으나 선정성이 문제가 되어 이전의 트렁크 형태로 복귀한 바 있다. 예전보다는 다른 종목에 비해 국내에서 인기가 덜한 편이지만, 미국 프로농구NBA 구단의 유니폼 판매는 구단 운영의 한 축을 담당할 정도로 판매가 활성화되어 있으며, 유니폼 판매 순위는 선수들의 인기도를 반영한다. 2014년부터는 NBA 구단 유니폼에 광고가 부착되고 있을 정도로 스포츠가 마케팅의 대상이 되고 있다.

야구

야구 분야에서, 1990년대 후반 박찬호 선수의 메이저리그MLB 입성은 이른바 세계화라는 변화 속에서 우리의 위치와 정체성을 확인받고 싶어 하는 대중들의 기대와 일치하여 경제적인 파급효과가 크게 나타났다. 또한 미디어의 '박찬호 살리기'가 경쟁적으로 진행되면서 대중이 그를 일상적 기호와 이미지로 소비하도록 유도하였다.[10] 박찬호 선수의 메이저리그 등판과 14승의 성과는 우리나라에서 박찬호 신드롬을 불러일으켰으며 그의 등판 번호가 찍힌 야구점퍼와 LA 다저스 로고 모자가 선풍적인 인기를 끌었다.

2003년 이후 메이저리그의 의류와 액세서리를 구입할 수 있는 온라인 쇼핑몰이 국내에 처음으로 오픈하면서 박찬호와 김병현의 소속팀을 비롯한 30개 메이저리그팀의 유니폼, 모자 등의 패션의류와 각 구단 로고, 엠블럼이 새겨진 액세서리가 판매되었다.[11]

한국 프로야구 유니폼은 소속기업의 아이덴티티 컬러를 이용하여 이미지를 관리하는데, 글로벌 브랜드 삼성 소속의 삼성 라이온즈가 블루를 사용하고, 세계 속을 달리는 자동차회사를 지향하는 기아 소속의 기아 타이거즈가 역동적인 레드를 사용하여 생명력을 표현하는 식이다.[12] 색의 연상을 이용한 감성적 접근을 시도하는 야구 유니폼은 응원하는 치어리더, 관객들과 팬들의 패션에도 반영되고 있다.

야구복은 야구 티셔츠, 풀버튼업 저지, 야구 바지, 양말, 장갑으로 구성되며 체온 보호용으로 재킷이 사용된다. 야구 재킷은 캐주얼웨어로 패션에서 활용되며 현재 많은 대학의 학교 유니폼으로 다양하게 활용되고 있다.

테니스

테니스 또한 많은 패션 유행을 선도한 종목이다. 테니스웨어는 산뜻하고 세련된 옷맵시가 중요시되며 관습적으로 흰색을 착용하여 시원한 느낌을 제공하도록 디자인된다. 남성용은 반바지와 폴로셔츠, 티셔츠가 기본 스타일이며, 셔츠 깃에 다른 색의 줄무늬를 넣거나 주머니 위에 학교나 소속을 나타내는 문양을 만들어 부착하기도 한다. 여기에 고무바닥을 댄 흰 테니스화와 흰색 면이나 모직으로 만들어진 양말, 차양이 있는 모자를 함께 매치하며 경기 후에는 V넥의 테니스 스웨터를 겹쳐 착용한다. 여성용은 속바지를 받쳐 입는 짧은 치마를 착용하며 지나치게 노출이 심하지 않도록 디자인되고, 머리는 뒤로 묶거나 모자, 머리띠를 착용하는 것이 일반적이다.

1970년대에는 비요른 보그Bjorn Borg의 헤드밴드와 필라 셔츠가 유행하였으며, 1980년대에는 앤드리 애거시Andre Agassi의 컬러풀한 테니스복과 귀걸이와 목걸이 등 액세서리, 긴 머리와 화려한 색상의 두건은 이전의 테니스 의상의 착용관습을 일탈한 것이었다. 1990년대에는 스포츠 스타를 위한 제품 디자인이 이루어졌고 선수들이 착용하는 경기복은 자체로 광고판의 역할을 담당하였다. 아디다스는 독일의 스테파니 그라프Stefanie Graf와 계약하여 화려한 날염과 문양이 프린트된 경기복을 입혔고, 나이키는 모니카 셀레스Monica Seles를 기용하여 세련되고 절제된 디자인으로 차별화하였다.

21세기 들어 로저 페더러Roger Federer는 헤드밴드에 손목 밴드, 무릎 아래 길이의 바지를 착용한 보수적 이미지를 고수하고 있다. 그가 입은 나이키 셔츠는 인공지능 소재로서 경기 시 체온에 따라 옷감 조직이 스스로 열리고 닫히게 되어 있는 기능적인 형태이다.

러시아 출신 선수 마리야 샤라포바Maria Sharapova는 각종 CF와 잡지 〈스포츠 일러스테이티드〉를 통해 늘씬한 몸매와 아름다운 미소를 보여 주며 2006년에는 패션잡지 〈보그〉가 선정한 베스트 드레서로 뽑히는 등 최고의 패션리더로 인식되고 있다. 또한 경기장 안팎에서 나이키의 의상을 착용해 브랜드 홍보에 일익을 담당하고 있으며 최근 경기 중 착용하는 나이키의 섹시한 스트랩strap 원피스가 세간의 이목을 집중시키고 있다.

단순한 플랫 스커트와 폴로 셔츠만을 고집하던 마르티나 나브라틸로바Martina Navratilova 시절의 테니스 패션과는 달리, 샤라포바는 치마 길이가 짧은 엠파이어 스타일의 파격적인 유니폼을 착용해 팬들을 흥분시켰다. 이 의상은 엠파이어 스타일의 짧은 스커트로 구성되었으며 스와로브스키Swarovski 크리스털이 장식된 네크라인과 활동성을 고려한 등 부분의 과감한 노출로 스포트라이트를 받았다.

아디다스는 디자이너 스텔라 매카트니Stella McCartney와 컬래버레이션하여 독특한 디자인의 테니스웨어를 디자인하고 있다. 러플이 치렁치렁하게 달린 짧은 치마와 가슴 부분을 강조하면서도 스포티한 감각을 조화시키고, 기존의 테니스복 컬러로 사용되었던 흰색이나 파스텔톤 대신 파격적인 색상을 사용하여 테니스 의상에서의 색에 관한 고정관념을 파괴한다. 21세기 들어 비너스와 세레나 윌리엄스 자매가 각종 대회를 석권하는 동시에 파격적인 패션을 선보이고 있다. 개인의 취향이나 기능성의 강조로 아이템이 다양화되고 레이스와 같은 소재가 도입되고 있으며 다양한 컬러, 디테일, 트리밍이 사용된다.[13] 테니스 룩은 일상의 데이웨어로도 손색없는 세련된 스타일로 2017년 패션 트렌드에도 영향을 미치고 있다.[14]

등산

등산은 야외에서 즐기는 여가 활동 중 한국인에게 지속적으로 사랑받고 있는 활동으로 등산복은 보호, 보온, 방수, 방풍의 기능이 요구된다. 재킷, 파카, 티셔츠, 셔츠, 조끼, 바지, 반바지, 기능성 내의 등의 의류와 등산화, 양말, 배낭, 장갑, 모자, 스틱 등은 등산에 필수적이다. 등산 시 접할 수 있는 다양한 상황에서 단계별로 인체를 보호해 줄 수 있는 착장 방법이 선호되며, 1단계는 흡습성을 통한 쾌적성을 갖춘 내의를, 2단계는 합성섬유로 보온성과 활동성을 부여하며, 3단계의 아우터는 방풍, 방수, 투습성을 부여한다.[15] 등산은 영상매체를 통해 방영되는 종목은 아니고 일반 대중이 생활스포츠로 즐기는 종목이지만, 21세기 들어 등산복이 일상적인 시티웨어로 착용되고 있다는 점이 주목된다.

그 외 스포츠 경기

기타 많은 종목의 스포츠 경기를 개최하는 올림픽은 주최국의 문화 전파와 스포츠 마케팅을 벌이는 좋은 무대가 된다. 2006년 이탈리아는 토리노Torino 동계 올림픽을 주최하면서 자국의 문화와 패션을 널리 알리기 위해 디자이너 조르조 아르마니가 직접 성화 봉송 주자로 나섰으며, 개회식 행사에는 패션모델 카를라 브루니Carla Bruni가 아르마니 디자인의 스와로브스키 장식 드레스를 입고 국기를 운반하기도 하였다. 그 외에도 자국의 대표 선수 유니폼, 메달 수여 시의 여성 유니폼 등 행사 중 이탈리아 패션의 우수성을 자랑하였다.

국가 경기의 유니폼은 나라를 대표하는 패션으로 범국가적 홍보효과를 누릴 수 있다. 2012년 런던 올림픽을 위한 우리나라 대표팀 유니폼은 필라와 빈폴이 디자인을 맡아 프레피 룩을 연상시키면서도 한국적인 느낌으로 디자인되었고, 2014년 소치 동계 올림픽에서는 태극 문양의 색상과 전통 기와 문양을 모티브로 한 유니폼을 선보였다.

랄프 로렌이 디자인한 2014 소치 올림픽의 미국 대표 유니폼 디자인은 미국의 성조기를 연상시키는 화이트, 레드, 네이비의 컬러를 사용하고 별이 수 놓인 형태로 디자인되었다. 이는 각 분야 선수들의 재능이 모여 하나의 팀을 형상화하는 모습을 담은 것으로 평가된다. 프랑스 대표 유니폼은 그레이 톤의 포멀한 패딩 점퍼로 라코스테에서 제작되었으며, 독일 대표 유니폼은 보그너와 아디다스의 협업으로, 스웨덴 대표 유니폼은 H&M, 이탈리아 대표 유니폼은 아르마니에서 제작되어 자국의 브랜드로 자존심을 살리고 있다.[16)]

2016년 리우데자네이루 올림픽 개막식에는 톱 모델 지젤 번천의 화려한 워킹으로 세계적인 위상을 자랑하였다. 우리나라 선수단의 경우 빈폴과 노스페이스에서 제작한 단복을 착용하였으며, 당시 공포의 대상이던 지카 바이러스를 의식하여 원단 표면에 천연 살충 성분을 캡슐 처리하여 모기의 접근을 막도록 가공된 기능성 소재를 양

궁 및 골프 선수복에 도입하기도 했다.[17)]

2018년 평창 동계 올림픽을 앞두고 패션업계에서는 선수단복, 마스코트 캐릭터를 활용한 각종 제품기획과 생산, 관광객 유치를 위한 홍보와 마케팅이 치열하게 펼쳐지고 있는 상황이다.

스포츠와 패션 프로모션

1 | 스포츠 패션의 전개

19세기 후반 스포츠 애호가들은 이미 경기 결과를 향상시키기 위한 단순화된 의복 형식, 곧 액티브 스포츠웨어의 필요성을 인식했고, 제1차 세계대전 중 전쟁으로 인한 활동적 의복의 요청은 프랑스에 스포츠웨어 하우스를 설립하게 만들었다.

영국의 에드워드 8세, 윈저 공Duke of Windsor은 20세기 전반 남성 패션을 리드하며 스포츠웨어를 즐겨 입고 캐주얼 남성복의 부상에 영향을 미친 인물이다. 스포츠웨어로만 입던 스웨터를 캐주얼웨어로 유행시켰으며 골프장 밖에서 플러스 포를 입기도 했다. 트위드 스포츠재킷, 투톤이나 브라운의 로 스웨이드 슈즈, 짙은 색 바탕에 흰 가는 줄무늬가 있는 초크 스트라이프와 체크무늬의 대담한 패턴과 컬러, 미드나이트 블루 이브닝웨어를 선호하였고, 디테일에 있어서 다양한 칼라와 커프스, 타이 매듭을 유행시켰다.[18)]

이후 스포츠 관람객의 패션이 중요시되면서 스펙테이터 스포츠 스타일이 나타났고 1940년대에는 미국을 중심으로 스포티브 룩이 유행하여 1960년대에는 스포티브 룩이라는 개념이 정립되게 된다.[19)]

1960년대 올림픽에서 경기용 유니폼을 모두 착용하기 시작하였고 각 국가들은 민족주의를 표방하는 수단으로 유니폼을 디자인하고 착용하여 액티브 스포츠웨어의 발전이 이루어졌다.

1970년대 피트니스 붐과 액티브 스포츠웨어를 일상복으로 착용하는 스포츠 룩은

3
생모리츠에서 개최된 폴로 월드컵의 한 장면(2014). 스포츠는 액티브 스포츠웨어와 스펙테이터 스포츠웨어, 스포티브 룩 등 패션과 연계된다.

건강한 신체미를 자연스럽게 표출할 수 있도록 하였다. 스포츠웨어의 장식이 극도로 절제된 미니멀리즘 경향은 젊고 건강한 인체미를 드러내거나, 피부에 밀착되는 신축성 섬유를 통해 건강하고 관능적인 이미지를 강조하였으며, 사회 전반의 경향인 젊음에 대한 동경으로 인해 젊은이의 활력과 도전정신을 연상시키는 스포츠 패션이 선호되었다.

1980년대 이후 몸매 관리에 대한 관심이 증대되면서 건강하고 힘이 넘치는 근육질의 여성이 새로운 신체미의 기준으로 인식되었다. 개인 트레이너에 의한 신체 관리와 보디빌딩이 인기를 모았으며 제인 폰더와 같이 날씬하면서 건강한 근육질을 소유한 여성이 아름답게 여겨졌다. 아디다스, 나이키, 필라와 같은 스포츠브랜드들은 경기복에 로고를 새기고 브랜드 형식을 구축하기 시작하였다.

1990년대 들어서는 랄프 로렌, 프라다와 같이 스포츠웨어의 파급력을 인식한 디자이너들의 스포츠 라인 론칭이 시도되었으며 패션하우스들이 액티브 스포츠웨어의 성장을 기대하게 된다. 마이크로 파이버에 의해 다림질을 안 해도 되고, 체온에 따라 변화하며 통풍성과 보습성, 향기까지 지닌 섬유가 활용되었다.

21세기 들어 월드컵과 올림픽 등의 스포츠 이벤트를 통해 등장한 운동선수들이 동경의 대상이 되고 스타와 같은 존재가 되면서 이들을 동경하는 영상 세대screenagers 젊은이들 사이에 액티브 스포츠웨어의 요소가 포함된 패션이 트렌드로 자리하게 된다.[20] 스포츠는 젊은이들을 집결시키고 공통분모를 제공하여 취미 활동으로 공유하게 만든다.

또한 건강 관리와 아름다운 신체 관리는 파워 우먼들이 가장 중요시하는 부분으로, 패션에 있어서 스포티즘이 강력한 트렌드로 인식되고 있다. 여성들은 남성적인 근육질 신체를 거부하고 여성적인 S라인의 몸매를 통해 여성성을 강조하여 액티브한 스포츠는 물론 요가 등의 정적인 스포츠를 즐기고 있고, 의상에 있어서는 1980년대의 에어로빅, 바이크, 리얼 스포츠 아이템을 적극 활용한 한층 고급스러우면서도 여성의 신체미를 적극적으로 표현하는 스타일로 변화되어 나타나고 있다.

아웃도어 브랜드는 원래 극한 지역으로의 등산이나 암벽 등반, 트레킹, 캠핑을 위한 고기능성 레저용 의복을 위한 브랜드로 시작하였으나 최근에는 도심에서도 어울리도록 시티웨어를 믹스한 개념으로 진화하고 있다.[21] 기술적 발전으로 투습 방수, 항균항취, 발광, 자외선 차단 등 다양한 복합기능을 겸비하고 트렌드를 반영하여 슬림하고 가볍게 디자인된 아웃도어 패션은 친환경적 요소와 패션성을 중시한다.

주 5일 근무제 확산 이후 국내에서 아웃도어웨어는 연령과 용도에 제한받지 않고 남녀노소 누구나 입을 수 있는 스타일로 변모하였다. 건강과 삶의 질을 중시하는 라이프스타일의 확산으로 걷기를 생활화하면서 2010년대 들어 아웃도어웨어는 가격과 기능, 디자인 면에서 더욱 다양해지고 있다. 신체의 활동성을 위해 인체의 곡선 흐름

을 강조한 슬림한 형태와 배색 처리로 강조된 디테일, 색상 대비를 통한 활동적인 느낌과 초경량 소재가 선호되는 추세이다. 에슬레저athleisure는 운동경기를 뜻하는 에슬레틱athletic과 레저leisure의 합성어로서 전 연령층을 아우르는 라이프스타일 트렌드이다. 요가나 사이클링에서 착용할 법한 레깅스와 헐렁한 셔츠, 운동화로 일상과 여가를 동시에 즐기며 편안하게 입는 활동적인 방식으로 패션업계의 화두가 되고 있다.[22)]

2 | 스포츠 마케팅

스포츠 마케팅은 미국에서 먼저 시작되어 프로 스포츠의 부흥기인 1970년대 스포츠 경영학과 함께 소개되었으며, 1984년 LA 올림픽 이후 스포츠의 상업화와 함께 본격적으로 발전해 왔다. 국내에는 1986년 서울 아시안게임과 1988년 서울 올림픽을 전후로 스포츠 용품이나 스포츠웨어의 협찬, 유명 스포츠 선수의 광고 활동을 경기에 활용하는 방식을 통해 본격화되었다.

스포츠는 그 종목에 따라 지위나 계급, 계층과 관련된 상징이 되며 상류계층에 소속되고자 하는 소비자들의 신분상승욕구를 자극하여 상류계층의 생활과 관련된 라이프스타일을 판매하기도 한다. 즉 누구나 말리부 해변의 집을 소유할 수는 없지만 해변에서 러닝할 때 착용하는 티셔츠나 운동화는 구입할 수 있다. 이 사실에 착안하여 스포츠의상 마케팅 부서는 특정 인물의 라이프스타일을 스포츠의상과 관련지어 판매고를 신장시켰다. 이후 스포츠웨어 브랜드들은 유명 선수 스폰서를 통한 스타 마케팅을 중시하게 되었는데, 이는 스포츠를 통해 광고가 자연스럽게 이루어지기 때문에 직접적인 광고효과를 극대화하기 때문이다.

스포츠 선수들 중 뛰어난 기량을 가진 인물들은 스포츠 경기에서의 기민한 동작, 재치 있는 플레이, 신기에 가까운 몸놀림과 연계된 승리자로서의 이미지를 지니게 되며 스타로서 대중들의 각광을 받게 된다. TV와 각종 매체에 비치는 스포츠 스타의 몸을 통해 시청자들은 에너지와 강렬함을 느끼고 생생한 감동을 반복하여 음미하게 된다.[23)]

스포츠 스타 마이클 조던, 타이거 우즈, 박찬호, 박세리 등은 그들의 명성을 스포츠 브랜드 마케팅 정책에 반영하여 성공을 거둔 인물들이며 이들에 대한 세계적인 평판은 스포츠 산업 내에서 상품 생산과 소비자 확보에 결정적인 역할을 하고 있다. 이들의 젊고 강인한 이미지는 각종 스포츠 프로그램과 뉴스 클립 등을 통해 대중에게 전달되며 이는 스포츠웨어를 활성화시키고 유행시키는 데 중요한 정보원으로서 기능한다. 스포츠 스타가 착용한 스포츠웨어의 브랜드 로고는 스타의 이미지와 결합하여 그들과 동일시되고자 하는 소비자들의 심리를 자극하여 동일 브랜드의 소비를 집중시키게 된다.

초기에는 로고 그래픽이 상의 오른쪽이나 왼쪽 라펠lapel 상단에 핀이나 버튼 정도 크기로 눈에 띄지 않게 사용되었으나, 최근에는 스포츠가 제품 판매 촉진을 위한 이상적 도구로 여겨지면서 한눈에 인지되도록 디자인되고 있다.

3 | 대표적인 스포츠 브랜드

나이키Nike는 스포츠 스타와 스폰서십을 통한 마케팅으로 성공을 거둔 대표적인 회사이다. 축구의 호나우두Ronald, 마이클 오언Michael Owen, 골프의 타이거 우즈, 미셸 위Michel Wie, 테니스의 로저 페더러Roger Federer, 피트 샘프러스Pete Sampras, 마리아 샤라포바Maria Sharapova와 같은 선수들이 나이키 모델로 활동해 왔으며, 우리나라의 경우 축구의 안정환, 박지성, 야구의 박찬호, 골프의 최경주 등의 스타들이 등장하는 광고를 시도하였다.

나이키는 프로애슬리트Pro-Athlete 스타일을 통해서도 성과를 거두고 있는데, 이는 스포츠 스타를 통한 브랜드 광고 전략으로서, 프로선수를 일종의 브랜드와 동일시하여 선수 이미지를 상품 디자인으로 승화시키는 전략이다. 나이키는 '나이키의 농구화를 조던이 신는다'는 메시지가 아닌 '조던이 신고 있는 신발을 만드는 브랜드가 나이키'라는 홍보 전략을 선택하였다. 즉 시카고 불스Chicago Bulls의 영웅 마이클 조던을 브랜드 캐릭터로 내세워 에어 조던Air Jordan 시리즈를 제작하고, 골프 천재 타이거 우즈를 내세운 타이거인스파이어드Tiger-inspired 브랜드 의류를 생산하는 것이다. 2005년에는 축구선수 박지성의 이름과 배번을 이용한 일상복 라인을 시도한 바 있다.

우리나라 기업에서 스포츠 스타 마케팅을 시도하여 성공을 거둔 예로는 황영조, 이봉주 등 마라톤 선수들을 통한 코오롱Kolon 상사를 들 수 있다. 특히 로테르담 국제 마라톤대회에서 코오롱의 유니폼을 착용한 이봉주 선수의 준우승은 코오롱 브랜드에 대한 직접적인 상품판매, 브랜드 인지도 및 이미지 상승효과를 이룬 것으로 평가되었다.

1990년대 이후 유명인의 이름이 브랜드로 활용되는 셀레브리티 브랜딩 전략이 활성화되면서, 스포츠 스타의 퍼스널리티로 정체성을 알리고 브랜드를 싹티울 수 있는 기본적 구조를 확보하고 브랜드로 상품화하며 소비자에게 접근하는 전략이 효과적으로 사용되고 있다. 프로축구 스타 메시Messi는 아디다스의 후원을 받으며 자신만을 위한 브랜드를 만들어 메시의 이니셜과 얼굴, 소속 팀의 유니폼 패턴을 활용한 심벌형 그래픽을 제작하였고, 호날두는 나이키의 스폰서를 받으며 혁신성과 은은한 광채로 디자인되어 화려한 플레이 스타일을 가진 자신과 닮은 축구화로 CR7 브랜드를 만들었다.[24)]

스포츠의 패션아이콘

1 | 마이클 조던

198cm, 90kg의 마이클 조던Michael Jordan, 1963~은 1984년부터 1999년까지의 미국 NBA 경기에서의 활약으로 세계인에게 농구와 스포츠 비즈니스의 신화가 되었다. 1.7초에 달하는 체공시간을 기록하며 새처럼 하늘을 날아 덩크슛을 꽂아 넣는 모습과 1m가 넘는 다이내믹한 점프, 뛰어난 드리볼, 정확한 슈팅은 홈팀 시카고 불스에게 6연승과 6차례 플레이오프 진출을 안겼고, 게임당 평균 31.5점을 기록하는 화려한 경력을 자랑하였다. 2001~2003년까지는 워싱턴 위저드Washington Wizard팀 소속으로도 활동하여 현존하는 최고의 농구선수로 인정받고 있다.

나이키 브랜드와는 1984년부터 용품 계약을 맺었고 신발 밑창에 공기를 주입한 신제품 '에어 조던'을 1985년에 출시하였다. 당시 2가지 이상 색이 들어간 농구화 착용을 금지한 NBA 규정에 벌금을 물어가며 조던은 에어 조던 운동화를 착용하였고, 스포츠스폰서십의 성공 사례를 기록하였다. 그는 코트 밖에서도 모범적이고 깨끗한 이미지를 극대화하였으며[25] 1996년에는 농구 관련 애니메이션 영화 〈스페이스 잼Space Jam〉에도 출연하였다. 현역 선수 시절의 대단한 스타마케팅 효과를 은퇴 후에도 이어가며 나이키의 본인 모델 농구화 브랜드를 직접 운영하고 있다.[26]

농구장 밖에서는 깔끔하고 세련된 슈트 차림을 선호하며 맞춤 셔츠와 타이를 코디한다. 때로는 밝은 원색이나 핀스트라이프 슈트도 대담하게 착용하여 완벽한 비례의 신체를 강조하며 슈퍼스타로서의 스타일을 유지하고 있다.[27] 현재 프로 농구팀의

4
농구선수 마이클 조던을 기념하기 위한 동상.

구단주로 활동하고 있는 조던은, 성공적인 미국 흑인 남성상을 대표하는 아이콘이라고 할 수 있다. 최근에 그는 긴 셔츠와 재킷, 캐주얼한 진과 헐렁한 팬츠의 코디로 사람들의 시선을 끌고 있다.

2 | 데이비드 베컴

데이비드 베컴David Beckham, 1975~은 영국 출신의 축구선수로서 11살부터 신동으로 두각을 나타내어 맨체스터 유나이티드 소속 프로 선수로서 10년간 활약하였다. 2002년에는 영국 국가대표팀 주장이었으며, 이후 스페인의 레알 마드리드, 미국의 LA 갤럭시팀의 소속으로 활동하다가 은퇴하였다. 미드필더로서 날카로운 킥이 유명하며 훌륭한 기량과 함께 남다른 패션감각으로 화제의 대상이 된 스포츠 스타이며[28] 패션아이콘이다. 전 스파이스 걸스Spice Girls의 멤버 빅토리아 베컴Victoria Beckham과 결혼하여, 아들 셋과 딸 하나를 두고 있으며 가족 모두의 일상과 패션이 뉴스와 화보가 되고 있다. 스포츠 브랜드 아디다스, 의류 브랜드 막스 앤 스펜서에서 자기 라인의 디자인을 판매한 바 있으며, 데이비드 배컴 인스팅트David Beckham Instinct라는 향수를 런칭하였고 아르마니 언더웨어, 모토롤라 핸드폰, 펩시콜라 등 다양한 분야의 CF모델로 활동하였다.

베컴은 축구팀 유니폼 외에도 진, 후드티 등의 일상복에서 사롱 스커트와 같은 파격적인 형태도 과감히 수용하며 빈티지 캐주얼, 레이어드, 차브 스타일과 믹스 앤 매치를 특징으로 한다. 비니 모자와 남성용 숄더백 등 아이템의 유행을 선도하였으며 헤어는 레게, 닭볏머리, 헤어밴드, 스킨헤드, 포니테일 등 다양한 스타일과 컬러를 실험하였으며 귀걸이, 목걸이, 팔찌 등의 액세서리도 활용한다. 특히 그는 가족의 이름과 초상, 성경 문구 등을 몸에 20군데 정도 새겨 문신의 대중화에도 일조하였다.

베컴의 스타일은 메트로섹슈얼 패션으로 대표되는데, 이는 현대 남성 패션에서 성적 정체감은 뚜렷하되 내면의 여성적 취향과 감성을 당당하게 수용하여 스타일에 남다른 관심을 가진 남자들의 패션을 지칭한다. 베컴은 남성적 몸매를 자랑하면서도 헤

5
축구선수이며 메트로섹슈얼의 선두주자인 데이비드 베컴의 이름을 딴 브랜드 아디다스의 운동화.

어스타일과 스킨케어, 스타일에 지대한 관심을 가지고 남성에 대한 다양한 기대치를 무시함으로써 남성적 코드를 깨는 데 도움을 준 것으로 평가된다.[29)]

또한 빅토리아 베컴과 함께 의류 및 건강용품, 피트니스, 스파 등 패션 및 보디 관리에 관련된 제품 트렌드를 선도하고 아이들과 함께 외출하는 모습의 파파라치 사진들로 유아복, 유아용품, 아동 캐주얼 패션에 지대한 영향을 미치고 있다.

3 | 김연아

2010년 올림픽 피겨스케이트 여자 싱글 부문 챔피언이며 2014년 은메달리스트 김연아1990~는 우리나라 최초로 피겨스케이트 부문에서 세계 기록을 달성한 인물이다. 7살

때 피겨스케이팅을 시작하여 12살에 국가대표로 선발되었고 주니어 대회2004에서 그랑프리를 차지하여 재능을 인정받았으며 시니어로서는 2006년 이후 활약하며 라이벌인 일본의 안도 미키, 아사다 마오 등을 물리치고 세계적인 기록을 달성하였다. 기술성과 예술성 모두에서 최고의 기량을 보여 주어 스케이트 불모지인 대한민국의 피겨 수준과 대중성을 끌어올렸으며 2018년 동계 올림픽을 대한민국 평창군이 유치하는 데 크게 기여하였다.

김연아의 스포츠 종목인 피겨스케이팅은 기술적인 점프 능력뿐 아니라 우아한 동작, 음악, 의상과의 조화가 주목되는 종목이다. 김연아는 주제곡에 따라 피겨 의상을 선택하였는데, 2009~1010년 쇼트 프로그램 '제임스 본드 메들리James Bond Medley'를 위한 의상은 본드 걸이 연상되는 블랙의 오블리크 네크라인에 사이드 슬릿을 준 스판덱스 소재의 원피스였다. 밴드 칼라와 의상 전체에 사각의 패턴을 넣어 다양한 컬러의 크리스털 비즈로 화려하게 장식되어 김연아의 요염한 표정과 섹시한 안무를 한층 돋보이게 했다. 프리스케이팅을 위한 의상은 거쉰의 재즈풍 음악에 맞추어 비비드 블루의 신축성 있는 소재에 홀터넥과 슬리브리스의 원피스이다. 같은 색상 계열의 크리스털 비즈로 네크라인과 암홀, 허리선, 등 부분을 장식하였고 청량감과 깨끗한 이미지를 살렸다.[30] 피겨스케이트 의상 사이트에서는 그녀의 경기 의상을 모방한 작품들이 다수 제작되어 판매되고 있다.

2009년 이른바 '연아노믹스'라는 단어가 생길 정도로 엄청난 브랜드 가치와 경제 유발 효과를 제시한 김연아는 관련 산업의 파급효과와 국가 브랜드 향상, 국민적 자긍심 고취를 도모한 것으로 여겨지며, 2010년 미국 〈타임〉에서 '세계에서 가장 영향력 있는 100인'으로 선정된 바 있다. 한국의 지리적 문화적 한계를 벗어나 세계 시민으로서의 라이프스타일을 체현하는 글로벌 스타로서 미디어에서 제시되고 있다.[31]

디자이너 이상봉이 작업한 '오마주 투 코리아2010~2011' 의상으로는 블랙과 크리스털 비즈를 이용하여 한국의 산수를 표현하고 한국의 수묵화를 연상시키는 단아한 롱 슬리브 원피스를 착용하였다. 여러 겹의 시폰을 사용하여 풍성한 분위기를 연출한 이

의상은 아리랑의 선율에 맞추어 김연아가 움직일 때마다 한국의 산하가 수놓아지는 느낌으로 디자인되었다.

각종 CF모델로 활동하고 있는 김연아가 계속해서 판촉 활동을 하고 있는 패션 분야 브랜드로는 왕관 모양의 액세서리 제품으로 알려진 제이에스티나, 프로스펙스 등이 있다. 주얼리 브랜드 제이에스티나J. Estina와는 패션필름 제작 등의 컬래버레이션 활동을 하고 있으며, 스포츠 브랜드 프로스펙스와는 2014년 퀸즈 컬렉션이라는 이름의 스페셜 라인을 런칭하기도 했다. 평창 올림픽 유치를 위한 남아프리카공화국 더반 프레젠테이션에서 착용한 제일모직의 케이프는 특유의 단정함으로 화제가 되었다. 평상시의 패션은 트레이닝복을 선호하며 심플한 흰 셔츠에 블랙 팬츠와 단화 또는 그레이 카디건을 매치하는 단아하고 활동적인 스타일이다.

참고 문헌

1) 정준영(2003). 《열광하는 스포츠, 은폐된 이데올로기》, 서울: 책세상, pp.24-29.

2) 임송미, 이미숙(2013). "한 미 일 프로야구 유니폼의 비주얼 아이덴티티 연구 - 색채를 중심으로", 《패션비즈니스학회지》 17(2), pp.117-135.

3) http://blog.naver.com/PostView.nhn?blogId=nf_blog&logNo=130180997742

4) 이건(2014). "퓨마, 월드컵 진출 8개국 유니폼 공개", 스포츠조선 2014/3/7, http://sports.chosun.com/news/ntype.htm?id=201403080100073360004382&servicedate=20140307

5) 이석창(2014). "유니폼 디자인 챔피언십", ARENA, 2014. 6.

6) David Andrews & Steven Jackson(2002).(eds.) *Sports Stars: The Cultural Politics of Sporting Celebrity*(스포츠 스타), 강현석, 박노영 역, 서울: 이소 출판사, pp.131-159.

7) 김정현(2000). "스포츠 스타 마케팅과 스포츠웨어 광고의 효과", 숙명여자대학교 석사학위논문, p.6.

8) "패션도 경쟁력, 섹시한 그녀가 좋다", 매일경제일보 2006. 11. 01.

9) 박종민 (2017). "LPGA 미셸 위의 파격 민소매 패션, 어떻게 봐야 하나", 한국스포츠경제 2017/3/7, http://www.sporbiz.co.kr/news/articleView.html?idxno=83632

10) 이동연(1998). 《스포츠, 스펙터클, 문화효과: '박찬호'와 '붉은 악마'에 대하여, 스포츠 어떻게 읽을 것인가》, 서울: 삼인, pp.239-243.

11) "메이저리그 스포츠 캐주얼 인터넷 쇼핑몰 오픈", 연합뉴스, 2003. 2. 14.

12) 권나경(2011). "국내 프로야구 8개 구단의 색채 이미지 연상에 관한 연구", 홍익대학교 석사학위논문, pp.21-30.

13) 김혜정(2013). "현대 테니스웨어에 나타난 패션성에 관한 연구", 《패션비즈니스학회지》 17(2), pp.17-32.

14) 손은영 (2017) "Match Point", 『보그 코리아』 2017/4/17, http://www.vogue.co.kr/2017/04/17/match-point/?_C_=11

15) 김인혜, 하지수(2012). "국내 아웃도어웨어 디자인 특성에 관한 연구", 《한국패션디자인학회지》 12(1), pp.93-109.

16) 최원희(2014). "유니폼, 디자인을 입다", 한경 bnt news, 2014. 2. 27, http://bntnews.hankyung.com/apps/news?popup=0&nid=02&c1=02&c2=02&c3=00&nkey=201402271905223&mode=sub_view

17) 이소라 (2016) "국가대표 단복은 우리가!"... 패션업계, 리우올림픽 마케팅 '열전', EBN 뉴스,, 2016/7/18, http://www.ebn.co.kr/news/view/841134

18) Beatrice Behlen et al(2013). *Fashion: The Definitive History of Costume and Style*(패션: 의상과 스타일의 모든 것), 이유리, 정미나 역. 서울: 시그마북스, pp.286-287.

19) 박신미, 이재정(2010). "20세기 여자 테니스웨어의 시대별 디자인 특성 고찰", 《복식》 60(4), pp.126-145.

20) 이영민(2011). "현대 스포츠-인스파이어드 패션의 디자인 특성 및 패션 테마에 관한 연구", 한양대학교 박사학위논문, pp.1, 53.

21) 김인혜, 하지수(2012). op.cit., pp.93-109.

22) 김현예 (2016). "핫한 언니들의 '에슬레저' 웨어를 아시나요", 중앙일보 2016/11/7, http://news.joins.com/article/20834326

23) 고은하(2011). "감정적 몸과 민족, 소비주의 - 미디어를 통한 셀레브리티 몸의 소비와 재생산", 《한국스포츠사회학회지》 24(1), pp.63-78.

24) 최치권, 원종욱(2013). "스포츠 스타 이미지를 활용한 셀레브리티 브랜드디자인 연구개발 - 야구 브랜드를 중심으로", 《디지털디자인학연구》 14(1), pp.387-396.

25) 김태진(2001). "브랜딩 전략으로서 스포츠스폰서십에 관한 연구", 경희대학교 석사학위논문, pp.66-70.

26) 김우성(2010). "스타 마케팅의 효과와 메커니즘", 《마케팅》 44(1), p.51.

27) Adam Fox(2014). "Michael Jordan: Style Icon", http://www.askmen.com/fashion/style_icon_60/72_michael-jordan-style-icon.html

28) 한수연, 양숙희(2009). "현대 스포츠 스타 패션 연구-데이비드 베컴과 타이거 우즈를 중심으로", 《복식문화연구》 17(2), pp.296-308.

29) 안현주, 박민여(2007). "메트로섹슈얼과 위버섹슈얼 이미지에 따른 남성 패션디자인 분석", 《한국의상디자인학회지》 9(3), pp.99-113.

30) 나현숙, 김은실, 배수정(2013). "주제곡에 따른 김연아 선수의 피겨스케이팅 의상 디자인 분석 - 2007년부터 2013년까지 국제 대회를 중심으로", 《한국디자인문화학회지》 19(3), pp.187-203.

31) 고은하(2011). op.cit., pp.63-78.

12 뉴미디어 패션

뉴미디어의 특성

멀티미디어, 컴퓨터, 네트워크 등 첨단 정보통신의 발달은 현대인의 생활 시스템을 혁신적인 방향으로 재구축하고 있다. 컴퓨터는 1946년 최초로 에니악ENIAC이 개발된 이래로 기술적 발전을 이루었고 1980년대 개인용 컴퓨터가 개발되면서 개인적 용도로 사용되기 시작하였다. 1982년 이후 컴퓨터그래픽을 합성한 영화가 제작되기 시작하였고 1995년 이후 디지털 영상으로 구성된 영화가 시도되고 있다.

대인 접촉을 통한 직접적인 의사소통은 인터넷이나 휴대폰 등의 디지털 기기에 의존하게 하였고, 디지털 영상에 의한 사이버공간은 현실에서 불가능한 것들을 가능하게 만들었다. 사이버공간에서의 감성과 유희성은 이제 현실세계를 지배하는 논리로 부상하고 있다.

뉴미디어의 대표적인 사례인 인터넷은 디지털 정보기술에 의한 의사소통 체계로서, 네트워크를 이용하는 사람들의 공동체이자 집합체, 네트워크에서 얻을 수 있는 자원들의 집합이 존재하는 가상공간이다. 인터넷은 1969년 탄생 이후 보편적인 용어가 되었으며 계속적으로 확산되고 있다.

인터넷 사용의 확산으로 인한 정보의 흐름의 변화로, 디자이너 패션을 모방한 저가상품이 거리 패션을 통해 신속하게 유통되었고 전 세계적인 패션스타일은 동시대적 흐름을 따르게 되었다. 패션소비자의 입장에서는 인터넷을 통해 원하는 정보나 상품을 거의 모두 얻을 수 있게 되었고, 패션기업의 입장에서는 인터넷을 통한 새로운 접근 방법의 필요성이 요구되었다. 특히 1990년대 이후 우편 주문, 텔레비전, 인터넷을 통한 의류 판매시장은 양적으로 엄청나게 성장하였으며, 1998년 프랑스의 패션 디자이너 장 폴 고티에Jean Paul Gaultier는 인터넷을 통해 액세서리를 판매한 최초의 오트 쿠튀르 디자이너가 되었다.

1
장 폴 고티에의 빵으로 만든 쿠튀르 드레스 전시(2004). 프랑스의 디자이너 고티에는 오트 쿠튀르 디자이너 중 최초로 인터넷을 통해 액세서리를 판매했다.

인터넷은 기존의 미디어와 융합하면서 새로운 파생 미디어를 만들어내고 있다. 수신자와 발신자의 상호작용을 기반으로 하면서 참여를 유발하는 환경 속에 일방적인 전달이 아니라 하나의 플랫폼으로서 커뮤니케이션이 이루어지는 채널을 제공한다.[1] 영상, 사진, 일러스트 등을 통해 패션계의 다양한 측면을 탐험하며 쌍방향 커뮤니케이션과 이용자의 참여, 이용자 통제, 시스템의 반응을 이끌어내고 있다.

정보기술에 의한 혁신과 접목은 영상매체의 다양화와 다중화를 이루고 있다. 디지털 영상은 실재 사물의 존재와 아무 관계가 없다는 점에서 비물질적인 특성을 지니며 무한히 수정할 수 있다. 제작자나 수용자의 작용에 반응하는 상호작용적 영상으로서 현재성présence을 특징으로 한다.[2] 대상을 지시하는 영상이라기보다는 스스로를 지시하고, 대상을 재현하기보다 스스로를 대상으로 제시하며, 대상의 존재와 관계없이 그 자체로 존재한다.

21세기 들어 소셜 네트워크와 모바일 디바이스, 스마트폰 앱과 같은 테크놀로지의 뉴미디어는 전 세계 수많은 사람들을 가로지르며 패션을 제시하는 새로운 미디어 플랫폼이 되었다.

카라미나스Karaminas, 2012는 패션의 시각적 이미지가 전 세계에 영향을 미치는 방식을 패션스케이프fashionscape라는 용어로 설명하는데, 블로그, 유튜브, 트위터 등 미디어 테크놀로지와 연관된 뉴미디어의 산물을 의미하며, 그 영향력은 점차 증가하고 있다.[3] PC와 모바일 기기, 오프라인 매장 등 시간과 공간의 제약을 받지 않는 경로를 유기적으로 결합하는 멀티채널 전략으로 소비자와 커뮤니케이션을 시도한다.[4] 기존의 방식에서 패션 사진작가와 패션 에디터가 디자이너와 브랜드의 타깃에 맞춘 가치들을 표현해 왔다면, 뉴미디어 방식에서는 사용자의 영향력이 커지면서 창의적 과정에 적극적으로 참여하게 된다. 모든 사람들이 패션을 통해 자신의 이미지를 창조할 수 있는 주체가 되는 방식과 공간이 제공되어, 패션 이미지가 뉴미디어의 가상공간에서 자아표현의 수단이 되는 것이다.

2010년대 들어 패스트패션은 소비자가 원하는 제품을 실시간으로 파악하여 빠른 시간 내에 매장에 선보이며 패션의 변화를 가속하고 있다. 또한 2016년 가을 모스키노, 톰 포드, 버버리, 타미 힐피거 등의 브랜드에서는 SNS로 소통하는 사람들을 위해 패션쇼 직후 즉시 구매가 가능한 온타임 판매방식이 시도하고 있다. 런웨이에 오른 옷이 즉각적으로 매장 쇼윈도에 걸리도록 제작공정을 완료한 방식의 컬렉션은 대중과의 교감으로 변화의 요구를 수용하는 것이다.[5]

1 | 뉴미디어 시대의 감성

뉴미디어 시대 빠른 정보의 흐름 속에서 이성적 판단이 아닌 감성적 판단과 문화, 예술적 중요성이 부각되고 있다. 사물을 지각함에 있어 즉각적이고 자동적으로 경험하게 되는 주관적인 느낌은 환경 변화에 따라 개인적이고 역동적으로 나타나며, 직관적이고 원초적인 디지털매체의 사회환경 속에서 오감을 자극하며 즐거움과 재미를 부여하는 감성이 중시된다.[6]

자발적인 행위로 우스꽝스럽고 익살스러움을 통한 유희적인 즐거움의 추구로 행복감과 만족감을 느낀다. 어린아이와 같은 순진무구한 시기로 돌아가 비합리적인 상황 연출로 순수성과 유머러스함을 표시하며 유쾌하고 활동적인 감성으로 휴식과 기

분 전환을 갈구한다.[7)]

키덜트kidult문화는 유년에 대한 성인의 향수를 자극하여 어른들이 어린이가 되고 싶은 환상을 담은 형식을 말한다. 키덜트는 아이를 뜻하는 키드kid와 어른을 일컫는 어덜트adult의 합성어로 어린이와 같은 기호와 취향을 추구하는 20~30대 성인들을 가리키는 용어로 사용된다.[8)] 각박한 생활에서 벗어나 재미를 찾으려는 성인들의 일탈 심리, 과거 어린 시절의 환상의 세계로 돌아가려는 향수, 다양한 대중매체의 경험을 통한 아이들의 조기 성인화, 아동과 성인 양자를 모두 흡수하려고 기획된 소비문화, 보다 젊어지려고 하는 젊음 지향 심리, 놀이문화의 확산 등이 키덜트의 배경이 된다. 이는 현실에서의 여유를 찾고자 과거와 동심에 대한 향수를 드러내는 복고적인 경향을 지니고 있으며, 젊고 아름다운 육체에 대한 갈망이 외모지상주의와 관련되어 영원한 젊음의 환상을 충족시키고자 하는 것이다.

2
대학교 축제에서 공연하는 싸이(2012). 싸이의 〈강남스타일〉 비디오는 미디어 사용자들 사이의 급속한 확산과 모방, 변이를 일으키는 밈 현상의 한 예이다.
© 문화체육관광부 해외문화홍보원

또한 경제적인 불황 속에서 유머러스한 디자인이 선호되고 현실과 동떨어진 동화 같은 삶을 동경하며, 성인이 되어서도 나이에 구애받지 않고 어린 시절 취미를 지속적으로 이어가는 에이지리스ageless 현상의 영향으로 이어지고 있다.

캐릭터 상품은 키덜트 감성의 대표적인 예로서, 현재 성, 연령, 시대를 초월하는 인기로 전성시대를 맞이하고 있다.[9] 디즈니를 비롯한 전통 캐릭터, 마블, 스타워즈 등 영화 캐릭터, SNS 메신저 캐릭터까지 다양한 캐릭터와 패션의 협업 사례가 늘어나, 장기화되는 불황 속에 상품에 신선함을 주고 친숙한 이미지로 구매를 유도한다.

2 | 뉴미디어 시대의 상호작용

뉴미디어 시대에는 정보 흐름의 쌍방향성에 따라 개인과 미디어, 또는 개인 간의 상호작용이 강화되고 정보소비자로서 적극적이고 능동적인 참여와 소통이 강조되며 메시지의 발화자와 수용자 간의 이분법적 경계가 해체되고 있다. 또한 다채널이 가능한 매체의 발달로 사용자 간의 지속적이고 양방적인 정보가 유통되며 수용자의 정보 선택의 기회가 넓어진다. 이러한 상호작용 속에서 미디어들의 적절한 배합, 인간과 미디어 간의 교류와 경험이 중요해지고 있다.

미디어가 사용자들에게 단기간에 급속도로 확산되고 모방과 변이가 이루어질 때 밈meme 현상이 나타난다. 이는 리처드 도킨스Richard Dawkins가 주창한 이론으로, 문화의 전달과 확산에 있어서 생물학적 유전자의 진화에서처럼 널리 복제되고 지속되는 현상을 말한다. 문화적 요소에 대한 의지적 선택이 이루어진 후, 모방의 과정에서 변이가 발생하며, 이를 다른 사람들에게 전달함으로써 문화복제가 진행된다. 가수 싸이의 〈강남스타일〉 뮤직비디오 열풍 또한 밈 현상의 예로 볼 수 있다.[10]

뉴미디어 패션에서의 상호작용은 구매한 패션을 코디해서 올리고 주변의 반응을 보거나 전문가의 추천 상품을 제공하는 각종 웹사이트나 소셜 미디어 플랫폼에서 취향을 파악하는 수단으로 사용되고 있다. 이외에도 시스템의 확장으로 새로운 채널의

미디어가 유입되고 음악, 뷰티, 스포츠산업 등 타 산업과의 다양한 융합과 협업으로 시스템을 확장시키고 있다.[11)]

3 | 뉴미디어 시대의 가상

가상공간은 컴퓨터 기술을 이용한 가상현실과 전자 네트워크가 결합된 공간을 의미한다. 컴퓨터를 매개로 한 가상공간 안에서 공동의 관심사를 가진 사람들의 교류로 세계적인 네트워크의 가상공동체가 구축되며, 권력의 중심에서 벗어나 경계를 자유롭게 넘나드는 개인들의 중요성이 커지고 있다.

가상공간에서 개인의 의미는 정보화된 인간으로서 물리적 환경과 다른 경험과 행동을 한다. 기존 문화의 다양한 장르를 넘나들며 인간과 기계, 신의 경계를 해체시키고 자신의 정체성을 감추거나 다중적인 정체성을 갖는다. 가상공간 안에서 주어진 신체는 무한히 변형 가능하고, 붕괴되어 자연이나 물체와 합체되기도 하며 동물이나 기계의 형태와 결합되기도 한다. 전지전능한 초능력을 가지고 이질적인 것들을 끌어모아 다양한 방식으로 재결합하기도 한다.[12)] 아바타avatar와 게임 캐릭터는 가상공간에서 자신의 분신 역할을 하며 가상의 캐릭터로 개성을 표현하고 대리만족을 하며 재미를 추구하는 존재이다.

뉴미디어 영상

1 | 사진

파파라치paparazzi는 셀레브리티, 부호, 정치인 등 유명인들의 스캔들이나 프라이버시를 드러내는 사진을 노리는 사진사이다. 언론인과는 달리 유명인들의 사적 영역을 사진에 담아 판매하여 수입을 올린다. 21세기 인터넷 뉴스 사들은 자사의 영향력을 확대

3
파파라치를 묘사한 청동 조각. 파파라치는 유명인들의 프라이버시를 드러내는 사진을 찍는다.

하고 광고 수주를 높이기 위해 대중의 말초적 흥미에 영합하는 기사 아이템을 추적하고 파파라치의 개념을 핵심으로 하는 사생활 엿보기식 보도에 치중하고 있다.[13)]

SNS는 관심이나 활동을 공유하는 사람들 사이의 관계망이나 관계를 구축해 주고 보여 주는 온라인 서비스 혹은 플랫폼으로 정의된다. 보이드와 엘리슨Boyd & Ellison, 2008은 SNS를 "개인들로 하여금 ① 특정 시스템 내에 자신의 신상정보를 공개 또는 준공개적으로 구축하게 하고, ② 그들이 연계를 맺고 있는 다른 이용자들의 목록을 제시해 주며, ③ 이런 이용자들이 맺고 있는 연계망의 리스트, 그리고 그 시스템 내의 다른 사람들이 맺고 있는 연계망의 리스트를 둘러볼 수 있게 해 주는 웹 기반의 서비스"라고 규정한다.[14)]

럭셔리 브랜드 커뮤니티를 팔로우하고, 디자이너들의 트위터와 인스타그램을 일상에서 접하며 블로그 등에서 패션 내부에서 벌어지는 일들을 BTSbehind-the-scene 동영상으로 접하면서 탈신비화하는 일이 패션계에서 일어나고 있다. 셀레브리티의 추천이나 P2Ppeer-to-peer 추천을 통한 스킨케어나 패션스타일링, 튜토리얼의 방식이 기업 홍보나 광고의 일환으로 시도된다.[15)]

패션사진에 있어서는 내러티브나 스토리텔링을 전하기보다는 앱을 통해 속도를 조절해 가며 화보를 보여 주는 형식의 매거진과 사진 동영상이 유용하게 사용되어 에디터들이나 브랜드에서 포커스를 주고 싶은 부분을 강조하는 기법이 사용된다.

'셀카selfie'는 디지털카메라나 스마트폰을 손에 든 채 팔 길이만큼의 거리에서 찍는 사진을 말한다. 마이스페이스, 페이스북, 플리커, 인스타그램 등의 소셜 네트워킹 사이트에서 대중적으로 사용되면서 2012년 〈타임〉이 올해의 단어로 뽑았으며 2013년 옥스퍼드 사전에 등재되었다. 모델이 최대한 예쁘게 보이는 각도와 포즈로 촬영되며, 촬영자와 모델이 같다는 점에서 통제가 가능하다.

최근 인스타그램과 페이스북 등 SNS의 영향으로, 과하게 리터칭한 인공적인 사진보다 자연스러운 사진을 선호하는 경향이 늘어나고 있다.[16)] 21세기 초 환상적인 세트와 비현실적인 모델의 패션화보가 선호되던 것과는 달리, 자연스러운 톤으로 평범한 일상을 남다른 시각으로 바라보는 사진이 인기를 모으고 있다. 화장기 없는 모델을 자연광 그대로 즉흥적이고 캐주얼하게 촬영하는 방식이다. 캐스 버드Cass Bird, 안젤로 펜네타Angelo Pennetta, 올리비아 비Olivia Bee, 라이언 맥긴리Ryan McGinley 등은 이러한 흐름을 타고 최근에 활동하고 있는 패션사진작가들이다.

2 | 영화

뉴미디어 시대 가상체험은, 지금까지 현실이라고 믿어왔던 온갖 논리를 의심하게 만들고 새로운 감각을 통해 세계를 즐기도록 유도하여 비현실적이고 비상식적이거나 일상의 틀을 허물고 불가능한 판타지의 세계를 그려내게 된다. 판타지fantasy는 기이한 세상이나 시대, 초자연적 존재나 형상이 위주가 되는 상상력을 기초로 한 허구를 지칭하며, 영화에서 〈해리 포터〉, 〈반지의 제왕〉 같은 모험영화, 영웅영화, SF영화, 호러영화, 장르로 분류되며, 뉴미디어 시대에 들어서면서 컴퓨터의 정교한 그래픽 기술 덕분에 화려하고 환상적인 영상이 가능해지고 있다.[17)]

4
슈퍼히어로 스파이더맨(2010).

국가적 위기 속에서 사람들 마음의 위안이 되는 슈퍼히어로superhero는 '초인적인 능력으로 사람들을 돕는 이야기나 영화 속의 인물'이다. 2000년 이후 뉴미디어 시대는 시기적으로 미국의 위기 상황과 맞물리면서 슈퍼히어로 영화의 본격적인 융성을 맞이하였다. 슈퍼맨과 배트맨을 원작으로 하거나 마블 사의 캐릭터인 엑스맨,

스파이더맨, 아이언맨 등이 시리즈로 출시되며 흥행가도를 달리고 있다. 이들은 힘과 원형적인 희망을 집약시키는 상징적인 면모를 지니고, 영화의상에서 절대적인 슈퍼파워와 정의로운 면모를 드러낸다. 이들은 주로 독특하고 고유한 자신만의 유니폼을 입는데, 대부분 신체에 밀착되어 몸의 굴곡을 드러내는 보디슈트 디자인으로 육체적 힘과 권위를 시각화하며 상징 마크와 벨트, 부츠, 망토를 두르고 있다.[18]

3 | 음악

가수 싸이PSY의 〈강남스타일〉2012은 발매 후 유튜브를 통해 전 세계에 빠른 속도로 확산되며 게시 2달여 만에 조회수 1억 7,000건을 상회하고 5개월 1주일 만에 10억 뷰를 달성하였으며 미국을 비롯한 40개국 아이튠스 노래 부문 1위에 입성하는 이례적인 기록을 낳았다. 이 곡은 기존의 K-pop과는 달리 별다른 홍보 없이 독보적인 개성과 음악으로 큰 반향을 일으켰다. 아마도 이 뮤직비디오의 유머와 유일무이한 독특한 매력, 편안하고 기억하기 쉬운 리듬과 멜로디, 서민적 이미지가 어필했기 때문인 것으로 보인다.[19] "품위 있게 옷 입고, 싸구려처럼 춤춰라.Dress classy, and dance cheesy."라는 싸이의 언명은 이 음악과 동영상에 나타난 키치 감성이 세계 공통의 언어로 다가갔음을 증명한다.

또한 대중음악의 유통과 수용자와의 상호작용에 있어서, 뉴미디어의 기술과 정보가 적극 활용되고 있다. 예전부터 뮤지션이 새로운 충격을 주는 수단은 음악과 무대였고, 1980년대 MTV 이후 뮤직비디오가 추가되었으나 최근에는 뮤지션의 일상을 미디어에 녹여내는 방식으로 관객에게 다가간다. 비욘세는 일상에서 표현하는 모든 것을 퍼포먼스와 음악에 담으면서 별도의 홍보 없이 자신의 팔로어들에게만 알리는 식으로 앨범을 발표하였다. 레이디 가가의 음악은 그 콘셉트가 매우 난해하지만 일상의 의상과 퍼포먼스를 통해 이해된다. 이에 뮤지션들의 블로그, 트위터는 수용자와의 상호작용의 장이 되며, 케이블 TV에서 방영되는 아이돌들의 리얼리티 쇼는 이들의 일상을 친근하게 보여 주며 시청자와 교감한다. 다양한 음악활동과 패션으로 유명한 지드

래곤은 미술작품을 전시하며 자신의 음악세계를 확장하고 대중과 공감하는 기회를 늘리고 있다.[20)]

4 | 게임

아케이드 게임으로부터 온라인 중심의 역할분담 게임, 전략 시뮬레이션 게임, 1인칭 슈팅 게임으로 이어지던 게임은, 21세기 들어 모바일 게임과 SNS 연계로 인기를 더하고 있다. 게임의 캐릭터들은 심리적인 자극과 감정 이입, 보상과 성취감을 제공하며 에로틱하거나 로맨틱하고 영웅적이며 그로테스크한 캐릭터 이미지를 선보인다. 에로틱한 캐릭터는 과장된 성적 특성을 가진 여성 캐릭터에서 주로 나타나며, 커다란 가슴과 가는 허리, 탱탱한 엉덩이를 강조하는 도발적인 의상을 입는다. 로맨틱한 캐릭터는 슬림한 몸매에 프릴과 레이스의 앳되고 화려한 의상을 착용한다. 영웅화 캐릭터는 망토를 걸치거나 무사복, 여신의 드레스, 밀리터리 룩을 착용하는 것이 특징이다.[21)]

또한 게임의 그로테스크 캐릭터들은 비인간적인 형식과 변형을 통해 인간과 동물, 혹은 기계와 복합을 시도한다. 인간과 동물의 복합체는 사악한 동물의 모습이나 반인반수의 모습으로 나타나며 인간과 기계의 복합체인 사이보그는 인간 한계를 극복하여 기계적인 신체로 능력을 확장시킨다.

그로테스크grotesque는 '무섭게 소름 끼치는 내용과 희극적인 표현양식 사이의 충돌이 빚어내는 감흥'이다. 이는 보이는 대상과 지각하는 주체 사이의 반응과 관계하는 것으로 유쾌하고 불쾌한 반응, 웃음과 공포와 같은 이질적 요소들이 대립적으로 공존하는 이미지, 양식 또는 사건에서 나타난다.[22)] 이질성, 양면성, 복수성의 공존과 충돌로부터 발생하며, 과대, 과장, 과도, 과잉과 같이 정도가 지나친 극단적인 형태나 상태와 밀접한 관계가 있다. 일반적으로 수용되기가 어렵고 양립할 수 없는 것들이 상호 양립하는 모순 속에서 심리적 불안감과 감정적 충돌을 일으킨다. 이에 공상 속에서나 존재할 만한 충격적인 형상이나 현실 세계의 모순된 형태를 간접적으로 가시화하는 것에서 두드러진다.

공상과학 디지털 게임에 나타나는 그로테스크 패션은 비현실적인 주제나 배경을 부각시키기 위해 때로는 관객이 이해하지 못할 정도로 특이한 디자인, 비일상적인 소재, 독특하고 불균일한 스타일, 미래적이고 기계적인 색상 표현을 사용한다. 일반적인 패션에 널리 이용되지 않는 투명하거나 반투명한 비닐, 새틴이나 광택이 나는 소재, 화려하고 기계적인 금속성이나 금·은색, 투명하거나 시각상 두드러지지 않는 색상을 사용하기도 하며 플라스틱과 합성수지 등 다양한 소재를 이용하여 현실과는 상관없는 무한한 상상력을 불러일으키도록 디자인되어 영상의 극적 효과를 높인다.

패션 웹사이트

디자이너 브랜드들은 자사 브랜드의 특성을 담아 브랜드 웹사이트를 운영한다. 예술성의 경지에 이른 제품에 대한 자부심으로 체험과 경험에 의해서만 자사 제품을 홍보해 온 에르메스Hermès는 브랜드 웹사이트를 통해 브랜드의 가치 이미지를 전달한다. 제품에 대한 정보는 물론 전 세계 에르메스 매장과 아티스트들의 모션 작품들을 만나 볼 수 있으며 유희적이고 다양한 일러스트와 애니메이션의 독특한 시각적 변화와 극적인 화면 구성으로 에르메스의 장인정신을 엿볼 수 있도록 제작되어,[23] 수용자에게 브랜드에 대한 흥미와 제품에 대한 욕구를 유발하고 감성적인 정보 전달력을 높인다.[24]

5

파리의 에르메스 상점(2012). 에르메스와 같은 럭셔리 브랜드는 브랜드 웹사이트, 상점의 외관과 디스플레이, 머천다이징 등의 통합적 마케팅으로 브랜드 아이덴티티를 구축하고 전달한다.

패션 컬렉션의 내용을 디지털 영상을 활용하여 다시 구성하거나 재편집하여 비디오 룩 북Video Look Book 형태로 제작하여 시즌마다 웹사이트에 공개하기도 한다. 특정 관객과 장소, 시간의 구애 없이 일회성의 컬렉션이 아닌 시공간을 초월하여 관객들이 접할 수 있도록 의도되며 홍보의 효과를 갖는다. 프라다는 2011년 F/W 컬렉션을 편집하여 다양한 아티스트와 협업하여 2분 여의 비디오 룩 북을 통해 컬렉션의 핵심적 내용을 압축시켜 소개하였다.

웹사이트 쇼스튜디오www.showstudio.com는 패션사진작가 닉 나이트가 2000년 영국에서 설립한 것으로 패션계의 다양한 측면을 탐험하며 실험적인 온라인 컨텐츠를 제공하는 패션 웹사이트이다. 디지털 시대 패션의 이상적인 매체로서 최고의 영화 및 동영상 이미지를 담으며 온라인 스트리밍 서비스, 블로그와 트위터를 통한 실시간 연계로 패션을 생생하게 전달한다.[25] 최초로 패션필름을 제작하였고 캣워크 쇼와 패션사진을 라이브로 방송하며 이용자들과 인터랙티브 커뮤니티를 구성한다. 프로젝트의 기록이나 평가에 있어서 이용자들의 피드백을 구하기도 한다.

2010년 알렉산더 맥퀸의 s/s 컬렉션 '플라톤의 아틀란티스Plato's Atlantis'를 온라인으로 생방송하였고, 2009년 사이트의 작품을 모아 '쇼스튜디오: 패션혁명Showstudio: Fashion Revolution'이라는 전시를 런던의 서머싯 하우스Somerset House에서 개최하였으며, 그 외에 뮤직 및 패션 이벤트 '패션 디제이Fashion DJs'2008, 디자이너 이브 생 로랑과 컬래버레이션한 24시간 라이브 패션 방송 24HRS2007, 패션 컬렉션 전달에 비주얼 대신 사운드만을 사용한 '의복의 소리The Sound of Clothes: Anechoic'2006, 런던 컬렉션을 준비하는 디자이너들의 작업과정을 공개한 '패션 팝옵티콘Fashion Panopticon'2004 등 수많은 디자이너 및 모델들과 프로젝트를 진행하였다.

쇼스튜디오는 상호작용을 통한 이용자들의 참여와 피드백을 중요시한다. 디자인 다운로드 프로젝트는 디자이너 고유의 패턴을 이용자들이 다운로드 받을 수 있게 하고, 이용자들이 나름대로 의상을 제작하여 착장 사진을 업로드하도록 유도하는 프로젝트이다. 요지 야마모토2002, 존 갈리아노2003, 마틴 마르지엘라2004, 가레스 퓨2009, 자일

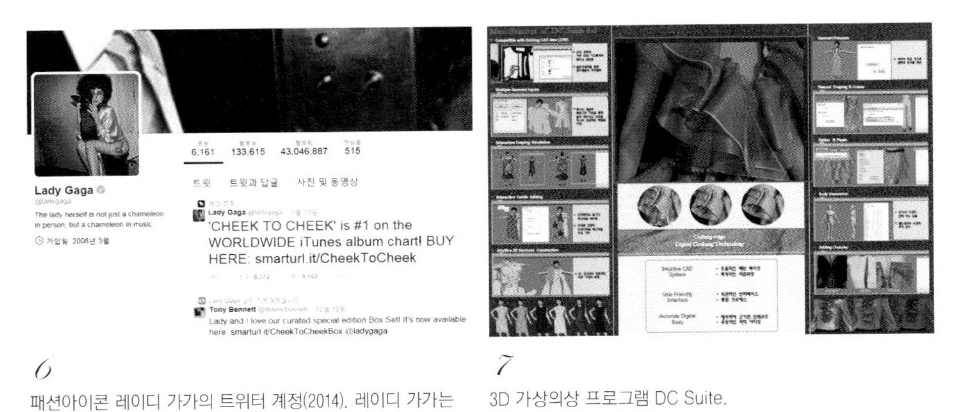

6
패션아이콘 레이디 가가의 트위터 계정(2014). 레이디 가가는 SNS를 통해 팬과 소통하며 그들의 피드백을 유도한다.

7
3D 가상의상 프로그램 DC Suite.

스 디컨2012 등의 디자이너가 패턴을 제공하였다.

2011년 진행한 레이디 가가의 앨범《본 디스 웨이: 리믹스Born This Way-Remix》 작업은 닉 나이트가 촬영한 앨범 커버 작업을 퍼즐로 구성하여 다운로드 받을 수 있도록 한 후에 이용자들의 피드백을 유도하였고, 2010년 '에니코Eniko' 프로젝트는 짧은 비디오 클립을 활용하여 이용자만의 사운드로 패션필름을 편집할 수 있도록 한 것이다.

SNS를 통한 소통은 2012년의 '푸시캣, 푸시캣Pussycat, Pussycat' 프로젝트에서 찾아볼 수 있다. 귀여운 애완동물과 귀금속 액세서리를 함께 촬영하면서 인스타그램을 통해 포스팅하고 트위터와 텀블러를 통해 그날의 작업을 모두 공개한 것이다. 또한 2010년의 '미러, 미러Mirror, Mirror' 프로젝트에서는 톱숍Topshop의 플래그십 스토어에 인터랙티브 거울을 설치하고 쇼핑객들이 거울 앞에 서면 스타일링 전문가들의 의견이 전광판에 자막으로 나타나게끔 설치하였다.

패션산업에서 IT화의 진행으로 디지털 패션쇼를 통한 3D 가상의상의 표현이 실제 의상과 유사하게 재현되며 기존의 패션쇼보다 창의적이고 효율적인 표현과 연출이 가능해지고 있다. 미래에는 서울대학교 디지털클로딩센터가 개발한 디지털 클로딩Digital Clothing과 같은 프로그램을 적용한 3D 가상의상이 도입되어 유통 및 산업 혁신으로 새로운 콘텐츠 창출이 가능할 것으로 보인다.[26]

패션블로그와 커뮤니티, SNS

패션을 콘텐츠로 하는 소셜 네트워크 서비스는 블로그와 커뮤니티, 패션 웹서비스, 패션 소셜 네트워크 서비스와 게임 등의 형태로 나타난다.[27]

블로그blog는 뉴미디어 시대의 소셜미디어로서 개인의 일상에서 다양하게 활용되고 있으며 패션의 창조적 영감을 제시하고 트렌드를 리드하는 패션 담론 유통의 장으로 부각되고 있다. 다양한 글로벌 매체가 인증한 파워블로그는 블로거만의 독특한 문체와 개성 있는 패션스타일로 대중의 폭발적 관심과 인기를 얻었다.[28]

블로거들의 의견은 저명한 패션 저널리스트의 의견과 나란히 패션 비평의 중요한 부분을 차지하며, 각종 브랜드와의 콜라보레이션을 진행하고 일상의 라이프스타일을 선도한다. 스트리트 패션 블로그로 2005년 뉴욕에서 시작한 스콧 슈만Scott Shuman의 사토리얼리스트www.sartorialist.com, 2006년 런던에서 시작한 스타일버블www.stylebubble.co.uk은 대표적인 패션블로그이다. 이외에 갈라 달링Gala Darling, 태비 게빈슨Tavi Gevinson, 가랑스 도어Garance Dore 등의 패션 블로거들도 국제적인 패션 위크에 프론트 로우 자리를 제공받고 의류업계 로

8
패션블로그 사토리얼리스트를 운영하고 있는 사진작가 스콧 슈만(2014).

비의 대상이 되는 등 파워블로거의 영향력을 인정받고 있다.

커뮤니티는 네이버의 카페나 다음 카페와 같은 포털 사이트에서 제공하는 서비스를 이용하는 경우가 많으며, 누군가 사이버공간에 특정 주제에 대한 공간을 만들고 그곳으로 다른 사용자들이 모여드는 방식이다. 패션업체나 유통업체에서 정보 확산과 인터넷 구전을 위해 활용되거나 연예인 패션 관련 정보, 쇼핑 정보를 전달한다.

패션 웹서비스는 소셜 네트워크 서비스에 결합되어 패션아이템이나 스타일 어드바이스, 디자인 개발이나 개인화 서비스를 제공하며, 패션 소셜 네트워크 서비스는 네트워크 형성을 위해 아이템이나 트렌드 정보, 스타일 추천, 펀딩, 디자인 컨테스트 등을 조직한다. 때로는 페이스북의 패션월드fashionworld.socig.com와 같이 드레스 업 패션스타일링, 패션 코디네이션, 옷장 관리 등 사회적 인맥 기반의 게임으로 운영된다.

인스타그램www.instagram.com은 온라인 사진 및 동영상 공유 및 소셜 네트워킹 서비스로, 2010년 런칭되었다. 사용자들은 사진이나 비디오를 찍어 다양한 디지털 효과를 적용하여 업로드하고 소셜 네트워킹 서비스에 사진을 공유할 수 있다. 런칭 이래 급속도로 확산되었으며 인기를 얻어 2012년 4월 1억 명의 사용자를 기록하였으며 페이스북에 매입되었다.

인스타그램 스타들 중 패션이 관심을 끄는 인사로는 킴 카다시안Kim Kardashian, 비욘세 놀스Beyonce Knowles, 마일리 사이러스Miley Cyrus 등이 있으며 패션계 인사로는 모델인 카라 델레바인Cara Delevingne, 발맹의 디자이너 올리비에 루스테잉Olivia Rousteing, 지방시의 디자이너 리카르도 티시Riccardo Tisoi 등이 많은 팔로워를 가지고 있다. 자유로운 감성의 스트리트 패션을 선보이는 델레바인의 인스타그램에는 그녀의 스타일과 백스테이지의 순간들을 담고 있으며, 루스테잉은 화려한 디테일에 가죽이나 실크 원단을 사용하는 패션의 화보로 대중과 소통하고 있다. 티시는 해골과 같은 모티프에 강한 컬러로 퇴폐적인 룩과 영감을 주는 이미지들을 업로드하고 있다.

남성복에 있어서는 닉 우스터Nick Wooster, 아동복에서는 6세의 알론소 마테오Alonso Mateo가 알려져 있다. 우스터는 남다른 패션감각을 가진 55세의 패션디렉터로, 단신에도 불

9

인스타그램이 제공하는 이미지 필터 기능(2011).

구하고 믹스 앤 매치의 시크함과 세련됨을 넘나든다. 격식 있는 슈트를 남성미 있게 입는 것으로 알려져 있으며 포인트 있는 코디, 특유의 헤어스타일과 선글라스로 깊은 인상을 남긴다. 일꼬르소, 뉴발란스 등의 브랜드와 컬래버레이션 작업을 시도한 바 있다.

한편 최연소 인스타그램 스타인 알론소는 엄마인 스타일리스트 페르난다 에스피노사Fernanda Espinosa가 사진을 올리기 시작하면서 관심의 대상이 되었고 2014년에는 7만 명에 달하는 팔로워를 거느리게 되었다. 그는 어린 나이에도 직접 코디와 스타일링을 하는 것으로 알려져 있으며 샤넬, 지방시, 구찌, 돌체 앤 가바나 등 명품 옷을 즐겨 입는다. 비니, 선글라스, 목걸이 등의 액세서리로 포인트를 주면서 댄디 룩과 빈티지 룩을 소화하는 패션센스를 지니고 패션잡지의 모델로도 활동하고 있다.

일본의 〈보그〉 에디터 안나 델로 루소Anna Dello Russo는 이탈리아 출신으로 과감한 스타일링과 화려하고 유니크한 패션으로 이목을 집중시킨다. 글래머러스한 수공예의 액세서리나 트리밍, 헤어피스를 당당하게 착용하거나 경쾌한 프린트와 이질적인 소재들을 믹스 앤 매치하는 감각으로 패션을 열정적으로 즐기고 그 사진을 통해 수많은 팔로워를 양산하고 있다.

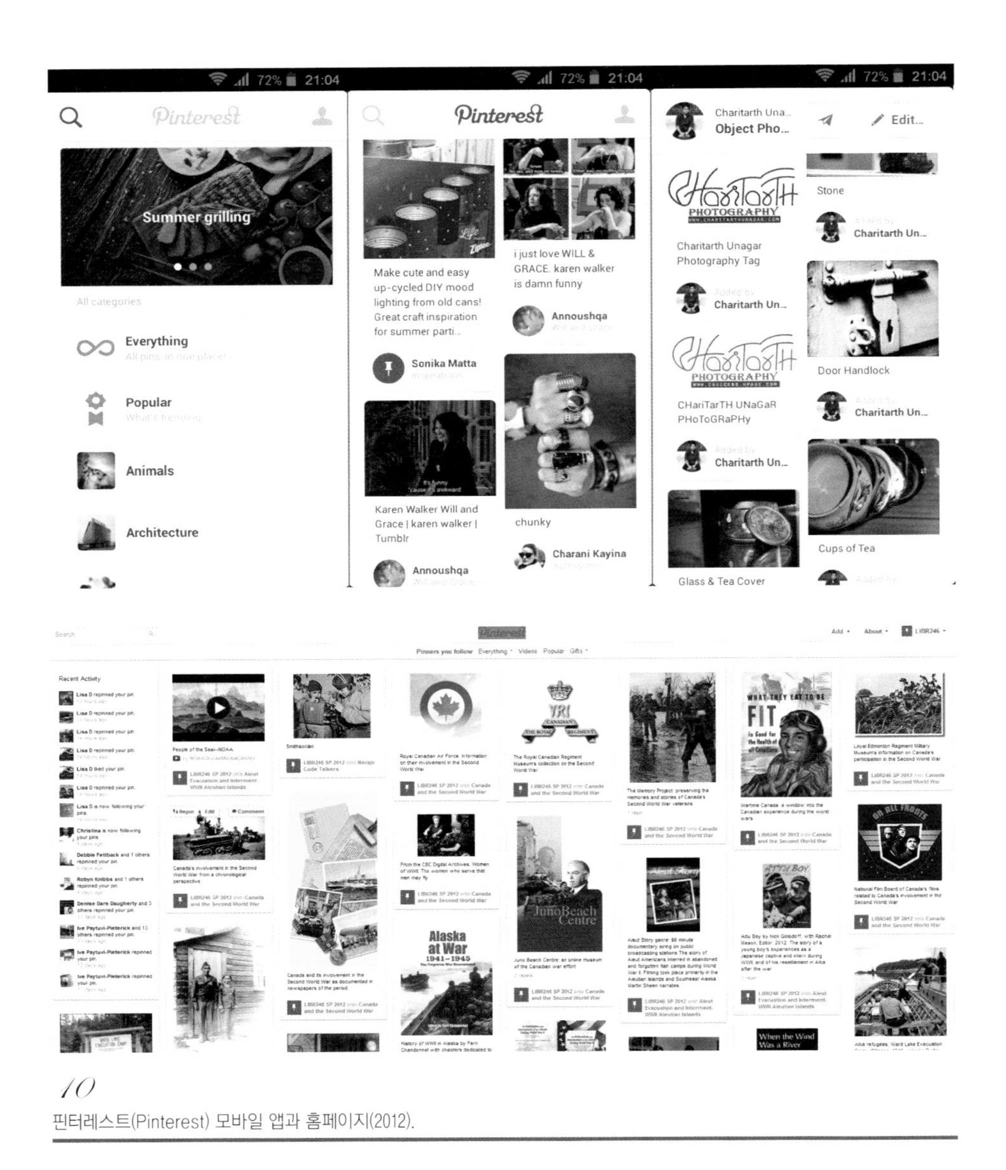

10
핀터레스트(Pinterest) 모바일 앱과 홈페이지(2012).

2010년 런칭한 핀터레스트www.pintererst.com는 발견한 사진이나 시각자료를 수집·저장하는 기능의 SNS 기반의 모바일 앱이다. 사용자는 자신이 선택하여 모은 아이템이나 웹사이트, 웹페이지의 사진들을 업로드하거나 기존 사진들에 '핀'하여 모은다. 이를 나름의 테마를 지닌 보드에 게시하며 다른 사용자들과 공유한다. 개인들은 프로젝트 진행을 위해서나 생일파티나 웨딩 같은 이벤트 조직, 혹은 사진이나 데이터를 모으기 위해 사용하며 기업들은 자사제품을 핀보드에 올려놓을 수 있다.[29] 2012년 당시 사용자의 83%가 여성이며 35~44세 연령군이 많이 사용된 것으로 나타나는 이 앱은 패션 큐레이션fashion curation을 통한 정보의 선별이 가능하며, 여기서 호응을 얻은 상품이 지인이나 비슷한 취향을 가진 사람들의 추천으로 이어져 판매로 연결되는 현상이 나타나고 있다. 콘텐츠를 찾아내고 구별하는 능력은 빅데이터의 시대에 더욱 중요하게 여겨지고 있으며 데이터의 숨은 가치와 잠재력을 발굴하고 가공하여 내놓는 소셜 큐레이터social curator의 필요성이 대두된다.[30]

또한 모바일 생방송은 전자상거래 플랫폼의 메인 페이지를 장식하면서 마케팅과 홍보, 프로모션의 수단이 되고 있다. 왕홍은 온라인상의 유명인사를 뜻하는 왕루어 홍런网络红人을 일컫는 말로 주로 웨이보 등 중국 SNS에서 활동하면서 많은 팬과 영향력을 지닌 사람들을 뜻한다. 고객지향적이고 친근한 매력으로 팬들과 활발하게 소통하면서 메이크업, 헤어, 패션 등 다양한 정보들을 공유한다. 본인의 이름을 내건 온라인 쇼핑몰을 운영하며 엄청난 수입을 올리는 한편 소비자의 피드백을 적극적으로 반영하며 그들의 지지를 받는다.[31]

패션필름

패션필름fashion film이란 특정 브랜드가 자신들의 브랜드와 제품의 콘셉트와 정체성을 표현하기 위해 제작한 10분 내외의 동영상으로 패션쇼 영상, 제품이나 브랜드 영상, 단편 영화, 단편 애니메이션을 포괄하는 것이다.[32)]

기존의 패션쇼장에서는 설치된 스크린을 통해 패션필름이 방영되어 무대의 물리적 환경을 극복하고 관객의 감동을 극대화해 왔다. 스토리를 포함하지 않는 비주얼 중심의 영상이거나 쇼에 등장하는 의상을 제작하는 과정을 보여 주기도 한다. 알렉산더 맥퀸Alexander McQueen은 2010년 S/S 컬렉션을 위한 패션필름 '플라톤의 아틀란티스Plato's Atlantis'에서, 물에 가라앉은 도시 아틀란티스를 배경으로 미래적이면서도 그로테스크한 이미지를 표현하였다. 공상과학과 미래, 해저생물체의 조화로 컬렉션의 콘셉트를 부각시켰으며 실제 캣워크 무대에서는 대형 스크린과 움직이는 크레인의 자동카메라로 영상을 상영하여 강한 인상을 남겼다.[33)] 빅토르 앤 롤프Viktor & Rolf의 2009 S/S 컬렉션에서는 디지털 영상의 가상 컬렉션으로 모델 샬롬 할로Shalom Harlow가 21인의 모델 역할을 수행하였으며 마지막에 디자이너 영상이 떠오르면서 모든 것이 작은 픽셀로 분해되어 사라지는 이미지를 표현하기도 했다.

패션브랜드에서는 패션쇼와 별개로 제품이나 브랜드를 직접 혹은 간접적으로 드러내는 동영상을 제작하고 자사의 웹사이트나 스마트폰 앱뿐 아니라 유튜브, 페이스북 등의 SNS을 통해 유포하고 있다.

2005년에 창립된 유튜브www.youtube.com는 이용자가 스스로 동영상을 올리고 공유할 수 있는 이용자 친화적인 무료 동영상 공유 웹사이트로서 참여문화 시대에 핵심적인 역할을 하고 있다. 2006년 말에는 구글에 합병되면서 비디오클립, 뮤직비디오, 비디오 블로그, 단편영화 및 교육용 비디오 등의 콘텐츠를 담고 있다. 스마트폰의 대중화와 함께 유튜브에 올라온 동영상을 트위터나 페이스북과 같은 SNS를 통해 쉽게 공유할 수 있게 되면서 유튜브를 통한 대중음악의 확산 속도와 영향력이 커지고 있다.

2000년대 중반 이후 럭셔리 브랜드에서는 많은 예산을 들여 유명 감독 및 셀레브리티의 참여로 패션필름을 제작하고 있다. 이는 광고나 정지된 사진으로서의 한계를 넘어서서 브랜드의 미학과 예술성을 드러내는 다양한 실험의 장이 된다. 또한 브랜드가 일방적으로 행하는 광고가 아니라 관객들이 독립적인 예술 영상물로서 능동적으로 찾아 감상한다는 특징이 있다.[34]

루이뷔통의 2013년 필름 〈여행으로의 초대L'Invitation au Voyage〉는 데이비드 보위David Bowie와 애리조나 뮤즈Arizona Muse가 제작에 참여하여 베네치아의 궁전에서 촬영되었으며, 샤넬의 〈원스 어폰 어 타임Once Upon a Time〉은 카를 라거펠트가 제작하고 키라 나이틀리Keira Knightley가 코코 샤넬로 등장하여 1913년 도빌의 첫 샤넬 부티크의 모습을 디테일하게 재생하였다. 프라다의 〈캔디 로Candy L'eau〉는 웨스 앤더슨Wes Anderson이 레아 세이두Lea Seydoux와 함께 찍은 파리 배경의 단편으로 높은 예술성을 자랑한다.

때로는 애니메이션의 형태로 패션필름이 만들어지기도 한다. 루이뷔통은 팝 아티스트 무라카미 타카시와 협업으로 〈슈퍼 플랫 모노그램Super Flat Monogram〉2003을 제작하여 가상의 모노그램 세계로 빠져드는 스토리를 담았으며, 프라다는 2008년 〈트렘블드 블로섬Trembled Blossoms〉에서 시즌 컬렉션의 패턴과 동일한 화려한 컬러감과 색채로 애니메이션을 동화 같은 환상으로 표현하였다.

그루지아 출신 영화감독 타티아 필리에바Tatia Pilieva가 제작한 단편영화 〈첫키스The First kiss〉는 낯선 사람 20명을 모아 첫키스를 하도록 한 뒤 어색한 순간이 로맨틱하게 변하는 과정을 포착한 내용을 담았다. 이는 의류회사 렌Wren이 마케팅의 일환으로 제작한 필름으로 2014년 3월 유튜브에 업로드되어 3일 만에 4,000만 뷰를 달성하고 모방 동영상이 연이어 제작되었다.[35] 〈첫키스〉 동영상은 렌Wren 브랜드에 대한 자막 외에 별다른 홍보나 브랜드에 관한 언급을 하고 있지 않지만, 감성적인 내용으로 타인과의 소통을 바라는 관객들의 마음을 사로잡아 장기적인 브랜드 인지도 상승과 매출 상승이 이루어질 것으로 기대된다.[36)]

360도 영상과 VR은 평면적 화면을 벗어나 가상의 공간에 현실과 비슷한 환경이나 상황을 만들어 보여준다. 2015년 F/W 시즌 타미 힐피거는 360도 고화질의 생생한 체험을 디자이너 브랜드 최초로 제공했으며, 디오르는 3D 프린터를 사용해 VR을 경험할 수 있는 헤드셋을 제작하였다. 패션 잡지에서 화보 촬영 현장을 360도로 공개하기도 한다. 세트와 음악, 백스테이지의 순간과 현장 분위기를 생생하게 전하는 가상현실의 패션 콘텐츠는 앞으로 더욱 늘어날 전망이다.[37)]

참고 문헌

1) 김지영(2013). "패션 미디어에 나타난 상호작용 사례 연구: 쇼스튜디오(ShowStudio)의 패션 프로젝트를 중심으로", 《패션비즈니스학회지》 17(5), pp.101-119.

2) 주형일(2004). 《영상매체와 사회》, 한울아카데미, pp.160-178.

3) Vicki Karaminas(2012). "Image: Fashionscapes - Notes Toward an Understanding of Media Technologies and Their Impact on Comtemporary Fashion Imagery," in Geczy, A & Karaminas, V.(Eds.), *Fashion and Art*, London and New York: Berg, pp.177-187.

4) 김세은, 김문영 (2017). "패션산업에서 옴니채널 전략에 관한 탐색적 연구", 『복식』 67(1), pp. 40-55.

5) 박연경 (2016). "지금이 아니면 늦으리", W 코리아, 2016/11/08, http://www.wkorea.com/2016/11/08/%EC%A7%80%EA%B8%88%EC%9D%B4-%EC%95%84%EB%8B%88%EB%A9%B4-%EB%8A%A6%EC%9C%BC%EB%A6%AC/

6) 김영옥, 홍명화(2008). "디지털 시대 패션아이콘의 사회문화적 의미", 《장안논총》 28, pp.401-420.

7) 오봄시내, 나지영(2013). "패션에 표현된 카툰 패턴의 감성 이미지 연구 -적용패턴 및 색채 분석을 중심으로", 《기초조형학연구》 14(5), pp.247-258.

8) 주지혁(2013). "키덜트 제품 이용의도에 영향을 미치는 요인의 탐색", 《사회과학연구》, 29(2), pp.179-197.

9) 삼성디자인넷 (2015). "마켓 리포트", 2015/12/9, http://www. samsungdesign.net/Market/MarketReport/content.asp ?an=40185&glChk=&block=&page=&cnt=&keywor d=%C5%B0%B4%FA%C6%AE

10) 이현석(2013). "싸이의 영상 뮤직비디오 '강남 스타일'에 드러난 키치와 밈에 관한 연구", 《한국콘텐츠학회논

문지》 13(11), pp. 148-158.

11) 주신영, 하지수 (2016). “디지털 시대의 패션산업 시스템과 패션 리더”, 『한국의류학회지』 40(3), pp. 506-515.

12) 이민선(2001). “패션에 표현된 가상성”, 《한국의류학회지》 25(5), pp.981-990.

13) 장민수(2013). “파파라치 뉴스 보도 분석: SNS를 통한 파급효과와 프라이버시 문제를 중심으로”, 한양대학교 석사학위논문, pp.1-2.

14) D. M. Boyd & N. B. Ellison(2008). “Social Network Sites: Definition, History, and Scholarship”, 《Journal of Computer-mediated Communication》 13, pp.210-230.

15) “Vogue: Fashion in the Digital Age”, Podcast, 2011. 2. 10. https://itunes.apple.com/kr/podcast/vogue-fashion-in-digital-age/id419773310?mt=2

16) 손기호(2014). “SNS가 바꿔놓은 패션사진”, 《보그 코리아》, 2014. 3.

17) 김수경(2009). “판타지 영화의 캐릭터 의상에 관한 연구 - 신화적 캐릭터를 중심으로”, 이화여자대학교 박사학위논문, pp.10-41.

18) 김승아, 고현진(2013). “영화 ‘왓치맨’에 나타난 슈퍼히어로 의상 분석”, 《복식》 63(5), pp.151-166.

19) 오세정(2013). “싸이의 〈강남스타일〉에 대한 지각 요인 연구”, 《주관성 연구》, 26, pp.163-184.

20) 강명석(2014). “브랜딩 뮤지션”, 《보그 코리아》, 2014년 2월호.

21) 이민선(2007). “모바일폰 게임 캐릭터 의상 디자인을 위한 패션 디자인 활용 연구”, 《복식》 57(3), pp.63-77.

22) Philip Thompson(1986). *The Grotesque*(그로테스크), 김영무 역, 서울대학교 출판부, pp.1-37.

23) 고은주(2009). 《럭셔리 브랜드 마케팅》, 서울: 예경, p.172.

24) 윤지영, 김혜영(2013). “현대 패션디자인에 나타난 인포페인먼트 현상”, 《한국디자인학회지》 26(4), pp.295-319.

25) http://en.wikipedia.org/wiki/Showstudio.com

26) 우세희 외(2013). “디지털 패션쇼를 통한 3D 가상의상 표현 연구”, 《멀티미디어학회 논문지》 16(4), pp. 529-537.

27) 임민정, 김영인(2014). “패션을 콘텐츠로 한 소셜 네트워크 서비스의 유형화와 네트워크 형성방법을 활용한 패션 디자인 프로세스”, 《복식》 64(4), pp.21-36.

28) 서성은(2014). “퍼스널 패션 블로그에 나타난 자아 이미지 유형과 스타일”, 서울대학교 박사학위논문, p.1.

29) http://en.wikipedia.org/wiki/Pinterest

30) “[세계는 지금] 맞춤형 자료 분석 전문가 주목”, 《세계일보》, 2013. 6. 2, http://www.segye.com/content/html/2013/06/02/20130602002250.html

31) 문병훈 (2016). “중국 경제를 움직이는 왕홍을 아십니까?”, 『패션 서울』 2016/7/21, http://www.fashionseoul.com/118548

32) 문병훈 (2016). "중국 경제를 움직이는 왕홍을 아십니까?", 『패션 서울』 2016/7/21, http://www.fashionseoul.com/118548

33) 김선영(2013). "21세기 패션 커뮤니케이션 도구로서 영상 패션의 미학적 가치", 《복식문화연구》 21(6), pp.703-809.

34) 김송미, 김이경(2013). op.cit., pp.136-137.

35) "첫 키스; 처음 만나는 20명이 커플 키스를 한다", The Huffington Post, http://www.huffingtonpost.kr/2014/03/12/-_n_4945710.html

36) Melissa Coker, "How We Made A Viral Video Of Strangers Kissing And Increased Sales By Nearly 14,000%", Business Insider, 3/24/2014, http://www.businessinsider.com/wren-first-kiss-viral-success-2014-3

37) 손기호 (2016). "가상현실을 향한 패션계의 도전", 보그 코리아, 2016/4/5, http://www.vogue.co.kr/2016/04/05/%EA%B0%80%EC%83%81%ED%98%84%EC%8B%A4%EC%9D%84-%ED%96%A5%ED%95%9C-%ED%8C%A8%EC%85%98%EA%B3%84%EC%9D%98-%EB%8F%84%EC%A0%84/?_C_=11

13 뉴미디어와 패션아이콘

디지털 의류

뉴미디어의 디지털 컴퓨팅 환경의 기술을 패션 분야에 접목시킨 디지털 의류digital clothing는 3D 가상착의 시스템 의복, 웨어러블 컴퓨터, 스마트 웨어, 인텔리전트 의복 등 디지털 의류 개발 분야에 따라 다양한 명칭으로 연구·발전되고 있다.[1] 일반적 의미에서 디지털 의류란 착용자의 주변 환경에 컴퓨터를 착용할 수 있도록 고안하여 언제 어디서든지 컴퓨터와 네트워킹의 상호작용이 가능한 의류를 의미한다.

런던을 중심으로 활동하는 디자이너 후세인 살라얀Hussein Chalayan은 1990년대 후반부터 첨단의 하이테크 소재와 기법에 발상한 표현을 시도하면서, 비행기의 리모트콘트롤이 내재되어 의상 외관을 변화시키는 드레스1999, 〈그림 3〉나 마이크로칩으로 작동되는 후드가 달린 모직 코트2007, LED 발광효과를 사용한 드레스2009, 〈그림 1〉 등을 내놓은 바 있다. 현대 패션과 하이테크 기술의 접목에서 나타나는 역동성과 기술성, 가변성은 실험적 태도로 디지털 테크놀로지와 창의적 신소재를 활용하는 창의적인 미래 패션의 중심적 요소가 된다.[2]

패션과 IT 기술의 접목은 패션 기업에 디지털 기술을 도입하는 정도가 아닌, 디지털 패션기업으로의 전환으로 이어지고 있다. 실시간 물류 시스템과 결재 시스템, SNS를 통한 사내 커뮤니케이션 시스템은 본사, 매장, 제품, 재고에 이르는 모든 시스템을 디지털화하고 있으며, 신제품 소개와 매장 디스플레이, 직원 교육까지 동영상 공유와 피드백을 통해 소통하는 디지털 혁신으로 나아가는 상황이다.[3]

3D 가상착의 시스템 의복은 인터넷 기술 발전에 의한 가상공간의 체험 속에서 가상 패션의 시뮬레이션을 위해 개발된 3D 아바타 캐릭터와 그 의복을 의미한다. 디

지털 패션 소프트웨어 CLO 3D의 3D Apparel CAD 프로그램을 사용하면 가상 착의 시스템을 사용하여 가상 착의를 하고, 3차원 인체를 의복 형태로 적용하여 패턴을 자동으로 생성할 수 있다. 또한 증강현실을 활용한 3D 가상피팅은 옷을 사기 전 일일이 입어보는 수고와 시간을 줄이는 시스템으로서, 매장에서 디지털 거울의 형태로 사용자의 신체 사이즈를 측정하고 실시간으로 피팅된 모습을 구현한다. 3D 의상 제작 없이 의상의 앞, 뒤 사진을 찍어 데이터베이스화하는 것만으로도 실시간으로 피팅된 3D 이미지의 디스플레이가 가능하다.[4)]

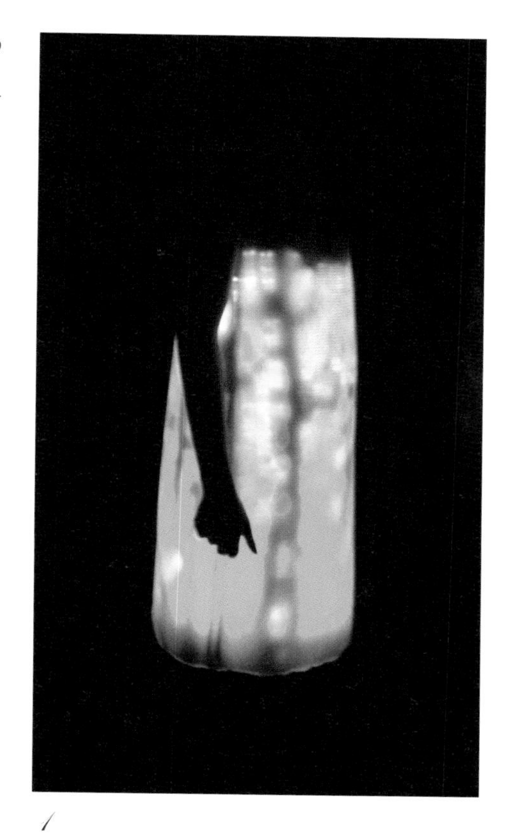

/
후세인 살라얀(Hussein Chalayan)의 LED 드레스(2009).

또한 웨어러블 컴퓨터는 컴퓨터를 비롯한 디지털 시대의 다양한 정보기기와 의복과의 결합을 의미한다. 컴퓨터의 소형화와 경량화, 무선 의사소통 기술의 발달에 따른 모바일 환경으로의 변화가 진전됨에 따라 들고 다녀야 하는 불편함 없이 휴대할 수 있는 정보기기의 필요성에 따른 것이다.[5)] 웨어러블 컴퓨터의 연구는 MIT 미디어 랩에서 시작되었으며 1990년대 이후 컴퓨터 공학의 발전과 함께 진보해왔다. 나이키가 애플과 제휴해 선보인 Nike+iPod Sports Kit는 나이키 운동화 밑창에 센서가 장착되고 아이팟 플레이어와 교신할 수 있도록 만든 장비로서 사용자가 음악을 들으며 달리기 속도 및 거리, 소모된 칼로리를 확인할 수 있도록 했으며, 구글 글래스, 애플 와치, 갤럭시 기어 등은 액세서리 형태의 웨어러블 디바이스로 보편화되었다. 이외에도 센서가 내장된 스마트 깔창으로 장애인을 비롯한 사용자의 위치 및 방향 정보를 분석하고 목적지까지 걸어가는 방향을 진동으로 알려준다든가, 그립이나 스윙을 교정해주는 골프 장갑, 소유자를 따라 이동하는 수트케이스 등의 패션 제품들이 상용화되고 있다.

스마트웨어는 디지털과 섬유 테크놀로지의 결합으로 고기능화가 의류 신소재에 접목되면서 개발된 것을 말하며, 인텔리전트 의복은 스마트웨어가 디지털 소비문화에 맞는 미래형 디지털 패션제품으로 개발된 것이다.

고기능성의 전기전도성 섬유소재, 전자신호전달이 가능한 금속 복합사의 광섬유 소재 등을 사용하여 상호작용이 가능하도록 개발된다. 의류 고유의 감성적 속성을 유지하면서 첨단 기능성이 부가된 새로운 소재와 형태의 발전으로 MP3 기능의류, 센서 기능의 디지털 의류, 광섬유의 디지털 컬러 의류, 인공지능형 의류 등이 가까운 미래에 상용화될 것으로 보인다.

나노 테크놀로지는 경량이면서도 방균성이 있어 생화학무기 방어용 의복에 적용될 스마트 의류를 가능하게 한다. 또한 스마트웨어의 인텔리전트 소방복은 임베디드 센서시스템을 통해 위급한 상황에 경고를 해주도록 설계되고 있다.[6] 특히 최근의 군복은 인장 강도가 높고 탄성이 좋은 경량 소재에 IT 기술과 웨어러블 로봇이 접목하여 군인의 생명을 보호하고 전투력을 극대화하는 방향으로 개발되고 있다.[7] 2017년 봄 자전거나 스쿠터를 타는 사람들을 대상으로 구글과 리바이스가 함께 출시한 Project Jacquard는 일반 옷처럼 세탁도 가능하다. 데님 원단에 전류를 흘려 천이 사용자의 제스처나 행동을 읽을 수 있는 자카드 기술을 사용하여 옷감이 일종의 터치 패드의 기능을 하면서 블루투스로 연결된 스마트폰을 조작하는 것으로, 전화 수신, 음악 컨트롤, 구글 맵, 이외에 다양한 앱을 사용할 수 있다.[8]

인공지능AI 기술 또한 인간 고유의 창작영역이던 패션 분야에 도입되어 디자이너와 협업하고 디자인을 결정하는 수준에까지 이르고 있다. 2016년 IBM의 Watson과 영국 맞춤복 브랜드 Marchesa의 협업은 5가지 인간 감정인 즐거움, 열정, 흥분, 격려,

호기심을 선택하여 다양한 색상과 이미지 미학으로 해석하는 인지적 컬러 디자인 툴을 활용하여, SNS 상의 사람들의 반응에 따라 색이 변화되도록 디자인되었다.[9] 구글의 머신 러닝 기반 오픈소스 플랫폼 TensorFlow 또한 사용자의 정보와 선호하는 스타일을 입력하면 디자인 알고리즘과 데이터를 결합해서 사용자에게 적합한 스타일과 색상, 질감의 디자인을 가상 3D로 제시하는 Project Muze를 시도하였다.[10]

뉴미디어 감성의 패션디자인

1 | 코스프레

코스프레는 코스튬 플레이costume play의 준말로 만화나 게임, 영화 등의 등장인물로 분장하고 그 말투나 제스처를 모방하는 행동을 의미한다. 이것은 의상을 뜻하는 코스튬costume과 놀이를 뜻하는 플레이play의 합성어로서 일본인들이 이 2가지를 줄여 '코스프레'라 바꾸어 불렀고 이를 우리나라에서 그대로 사용하고 있다.

원래 미국에서 유령을 쫓는 의식인 핼러윈 축제에 가장masquerade의상을 입던 전통이 일본으로 건너오면서 만화나 영화, 컴퓨터 게임 주인공들의 패션스타일을 흉내 내는 것으로 변환되었다. 인기 만화 〈세일러 문〉1992의 미녀 전사, 〈포켓몬스터〉1997의 피카츄, 영화 〈스타 워즈Star Wars〉1999의 아미달라Amidala 여왕 등 만화나 게임, 영화 속의 주인공을 나와 동일시하는 신세대 마니아 집단의 의복 행동이다.

코스프레는 작품화된 만화를 읽고 만화 속 주인공에 도취되어 단순히 만화를 보고 즐기는 데 그치지 않고 직접 만화 속 주인공으로 변화되고자 하는 욕망을 실천한다.[11] 현실 세계에서 경험하는 이상과의 괴리를 문화 활동을 통해 주체적으로 해결하는 것으로, 패션스타일의 변화를 통해 실제로 존재하지 않는 만화나 게임 캐릭터의 속의 이상적 자아의 실현을 시도하는 것이다.

코스프레 패션은 애니메이션 캐릭터 중심의 의상이나 판타지/SF 의상, 롤리타 스타일 등이 선호된다. 특히 남성 코스플레이어들은 성격이 명랑하거나 따뜻한 마음을 소유하고 편안함, 다정한 성격과 강한 정신력, 정의와 신념을 갖춘 캐릭터를 선호하며

2
핀란드의 코스플레이어(2014).

여성 코스플레이어들은 명랑하고 엽기적이며 개구쟁이 캐릭터를 선호한다. "더워도 입고, 추워도 벗어"가며 코스프레를 취미로 하는 사람들은 무궁무진한 콘텐츠 속에 캐릭터를 골라 장인정신을 발휘하며 직접 제작하고 캐릭터를 재구성하여 현실에서 벗어나는 일상 탈출의 기회가 코스프레의 매력이라고 말한다.[12)]

2 | 맞춤 디자인과 열린 디자인

뉴미디어의 상호작용의 영향으로 디자인의 중심이 디자이너의 창작력 혹은 경험으로부터 실제 사용자인 소비자에게로 옮겨져 사용자 스스로 자신이 느끼고 원하는 것을 표현할 수 있는 가능성이 확대되고, 디자이너와의 상호교류를 통해 정신적 물질적 경험을 창조하고 디자인의 내용을 풍부하게 할 수 있다.[13)]

인터넷을 통한 맞춤 디자인은 잦은 트렌드의 변화를 수용하고 소비자의 요구를 반영시키는 방법이 된다. 패션업체는 전자상거래를 통해 고객과 다양한 의사소통을 시도하고 피드백을 얻어 상품 기획과 마케팅에 효과적으로 사용한다. 특히 남성 셔츠와 청바지는 네트워크를 통해 맞춤 디자인으로 제작되는 품목이다.

디자이너들은 하나의 완성된 단위가 아닌 열린 구조로 디자인을 함으로써 소비자에게 그 완성에 참여하거나 착장방법을 고안하도록 유도하기도 한다. 패션디자이너 이세이 미야케는 “입는 사람들에게도 그들의 존재를 표시할 의무가 있다.”라고 언급한 바 있다. 모듈러 디자인을 통해 소비자 스스로 선택하고 조합하여 자신만의 스타일을 완성하도록 유도하거나 소비자의 해석과 참여를 유도하기도 한다.

후세인 살라얀Hussein Chalayan의 디자인 또한 일상의 삶에 나타나는 기호와 상징을 새로운 시각으로 패션에 도입하여 그 의미를 다시 생각하게 만들고 또다른 의미를 형성할 가능성을 열어두어 대중과 상호교류하는 패션으로 평가될 수 있다.

디지털 프린팅과 3D 프린팅 기술은 맞춤 디자인과 열린 디자인을 소비자에게 밀접하게 연결시키고 있다. 그림이나 사진 파일을 활용해 다양한 도수의 컬러를 저가에 소량으로 프린트하는 디지털 프린팅은 디자이너들의 영감의 자원이 되고 있으며, 고객이 참여하는 디자인 커뮤니티의 저변을 확대하고 있다. 미국의 맞춤 의복 플랫폼

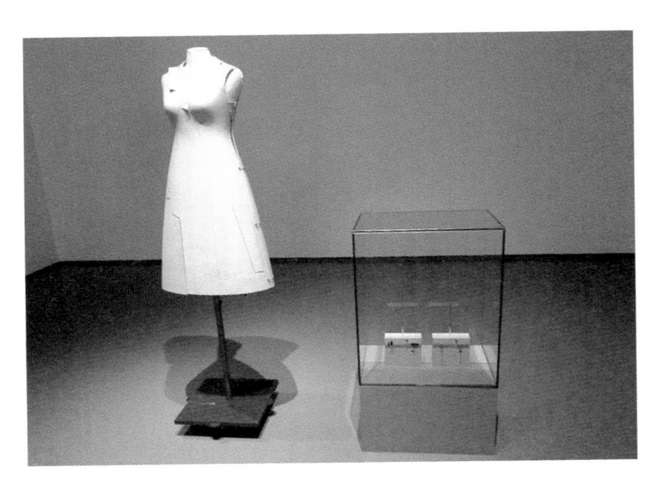

3
후세인 살라얀의 리모트 컨트롤 드레스(1999).

티스프링https://teespring.com/, 재즐https://www.zazzle.com/ 등의 참여형 디자인 사이트들에서는, 패션 디자이너들이 일방향적인 소통과 전통적인 역할에서 벗어나 네트워크의 환경변화에 적응하고 기획과 진행에 있어서 디자인을 선별하고 소비자나 이해관계자와의 의견을 조정하는 직무를 수행하게 되었다.[14)]

3D 프린팅 기술은 아직 가격면에서나 소재의 질에 있어서 상용화되기 어려운 상황에 있으나 실험적 디자이너들의 창의성 발현의 툴이 되고 있다. 네덜란드 디자이너 이리스 반 헤르펜Iris Van Herpen은 얇은 소재를 엮거나 병치시켜 독특한 입체구조를 이루고 중첩시키거나 허공에 띄워 새로운 질서를 부여하는 조형으로 논리와 일련성을 띠며 반복되는 본인만의 스타일을 형성해왔다.[15)]

3 | 신체와 시간의 경계를 초월한 패션

뉴미디어의 가상성은 네트워크를 통한 가상공간의 등장과 관련되어, 상상력과 테크놀로지의 결합으로 환상과 사실의 경계가 허물어지면서 나타난다. 컴퓨터가 인간의 의식 작용을 시뮬레이션할 수 있게 됨에 따라 유아기적 환상을 충족시키려 하거나, 물리적 신체의 한계를 벗어나 다르게 되고자 하는 욕망이 이루어진다. 성이나 나이의 경계를 뛰어넘어 새로운 정체성으로 갈아입거나, 주어진 신체에서 벗어나 초월적인 존재가 되고자 한다.

이에 나이의 경계를 뛰어넘어 30~40대 여성이 10대 감성과 취향의 옷을 입는 걸리시girlish 경향은 주름을 넣어 부풀린 퍼프소매, 커다란 리본 장식, 레이스로 만든 미니 드레스, 러플이 달린 티어드 스커트, 커다란 코르사주, 알록달록한 스타킹과 발레리나 슈즈 등으로 꿈 많고 낙관적이던 소녀 시절을 그리워하는 패션이다. 어려 보이고 싶은 욕구와 다이어트 열풍으로 처녀 시대의 날씬한 몸매를 그대로 유지하는 미시족이 즐겨 착용한다.[16)]

동안 열풍과 루비족RUBY族*, 노무족No More Uncle** 등 젊어 보이고자 하는 노력이 일반화되는 가운데 기존에 패션의 주류로 고려되지 않았던 어린이나 노인층이 패션 소비의 중심으로 떠오르기도 한다.

키즈 패션은 발달된 미디어를 통해 키즈 패션아이콘이 등장하여 이에 대한 워너비 현상이 촉발되면서 고급화되고 다양화된 과시적인 패션이 나타나고 있다.[17)] 배우 톰 크루즈와 케이티 홈스의 딸 수리Suri, 귀네스 팰트로와 크리스 마틴의 아들 모세Moses, 데이비드 베컴과 빅토리아의 아들 브루클린Brooklin 등 셀레브리티 베이비들이 키즈 패션아이콘으로 꼽히고 있다. 이들의 패션은 파파라치 사진과 블로그를 통해 전 세계로 확산되며 마케팅의 대상이 된다. 최근 우리나라에서 방영하는 TV 프로그램 〈아빠! 어디가〉MBC, 〈오 마이 베이비〉SBS, 〈슈퍼맨이 돌아왔다〉KBS 등도 이러한 키즈 패션에 대한 관심을 증명한다.

반면 블로그 사이트 어드밴스드 스타일www.advancedstyle.blogspot.com은 패션사진작가 애리 세스 코헨Ari Seth Cohen이 뉴욕 거리의 은발의 패션피플들을 카메라에 담은 시니어 패션블로그이다. 70살이 넘은 모델의 얼굴에는 주름이 가득하지만 자유로운 감성과 풍부한 경험으로 얻은 교양과 지혜를 스타일로 보여 주었다. 이 블로그는 2014년에 사진집으로 발간되고, 여기에 자주 등장한 여성들이 광고모델로도 활약하는 등 시니어를 중심으로 하는 패션이 주목받고 있다.[18)] 아이리스 아펠Iris Apfel, 1921년생, 배디 윙클Baddie Winkle, 1928년생, 린다 로댕Linda Rodin, 1948년생 등은 나이에 구애받지 않는 자유로움과 감성으로 주목받고 있는 시니어 패셔니스타들이다.

한편, 시간의 한계를 넘고자 하는 경향은 패션의 영감과 트렌드에 있어서 오마주hommage의 시도로 나타나기도 한다. 오마주는 한 스타일이나 트렌드가 지배하기보다 다양

---

* Refresh, Uncommon, Beautiful, Young의 준말로 외모와 건강에 관심이 많고 경제력 있는 40~50대 여성을 뜻하는 마케팅 용어. 자기 투자에 관심이 많고 나이보다 젊게 사는 것을 중요시한다. 2008년 TV 드라마 〈엄마가 뿔났다〉에서 장미희가 연기한 역할에서 비롯되어 뉴시니어 패션에 지대한 영향을 미쳤다.

** 자기 관리와 안티에이징에 관심이 많은 40~50대 남성들을 일컫는 신조어. 당당하게 인생을 즐기는 멋진 남성으로 전통적인 개념의 아저씨가 되기를 거부한다는 뜻을 담고 있다.

한 트렌드와 스타일이 접합과 절연을 통해 새롭게 형성되고 공존하는 2000년대에 새로움과 독창적인 예술 표현 추구의 수단이 된다. 이는 '경의', '존경', '숭배'의 뜻으로 작가가 자신에게 많은 영향을 준 대상에 대한 존경을 주로 기존 작품을 차용하여 공적으로 보이는 것을 말한다. 오마주는 단순한 인용이 아닌 창조적인 모방으로서, 우스꽝스러운 효과를 위한 패러디parody, 혹은 목적의식 없이 단순 모방하는 패스티시pastiche와 구별된다.[19]

디자이너 본인이 자신의 디자인을 재해석하여 오마주하거나 패션하우스의 후대 수석 디자이너가 하우스의 유산과 상징을 삽입하여 오마주를 표하기도 하고, 아이콘과 셀레브리티의 스타일을 포괄적으로 도입하여 오마주를 시도한다. 때로는 앤디 워홀 같은 예술가나 그 작품, 영화에 대한 오마주로 타 장르와 패션을 결합하기도 하며 특정 시대나 지역, 라이프스타일에 대한 오마주를 시도하기도 한다. 오마주는 유명 디자이너나 아이콘의 중요성을 부각시킴으로써 독특함을 부여하고 세월을 초월하는 미적인 것을 추구하는 방식이 된다.[20]

뉴미디어의 패션아이콘

21세기 패션아이콘은 셀러브리티로서 특정 분야에서 이목을 집중시키고 대중을 움직이며 시대적 조류를 타면서 대중들의 선망의 대상이 된다. 다양하고 세분화된 패션그룹을 형성하고, 특정인으로 특정 스타일을 연상시키게 만드는 영향력을 발휘한다. 이들의 공식 생활뿐 아니라 사적 생활도 대중의 관심을 받아 끊임없는 모방과 상품화에 관여하게 된다. 셀러브리티들의 스타일은 패션디자이너들의 옷을 다른 각도에서 부각시키거나 이색적인 패션트렌드를 만들어내기도 하며, 직접 새로운 아이템을 탄생시켜 패션산업에 새로운 자극을 주고 대중들에게 전파하기도 한다.[21]

엔터테인먼트의 콘텐츠를 구성하면서 스토리 속의 매력적인 이미지를 과시하는 중심적인 인물이 되며, 이때 셀레브리티의 패션은 적극적인 커뮤니케이션 방편으로 제공된다. 타인과의 차별적 이미지를 구축하기 위해 이미지의 전형화를 이루는 한편 연출에 의한 이미지 변신을 효과적으로 달성한다. 패션 신조어를 탄생시키며 다양하고 세분화된 패션그룹을 형성하고, 특정인은 곧 특정 스타일을 연상시키는 강력한 영향력을 발휘한다.[22] 뉴미디어 시대의 패션 아이콘들은 이미지 소비의 형태로 패션산업을 활성화시키고 미디어의 융합 속에 그 이미지와 대중 간의 상호작용이 보편화되며 유행으로 이어지게 되는 것이다.[23] 콜라보레이션은 감성 마케팅의 일환으로 셀레브리티의 이미지를 상징적으로 제품에 부여하는 효과적인 방법으로서 영향력이 점차 늘어나고 있다.[24] 2012년 이탈리아 패션 브랜드 조르지오 아르마니와 가수 리한나Rihanna, 프랑스 브랜드 샌드로Sandro와 모델 드리 헤밍웨이Dree Hemingway, 2014년 슈즈 브랜드 아쿠아주라Aquazzura와 올리비아 팔레르모, 2015년 유니클로와 패션 에디터 카린

로이펠트Carine Roitfeld, 2016년 칸예 웨스트와 아디다스, 에잇세컨즈와 지드래곤, 2017년 MISBHV와 지코Zico 등은 패션 브랜드와 셀레브리티 간 협업의 몇몇 예가 된다.

뉴미디어의 패션아이콘들은 절대적이고 즐거움을 제공하며 스타일의 융합을 시도한다. 연예인만이 아니라 일반인에서 유명인, 옷을 입는 사람뿐 아니라 옷을 만드는 사람까지 뉴미디어의 패션아이콘으로 이슈화되고 있으며, 연령대도 20~30대에 국한되지 않고 10대에서 50대까지 광범위하다.

다양한 배경을 가지고 개성 있으며 전문 소비자로서의 새로운 패션리더로서 막강한 영향력을 발휘한다.[25)]

이들의 스타일은 다양하고 서로 다른 양식의 융합, 스포츠와 하이패션의 연결, 복종의 경계를 넘어선 아이템의 융합, 시대를 초월한 감성이 특징이다. 기막히고 이상한 패션으로 흥미를 주기도 하는데 키치, 레트로, 빈티지, 아방가르드, 퓨처리즘의 환상적인 혼합과 자신만의 독특한 패션 세계를 공연이나 블로그에서 과감하게 표현한다. 매체를 통해 다양한 이미지가 융합적으로 가시화되면서 새로운 감성이 탄생되고 대중들이 이를 수용하고 모방하게 된다.[26)]

1 | 패리스 힐튼

패리스 힐튼Paris Hilton, 1981~은 미국 사교계 인물이자 배우로, 힐튼 호텔 창업주인 콘래드 힐튼의 증손녀로 뉴욕 출신이며 10대 때 모델 일을 시작했고 파티를 즐기는 라이프스타일로 유명하다. 호화롭고 화려한 재력과 외모로 2003년 리얼리티 TV 프로그램 〈더 심플 라이프The Simple Life〉에 니콜 리치Nicole Richie와 함께 출연하여 국제적인 명성을 얻었으며 부와 논란이 되는 생활방식, 유명인사들과의 스캔들과 가십거리로 '유명한 것으로 유명한famous for being famous' 인물로 평가된다.

그녀는 핑크 미니스커트에 높은 하이힐, 탱크톱과 로우라이즈 진, 화려한 컬러와 패턴의 트레이닝팬츠로 대표되며, 하이틴 여학생들의 패션에 지대한 영향을 미친 패션아이콘이다.[27] 경쾌한 이미지에 컬러풀한 그래픽 패턴의 액티브웨어를 트렌디한 감각으로 활용하며, 팝아트적인 원피스와 명품 가방과 액세서리의 고급스러움을 코디한다. 마이크로미니스커트의 로맨틱한 감성이나 귀엽고 여성적인 연출이 곁들여지기도 한다. 이브닝에는 광택 소재에 스팽글이나 비즈가 달리거나 비일상적인 커팅이 들어간 원피스나 섹시한 란제리 룩으로 조명 아래 반짝이도록 한다. 자기 이름의 패션 라인과 향수 브랜드를 설립하고 클럽이나 이벤트에 모습을 드러내는 것만으로 30만 달러의 수입을 얻는다. 영화 출연이나 음반으로 별다른 성공을 거두지 못하면서 대중들에게 비호감을 얻으며 언론매체에 끊임없이 등장하며 인구에 회자되는 인물이다.

2 | 메리 케이트 올센과 애슐리 올센

할리우드 배우 겸 가수인 쌍둥이 자매 메리 케이트 올센Mary Kate Olsen과 애슐리 올센Ashley Olsen 자매1986~는 다양한 아이템을 적절히 레이어드하는 보헤미안 믹스 앤 매치 스타일을 통해 패션아이콘으로 등장하였다. 이들의 스타일은 '올센 룩Olsen Look'이라 불리며 10대 소녀들의 열광적인 지지를 받았다. 쌍둥이 자매는 2001년 자신들의 스타일을 좋아하는 10대 초반 소녀들을 타깃으로 하여 캐주얼하면서도 귀엽고 사랑스러운 자매의 스타일을 콘셉트로 한 브랜드 '메리 케이트 앤 애슐리Mary Kate and Ashley'를 런칭하였다. 이는 의류 라인뿐 아니라 화장품 라인도 포함하고 있는데, 올센 자매가 성장함에 따라 타깃을 10대 후반에 맞춘 두 번째 브랜드 '더 로The Row'를 런칭하였다. 기존의 브랜드보다 고급스럽고 성숙한 콘셉트의 디자인이 전개되었다. 이외에도 비디오, 패션, 뷰티, 잡지, 게임 등 자신들의 이미지를 활용한 50여 개의 다양한 사업을 전개하고 있다.

3 | 클로에 세비니

클로에 세비니Chloe Sevigny, 1974~는 영화배우 겸 패션디자이너로 패션아이콘이 된 인물이다. 세상에서 가장 쿨한 여성이며 뉴욕의 '잇 걸'로서, 디자이너 마이클 코어스Michael

Kors의 뮤즈이며 디자이너 라벨인 이미테이션 오브 그리스도Imitation of Christ의 크리에이티브 컨설턴트 역할을 한다.

자선상점에서 구입한 옷들과 집에서 수선한 옷을 조합하여 만들어내는 시크함과 비관습적인 스타일로 잡지 〈새시Sassy〉의 패션 어시스턴트로 일하기 시작하였으며, 뮤직비디오 의상 제작과 미우 미우Miu Miu 광고 캠페인에 참여하였다. 패션의 관습과 규율을 넘나드는 절충적인 스타일로 스웨이드 핫팬츠와 서스펜더, 찢어진 티셔츠를 입기도 하고 터틀넥 스웨터를 여름용 드레스와 매치하며, 중고상점에서 산 70년대 빈티지 가죽 드레스를 입기도 한다. 부조화된 컬러를 조합하기도 하며 웨딩드레스에 블랙 레오타드와 진을 함께 매치하기도 한다.[28)]

4 | 알렉사 청

영국 출신 모델 겸 TV 진행자, 영국 〈보그〉 에디터인 알렉사 청Alexa Chung, 1983~은 중국인 아버지와 영국인 어머니 사이에서 태어나 동양적인 가녀린 선과 서양적인 이목구비로 특유의 매력을 풍긴다. 16살부터 모델로 활동했으며 토크쇼 진행을 맡아 하다가 패션 저널리즘을 공부하였다.

2009년 〈보그〉가 선정한 세계 최고의 패셔니스타로 꼽혔고 베스트드레서 리스트에 여러 번 올랐을 만큼 타고난 감각과 센스로 유명하다. 고급스럽고 전통적인 트래디셔널 스타일을 빈티지로 스타일과 믹스하여, 빈티지 이미지에 특유의 감성을 잘 표현한다. 프랑스풍이면서 영국적인 느낌이 섞인 오묘함으로 빈티지 패션을 매치하며 낡고 오래된 이미지와 고급스러운 상류사회의 이미지를 젊은 감성으로 믹스하여 재해석한다. 때로는 캐주얼하며 따라 하기 쉬운 실용적인 티셔츠와 레깅스, 운동화만으로 무심한 듯 센스 있게 연출하여 시선을 사로잡는다.

패션브랜드 메이드웰Madewell, 롱샴Longchamp 등과 디자이너로서 협업한 바 있으며, 2008년에 가방 브랜드 멀버리Mulberry와 협업하여 만든 '알렉사 백Alexa bag'은 엄청난 호응

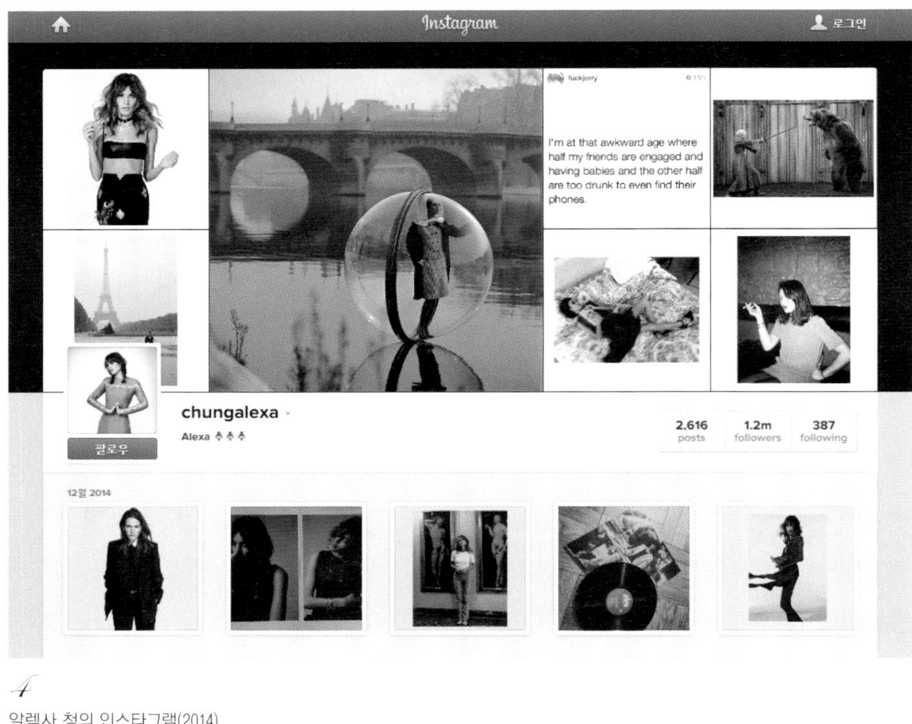

4
알렉사 청의 인스타그램(2014).

을 얻었다.

AG 진과 협업하며 크롭트 플레어 진의 트렌드를 이끌었고 헤어리본과 오버롤, 스웨터를 새롭게 해석하여 디자이너들과 일반인들에게 영감을 주고 있다.

5 | 올리비아 팔레르모

미국 사교계 인사 올리비아 팔레르모Olivia Palermo, 1986~는 코네티컷 주 출신의 부유층 자제로서 미국 TV 드라마 〈가십 걸〉 여주인공의 실제 인물로 알려져 있다. 단정하면서도 청순한 느낌의 상속녀 패션으로 페미닌과 모던, 럭셔리의 대명사로 불린다. 2008~2010년 리얼리티 프로그램 〈더 시티The City〉에서 디자이너 다이앤 본 퍼스텐버그

Diane von Furstenberg의 홍보 담당 파트와 잡지 〈엘르Elle〉의 액세서리 파트에서 일하는 모습으로 더욱 유명해졌다.

그녀는 명품을 위주로 하면서도 저렴한 브랜드들을 믹스 앤 매치하여 연출하며, 화려한 패턴을 다양하면서도 럭서리하게 매치하고 백과 액세서리로 포인트를 주어 사랑스럽게 보이도록 한다.[29] 2010년에 주얼리 라인을 런칭하였으며 2011년부터 블로그를 운영하며 여행과 패션에 관한 콘텐츠를 담고 있다. 2014년에 결혼한 모델 출신의 요하네스 휴블Johannes Huebl과의 커플 룩은 블랙 앤 화이트나 스트라이프, 데님의 원포인트로 심플하게 연출하는 것이 특징이다.

오늘날 사회는 미디어의 폭발적인 증가로 광고의 홍수 속에서 이미지의 범람 현상이 일어나고 있다. 누가 생산하는지도 모르는 이미지를 단순히 수동적으로 소비하고, 새로이 생성된 이미지를 비판하고 영위할 주체적 참여의 기회와 시간을 빼앗기고 있다. '이미지 사고'와 같은 사고방식이 확산되어 이미지가 이상ideal을 대체하고 있다. 이에 장 보드리야르Jean Beaudrillard는 사진, 영화, 텔레비전 등의 이미지 증식을 전염병에 비유하면서, 이러한 현상이 인간으로 하여금 상상계와 현실을 착각하게 하고 급기야는 현실이 이미지 속으로 사라져버리게 될 것이라고 경고하기도 하였다.[30]

TV, 영화, 잡지, 광고에 선전문구와 함께 나오는 화려하고 산뜻한 모습의 의상은 실제 모습과는 다른 이미지이며, 이것은 소비자가 일종의 조직화된 환영을 구매하도록 촉구한다. 롤랑 바르트Roland Barthes가 〈유행의 체계Systeme de la Mode〉1976에서 분석한 것처럼, '실제 착용한 의상'과 '영상으로서의 의상' 그리고 '기술된 의상'은 서로 다르다. 사진이나 영상을 통한 의상은 특수한 단위와 법칙을 갖는 조형적·공간적 구조이고, 기술된 의상은 디자이너나 패션 그룹에 의하여 결정된 것을 지향하는 것이며, 실제 착용된 의상과는 차이가 있다. 소비자가 패션잡지에서 보는 것과 똑같이 우아하고 섹시한 의상을 착용하여 현실과 가상의 일치를 실현한다고 해도 실제 의상은 사진의 우아함이나 섹시함과는 거리감이 있다.

패션산업은 대중에게 어필함에 있어서 미디어의 영상을 계속해서 사용해 왔다.

특히 뉴미디어 시대에 영상은 반복 재생산과 재해석으로 다중적으로 메시지가 전달되고 전달받는 상황이 되고 있다. 패션 관련 웹사이트에서는 프로모션을 위해 디자이너 브랜드가 직접 제작하거나 후원한 사진, 동영상, 인터랙티브 프로그램을 통해 패션이 제시되며, 블로그와 커뮤니티, SNS로 확산되며 패션필름이 제작되는 상황이다. 뉴미디어의 특성을 반영한 코스프레의 감성, 맞춤디자인과 열린 디자인의 상호작용, 시간과 신체의 경계를 초월하는 가상성의 패션은 뉴미디어 패션아이콘들을 통해 수없이 생성되고 복제되고 확산되면서 뉴미디어의 패션 커뮤니케이션을 형성하리라고 본다.

6 | 킴 카다시안

패리스 힐튼의 스타일리스트 출신으로 시작하여 섹스테입 유출로 미디어의 관심을 모은 킴 카다시안Kim Kardashian(1980-)은 육감적이고 굴곡 있는 몸매를 드러내는 과감한 의상으로 유명한 셀레브리티이다. 인스타그램을 비롯한 SNS의 수많은 팔로워를 거느린 인플루엔서influencer로서 세계적인 주목을 받고 있다.

5
The Heart Truth's Red Dress Collection backstage에서의 킴 카다시안(Kim Kardashian), 2010년

랩퍼 칸예 웨스트Kanye West와의 결혼과 두 아이의 출산 과정, 리얼리티 프로그램에 출연한 자매 코트니, 클로에, 남동생 롭, 그리고 이복여동생 켄달 제너, 카일리 제너 등 가족 모두의 화려한 라이프스타일과 소비, 법정공방으로 끊임없이 화제를 만들어 낸다. 2016년 보그지에 의해 '대중문화현상'으로 꼽힌 그녀는 연기와 음악, 패션 디자

인 활동 외에도 각종 의류와 향수, 주얼리, 기타 제품, 화보집, 모바일 게임 앱, 이모티콘 등의 사업으로 엄청난 수익을 내고 있다.[31] 포브스지는 그녀의 2016년 총 수입이 5천1백만 달러, 카다시안-제너 패밀리의 수입은 1억 2천 2백만 달러에 달한다고 밝힌 바 있다.[32] 셀레브리티의 후원을 통한 SNS 포스트와 해시태그의 브랜드 홍보가 천문학적인 금전적 수입으로 이어지는 상황에 있다.

참고 문헌

1) 곽태기(2013). "디지털 시대적 환경에서 디지털 의류 개발 경향의 표현특성에 관한 연구", 《한국패션디자인학회지》 13(1), pp.141-157.

2) 나현신 (2008). "후세인 샬라얀의 작품에 나타난 하이테크 패션의 미적 특성 -2000년 이후를 중심으로", 한국패션디자인학회지 10(2), 27-38.

3) "[KBS 스페셜] 최고 기업의 성공 전략: 사람에 집중하라", 2016/6/16, http://office.kbs.co.kr/mylovekbs/archives/256774

4) 박성우 (2015). "중동 주부도 열광하는 'FX 미러' 이상환 대표..." 1초만에 옷 스타일 확인 가능해", 『조선비즈』 2015/12/15, http://biz.chosun.com/site/data/html_dir/2015/12/15/2015121500849.html

5) 이민정 (2004). op.cit., pp.117-120.

6) 곽태기(2013). op.cit., pp.150-152.

7) 송혜민 (2016). "아이언 맨 수트, 투명 망토... 군복이 과학을 만나면", 『나우뉴스』, 2016/7/20, http://nownews.seoul.co.kr/news/newsView.php?id=20160720601009#csidx95e8dbc8a95e6e080d93709d378fc04

8) 이다비 (2017). "구글, 리바이스와 손잡고 '스마트 재킷' 올 가을 출시... '자켓 소매 만지면 음악이?'", 2017/3/13, http://biz.chosun.com/site/data/html_dir/2017/03/13/2017031301064.html

9) Liz Stinson (2016). "IBM's Watson helped design Karolina Kurkova' s light-up dress for the Met Gala, Wired 2016/5/3, https://www.wired.com/2016/05/ibms-watson-helped-design-karolina-kurkovas-light-dress-met-gala/

10) Sarah Perez (2016). "Google's new Project Muze proves machines aren't that great at fashion design", Tech Crunch 2016/9/2, https://techcrunch.com/2016/09/02/googles-new-project-muse-proves-machines-arent-that-great-at-fashion-design/.

11) 이은영, 백천의 (2001). "코스튬플레이 패션에 대한 연구", 『한국의상디자인학회지』, 3권 2호, p.75.

12) 박유송 (2009). 『코스프레 다이어리』. 서울: 니들북.

13) 이민정 (2004). "현대 패션에 나타난 디지털 커뮤니케이션 문화의 영향에 관한 연구" . 연세대학교 박사학위논문, pp.86-110.

14) 이지현, 이은지, 안지원, 김지은, 류림정, 오누리, 장건 (2014). "참여적 디자인과 일반적 디자인의 프로세스에 따른 디자이너 직무내용 비교분석",『한국디자인포럼』 43, 151-164.

15) 김영선 (2012). "스타일 형성에 관한 연구 -Iris Van Herpen의 스타일을 중심으로" ,『패션비즈니스학회지』 16(2), 124-137.

16) 정명선, 배수정, 조훈정, 현선희, 김성은 (2011).『패션과 문화』. 광주: 전남대학교 출판부, p.214.

17) 김현경(2014). "현대소비사회의 과시적 키즈 패션에 관한 연구". 동덕여자대학교 박사학위논문.

18) 박혜민(2014). "은발의 패셔니스타들",『중앙일보』 2014/10/18, http://joongang.joins.com/article/aid/2014/10/18/15722992.html?cloc=olinklarticleldefault

19) 박은경(2011). "2000년대 패션에 표현된 오마주에 관한 연구".『복식』 61(9), pp.114-130.

20) 박은경(2011). op.cit.

21) 박송애(2013). "21세기 패션아이콘의 패션스타일과 감성적 융합작용".『한국의상디자인학회지』 15(3), pp.109-118.

22) 박송애(2013). op.cit., pp.109-118.

23) 김영옥, 홍명화(2008). op.cit., pp.409-415.

24) 박유리, 조경숙(2014). "패션산업에 나타난 콜라보레이션 최신 경향 연구 -2012-2013년 사례를 중심으로" ,『패션비즈니스학회지』 18(2), 95-112.

25) 주신영, 하지수 (2016). "디지털 시대의 패션산업 시스템과 패션 리더",『한국의류학회지』 40(3), pp. 506-515.

26) 박송애(2013). op.cit., pp.114-117.

27) 김소라(2007). "셀레브리티의 패션과 패션사회에 미친 영향". 서울여자대학교 석사학위논문, pp.93-95.

28) Bettina Zilkha(2004). Ultimate Style: the Best of the Best Dressed List. NY: Assouline, pp.172-175.

29) 'XOXO 가십걸' 올리비아 팔레르모의 스타일링 팁, 한경 bnt news http://bntnews.hankyung.com/apps/news?popup=0&nid=08&c1=08&c2=08&c3=00&nkey=201408211923313&mode=sub_view

30) https://en.wikipedia.org/wiki/Kim_Kardashian

31) https://www.forbes.com/sites/natalierobehmed/2016/11/16/inside-the-business-of-celebrity-instagram-endorsements/#1f005f365724

32) 김수경 (1998). "서양복식에 표현된 남성 이미지의 해석에 관한 고찰 -닫힌 체계에 의한 인체이미지를 중심으로",『카톨릭대학교 생활과학연구논집』, p.35.

사진 및 그림 출처

1장

1 ⓒ 김영선

2 ⓒ Damon Garrett(Flickr 🅭 🅯)

3 ⓒ Kandance(Wikimedia 🅭 🅯 🄎)

4 ⓒ Tm(Wikimedia 🅭 🅯 🄎)

5 ⓒ Jorge Royan(Wikimedia 🅭 🅯 🄎)

6 ⓒ David Trawin(Flickr 🅭 🅯 🄎)

7 ⓒ Matanya(Wikimedia 🅭 🅯)

8 ⓒ 김영선

9 ⓒ Alex Steffler(Flickr 🅭 🅯 🄎)

2장

1 ⓒ Wikimedia

2 ⓒ Wikimedia

3장

1 ⓒ Zoomonme(Wikimedia 🅭 🅯 🄎)

2 ⓒ José Goulão(Flickr 🅭 🅯 🄎)

3 ⓒ Chuck Szmurlo(Wikimedia 🅭 🅯)

4 ⓒ Glenn Francis(Wikimedia 🅭 🅯 🄎)

5 ⓒ Flo728(Wikimedia 🅭 🅯 🄎)

6 ⓒ Christopher Macsurak(Flickr 🅭 🅯)

7 ⓒ D C McJonathan(Flickr 🅭 🅯)

8 ⓒ Justso(Wikimedia 🅭 🅯 🄎)

9 ⓒ WestportWiki(Wikimedia 🅭 🅯 🄎)

4장

1 ⓒ Aiida =D(Flickr 🅭 🅯)

2 ⓒ Heather Moreton(Wikimedia 🅭 🅯)

3 ⓒ Lion Hirth(Wikimedia 🅭 🅯 🄎)

4 ⓒ Maria Morri(Flickr 🅭 🅯 🄎)

5장

1 ⓒ Failuresque(Wikimedia 🅭 🅯)

2 ⓒ lhilyer_libr(Flickr 🅭 🅯)

3 ⓒ IeKarlOLeary(Wikimedia 🅭 🅯 🄎)

6장

1 ⓒ Victorgrigas(Wikimedia 🅭 🅯 🄎)

2 ⓒ CHRIS Kolonko Showkonzepte (Wikipedia 🅭 🅯 🄎)

3 ⓒ Ralph Daily(Flickr 🅭 🅯)

4 ⓒ CHRIS DRUMM(Flickr 🅭 🅯)

5 ⓒ Eva Rinaldi(Flickr 🅭 🅯 🄎)

7장

1 ⓒ M.N.A. van den Bogaart(Wikipedia 🅭 🅯 🄎)

8장

1 ⓒ Dennis Amith(Flickr 🅭 🅯 🄎)

2 ⓒ popculturegeek(Flickr 🅭 🅯 🄎)

3 ⓒ Phil Roeder(Flickr 🅭 🅯)

4 ⓒ m anima(Flickr 🅭 🅯)

5 ⓒ Rachel Kramer Bussel(Flickr 🅭 🅯)

9장

1 ⓒ John Atherton(Wikimedia 🅭 🅯 🄎)

2 ⓒ Roland Godefroy(Wikimedia 🅭 🅯 🄎)

3 ⓒ Bryan Pocius(Flickr 🅭 🅯)

4 ⓒ IK's World Trip(Wikimedia 🅭 🅯)

5 ⓒ Silence(Flickr 🅭 🅯)

10장

1 ⓒ pixabay

2 ⓒ Joe Mabel(Wikimedia 🅭 🅯 🄎)

3 ⓒ Hippie bug!(Wikimedia 🅭 🅯 🄎)

4 ⓒ steve(Flickr 🅭 🅯 🄎)

5 ⓒ Vectorportal(Wikimedia 🅭 🅯)

6 ⓒ NASSERALNASE(Flickr 🅭 🅯 🄎)

7 ⓒ ~Jen~(Wikimedia 🅭 🅯)

8 ⓒ Kyle Lane(Flickr 🅭 🅯)

9 ⓒ Erica Kline(Flickr 🅭 🅯)

10 ⓒ Chelsea Marie Hicks(Flickr 🅭 🅯)

11장

1 ⓒ Adrian777(Wikimedia 🅭 🅯 🄎)

2 ⓒ Agência Brasil(Wikimedia 🅭 🅯)

3 ⓒ Clément Bucco-Lechat(Wikimedia 🅭 🅯 🄎)

4 ⓒ Arnold Gatilao(Flickr 🅭 🅯)

5 ⓒ adifansnet(Flickr 🅭 🅯 🄎)

12장

1 ⓒ Daderot(Wikimedia 🅭 🅯 🄎)

2 ⓒ 문화체육관광부 해외문화홍보원

3 ⓒ Benmil222(Wikimedia 🅭 🅯 🄎)

4 ⓒ Senpai27(Wikimedia 🅭 🅯 🄎)

5 ⓒ Moonik(Wikimedia 🅭 🅯 🄎)

6 ⓒ Lady Gaga Twitter

7 ⓒ Digital Clothing Center, Seoul National University

8 ⓒ Scott Shuman blog

9 ⓒ Jzollman Jessica Zollman(Wikimedia 🅭 🅯 🄎)

10 ⓒ LIBR246(Wikimedia 🅭 🅯 🄎)

13장

1 ⓒ renaissancechambara(Wikimedia 🅭 🅯)

2 ⓒ Matias Tukiainen(Wikimedia 🅭 🅯)

3 ⓒ Turco85(Wikimedia 🅭 🅯 🄎)

4 ⓒ Alexa Chung instagram

찾아보기

ㅂ

ㅅ

ㅇ

ㅈ

ㅊ

ㅋ

ㅌ

ㅍ

저자 소개

김영선 Kim, Yonson

Ecole Superieure des Arts et Techniques de la Mode, Paris, France, Diploma
Université Lumière Lyon II. Université de la Mode, Lyon, France, Master 2P
홍익대학교 디자인공예학과 의상학 전공 미술학 박사
Ecole Esmod Paris, Esmod Munich, Esmod Tokyo 패션디자인과 교수 역임
2016 Manif Seoul 국제아트페어, MAC 2000, Mac Paris 전시
한국기초조형학회 이사. 한국미술시가감정협회 전문위원
국방부 차세대 디지털 군복 디자인, 경기외고 교복 디자인
현재 숙명여자대학교 생활과학대학 의류학과 교수

- **독일 Mustang 진스웨어 디자인 콩쿨 1위 입상**
- **프랑스 Wool Mark 디자인 특별상, Charles Perroud 디자인 콩쿨 입상**
- **2012, 2014 Manif Seoul 국제아트페어 전시**
- **국방부 차세대 디지털 군복 디자인 개발, 경기외국어고등학교 교복 디자인 개발**

한수연 Hahn, Sooyeon

숙명여자대학교 의류학 학사, 석사 및 이학박사
배재대학교, 서일대학교 강사 역임
숙명여대 의류학과 겸임교수, 초빙교수 역임
노라노(Nora Noh) 부티크(예림양행) 디자이너
현재 현재 숙명여자대학교 의류학과 강사 / 원격대학원 향장미용전공 겸임교수

- **《패션과 영상》(2008) 공저**
- **개인전 〈Her Story... to be continued〉(두인갤러리, 2012)**
- **국내외 패션 전시 참여, 영화의상, 패션 커뮤니케이션과 국내외 디자이너 연구 및 스타일 분석 연구**

2판

패션과
영상문화

2015년 2월 26일 초판 발행
2017년 8월 17일 2판 발행

지은이 김영선·한수연 | **펴낸이** 류제동 | **펴낸곳** 교문사

편집부장 모은영 | **책임진행** 김선형
영업 이진석·정용섭·진경민 | **출력·인쇄** 삼신문화 | **제본** 한진제본

주소 (10881)경기도 파주시 문발로 116 | **전화** 031- 955 - 6111 | **팩스** 031- 955 - 0955
홈페이지 www.gyomoon.com | **E-mail** genie@gyomoon.com
등록 1960. 10. 28. 제406 - 2006 - 000035호
ISBN 978-89-363-1685-3(93590) | 값 20,000원

* 저자와의 협의하에 인지를 생략합니다.
* 잘못된 책은 바꿔 드립니다.